理工类地方本科院校新形态系列教材
DIGILENT公司产学合作协同育人支持项目

数字电路与FPGA设计

陈景波　主　编
艾伟清　王　伟　刘继承　副主编

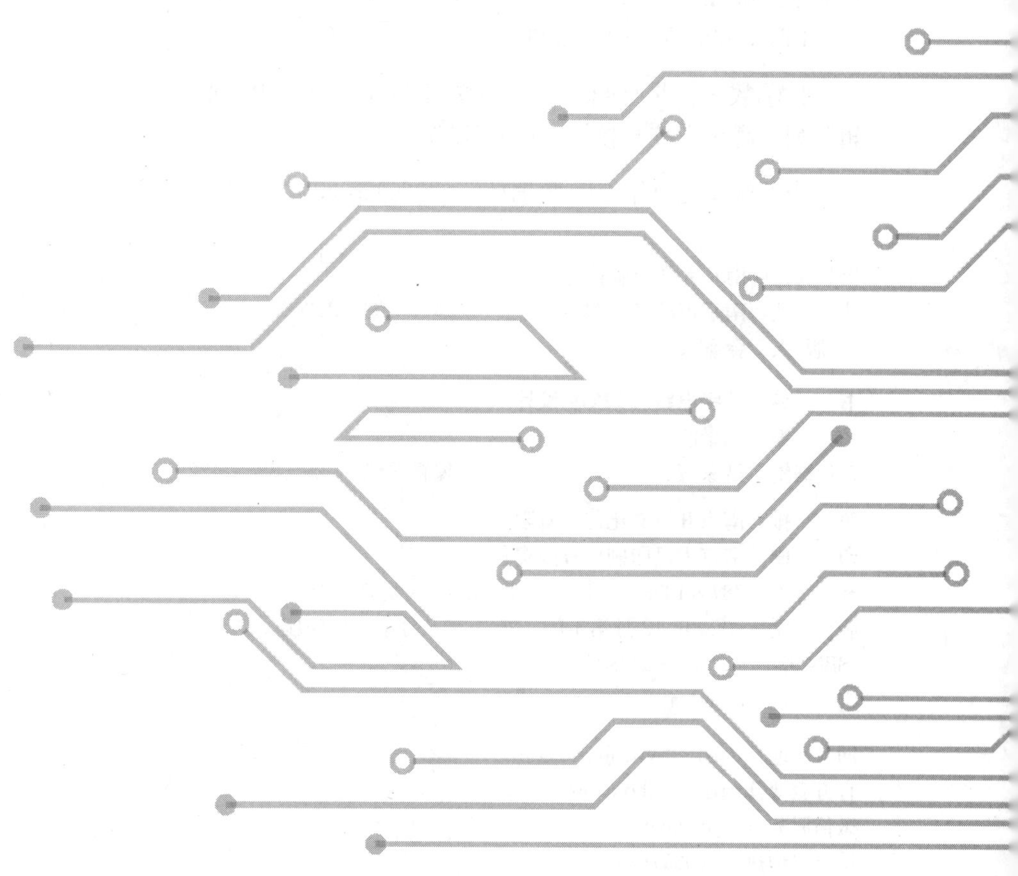

南京大学出版社

内容简介

本书作为 Digilent 公司 Basys 3 FPGA 开发板的配套教材。Basys 3 是一款可由 Vivado ® 工具链支持的入门级 FPGA 开发板，带有 Xilinx ® Artix ®- 7 FPGA 芯片架构。该款产品是广受欢迎的 Basys 系列 FPGA 开发板中最新的一代，特别适合刚开始接触 FPGA 技术的学生或初学者。教材以 Xilinx 公司最新的 Vivado 集成开发环境和 Verilog HDL 语言展开，代码均可在 Basys 3 开发板上验证，充分体现实战性。

本书解决了从传统数字电路的理论体系到当前现代数字系统设计的转变，既保留了传统数字电路知识体系中重要的理论基础和典型 74 系列芯片的介绍，让读者明白在设计什么。更强调现代设计方法，突出模块化编程的思想和 IP 设计封装和调用方法。并且介绍了一些编程架构，比如计数器架构和状态机架构。注重方法论，不仅讲解知识点，更注重引导读者触类旁通，举一反三。

全书共 8 章，内容丰富、循序渐进，适合于刚刚接触 FPGA 的初学者自学阅读，又可作为各类院校电气信息类专业的数字电子技术、FPGA 设计、EDA 等课程的教材或参考书。

图书在版编目(CIP)数据

数字电路与 FPGA 设计/陈景波主编.—南京：南京大学出版社，2020.12(2021.6 重印)

ISBN 978 - 7 - 305 - 23988 - 5

Ⅰ.①数… Ⅱ.①陈… Ⅲ.①数字电路－可编程序逻辑阵列－高等学校－教材 Ⅳ.①TN790.2

中国版本图书馆 CIP 数据核字(2020)第 231755 号

出版发行 南京大学出版社
社　　址 南京市汉口路 22 号　　邮　　编 210093
出 版 人 金鑫荣

书　　名 数字电路与 FPGA 设计
主　　编 陈景波
责任编辑 吕家慧　　编辑热线 025 - 83597482

照　　排 南京开卷文化传媒有限公司
印　　刷 南京人民印刷厂有限责任公司
开　　本 787×1092 1/16 印张 14.5 字数 353 千
版　　次 2020 年 12 月第 1 版 2021 年 6 月第 2 次印刷
ISBN 978 - 7 - 305 - 23988 - 5
定　　价 39.80 元

网　　址：http://www.njupco.com
官方微博：http://weibo.com/njupco
微信服务号：njuyuexue
销售咨询热线：(025)83594756

扫码可获取
本书相关资源

前　言

国内高校传统的数字电路课程以布尔代数和逻辑卡诺图为理论工具，以门电路和触发器作为基本电路单元，以组合电路和时序电路作为知识主干进行教学。实验教学则以中小规模集成芯片为主要器件，实验手段局限在器件连线。这样传统的教学方式导致培养的学生缺乏设计复杂数字系统的能力、缺乏熟练使用现代数字系统设计、测试和调试工具的能力，所学的知识与实际的技术产业应用严重脱钩。

本书以硬件描述语言 Verilog HDL 为基础，通过大量完整、规范的设计实例介绍数字电路设计的基本概念和实现方法，解决了从传统数字电路的理论体系到当前现代数字系统设计的转变问题。全书共 8 章，内容丰富、循序渐进。第 1 章主要为传统的数字逻辑基础知识。第 2 章主要介绍 FPGA 的基本概念、配套实验开发板 Basys3 以及开发软件 Vivado 2017.4 的设计流程。第 3 章主要讲解 Verilog HDL 语言基础知识、程序框架和编程规范。第 4 章以组和逻辑电路的设计为主线，介绍如何运用 Verilog HDL 语言的基本语法设计编码器、译码器、数据选择器、二进制-格雷码转换电路等丰富案例。第 5 章以时序电路的设计为主线，介绍了锁存器、触发器、寄存器、移位寄存器、计数器的原理及设计方法，同时通过 PWM 脉冲宽度调制电路、数码管动态扫描显示电路和秒表等实际案例来强化学生的设计能力。第 6 章提出了计数器架构八步法，并通过 PWM 流水灯项目、数字钟项目详细演示了计数器架构设计。第 7 章介绍了有限状态机架构，并通过序列检测器、交通信号灯、密码锁、ADC 采用控制电路四个实际案例详细分析了状态机架构的设计思路。第 8 章介绍了“数字积木”设计模式，即基于 IP 核的数字电路设计方法，内容包括 IP 核的概念、IP 核的打包、IP 核的调用，为学生提供了区别于硬件描述语言的另一种数字电路设计方案。全书提供的实例通过简单扩展可以直接应用于具体设计，具有很好的参考价值。

本书中的案例均可在 Digilent 公司 Basys 3 FPGA 开发板上实现，充分体现实战性。Basys 3 是一款可由 Vivado® 工具链支持的入门级 FPGA 开发板，带有 Xilinx® Artix®－7 FPGA 芯片架构。该款产品是广受欢迎的 Basys 系列 FPGA 开发板中最新的一代，特别适合刚开始接触 FPGA 技术的学生或初学者。本书可以作为电子信息、电气工程和自动化相关专业教授数字电子技术、FPGA 设计、EDA 等课程的教材或参数书。

全书编写工作分工如下：王伟编写了第 1 章～第 2 章；刘继承编写了第 3 章；陈景波编写了第 4 章～第 7 章；艾伟清编写了第 8 章，并校对了全书书稿、插图和代码。本书的编写工作还得到了美国 Digilent（迪芝伦）科技公司李甫成先生、索与电子科技（上海）有限公司赵波先生、德国米特韦达应用技术大学 Alexander Lampe 教授的大力支持。感谢南京大学出版社吕家慧在本书出版过程中给予的无私帮助。

由于时间仓促，书中难免存在不妥之处，请读者原谅，并提出宝贵意见。编者们也会持续补充设计案例并整理教学应用的相关资料，使得本书得到良好的修编。

陈景波

2020 年 11 月

目　录

第1章

数字逻辑基础

本章学习导言

本章首先介绍模拟信号和数字信号以及数字信号的描述方法。接下来讨论数制、二进制的算术运算、二进制代码和数字逻辑基本运算及逻辑函数的表示方法。最后讲解对逻辑函数化简的必要性以及逻辑函数的代数法和卡诺图化简方法。

1.1 模拟信号和数字信号

自然界的物理量可分为模拟(analog)和数字(digital)两大类。模拟量是在一定时间和范围内连续变化的量,如温度、湿度、流量、压力等,在处理这些物理量时,要把这些物理量通过各种传感器转换为电压或电流信号。用这种方法得到的电信号在时间和数值上都连续,称为模拟信号(analog signal),如图1-1(a)所示。另一种物理量是数字量,如物品的个数,其特点是取值是离散的,只能是某一范围内的特定值,且分别与数字对应。处理这一类物理量时,所选取的电信号应反映其数字信息,通用的方法是用电压幅值的高(数字1)和低(数字0)所描述的二进制来表示,称为数字信号(digital signal),数字信号在时间和数值上都离散。

对图1-1(b)中的模拟量,在$t_1 \sim t_9$时刻进行采样,并把每个采样点的值保持到下一个采样时刻,这样就把时间和幅值都连续的模拟量转化为时间和幅值都离散的数字量,如图1-1(c)所示。接下来,将这些时刻离散的幅值用数字表示大小,进行量化,如图1-1(d)所示。最后这些量化的结果还要转换为数字系统能够处理的二进制,即进行编码,如图1-1(e)所示。以上模拟信号数字化的流程如图1-1(a)所示。

在对模拟信号进行放大、变换等处理过程中,信号易被外界因素干扰而导致失真,要减小这些失真,会导致成本和难度上的增加。数字信号用电压幅值的高和低表示信息,所以即使处理过程中有一定的失真,只要不改变高或低的状态,信息并不会丢失或出错,而这一点是容易达到的,因此数字信号具有很高的处理精度。

此外,数字信号还具有以下优点:

(1) 数字信号表示的信息更便于存储、分析和传输;

(2) 数字信号便于计算机处理;

(3) 集成度高,集成电路的规模越来越大,功能越来越强,成本不断降低,可靠性高;

(4) 便于设计,自动化程度高。相对于模拟电路,数字电路的设计更偏重于逻辑而不是参数的计算和选取,也更便于使用计算机工具完成。

虽然自然界中的大多数物理量都是模拟量，但用模数转换电路可以把模拟量转换为数字量，然后再用数字电路进行处理。

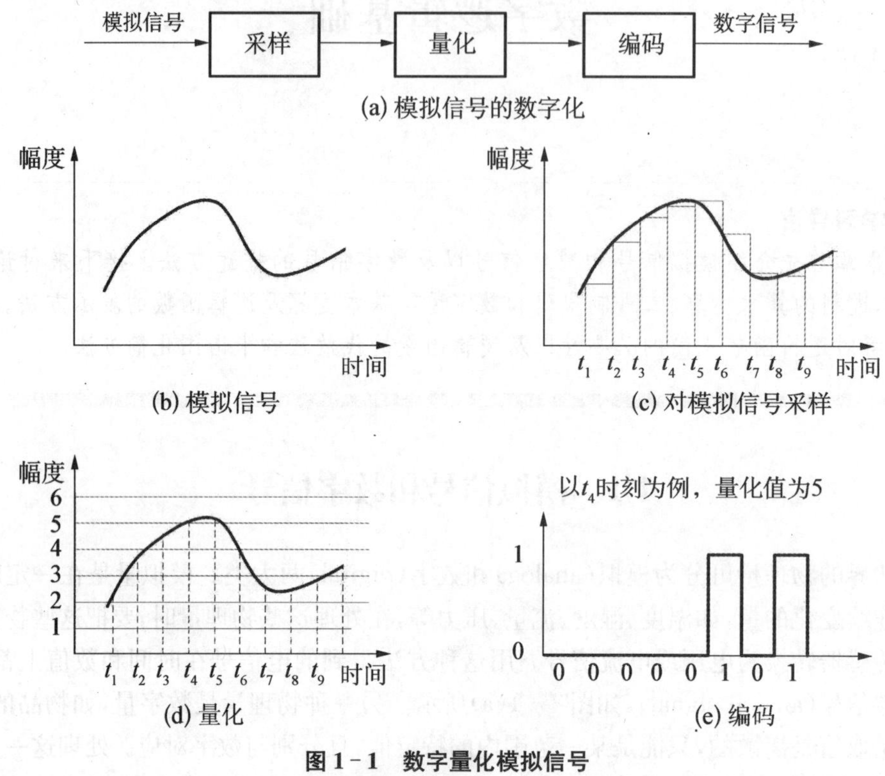

图 1-1 数字量化模拟信号

1.2 二进制数、逻辑电平和数字波形

1.2.1 二进制数

以电子计算机为代表的现代电子产品中，主体部分都采用大量的数字电路。数字电路中采用二进制，我们可以用各类编程语言编写应用程序，但是这些程序并不能够被计算机识别，因此就要用编译工具把程序翻译成机器码，也就是二进制代码，这样以二进制代码表示的程序才能被计算机所识别并执行。二进制就是用“0”和“1”两个数来表示两种相反的状态，如开关的开和关、电灯的亮和灭等，在硬件上采用双态元件就可以很容易实现，比如二极管、三极管或 MOS 管的开通与关断，二进制的运算规则也比较简单。

二进制系统中的两个数“1”和“0”，称为位（比特，bit），是二进制数（binary digit）的缩写。在数字电路中，使用两个不同的电压电平表示。通常，高电压用“1”来表示，低电压用“0”来表示，称为正逻辑，本书将都使用正逻辑。一组位（一些“1”和“0”的组合）称为码，用来表示数字、字母、符号、指令及任何给定应用中的对象。

值得注意的是，在实际数字电路中，高电平和低电平并不仅仅是一个固定的电压值，而是指电压值的范围，在这个范围内的任意值都视作高电平或低电平，如图 1-2 所示。图中

$V_{H(min)}$表示高电平的最小值，$V_{L(max)}$表示低电平的最大值。对于一个给定的电路，只要电压在V_{DD}～$V_{H(min)}$之间，该电压就是高电平 1，或逻辑 1；电压在$V_{L(max)}$～0 V 之间，该电压就是低电平 0，或逻辑 0。

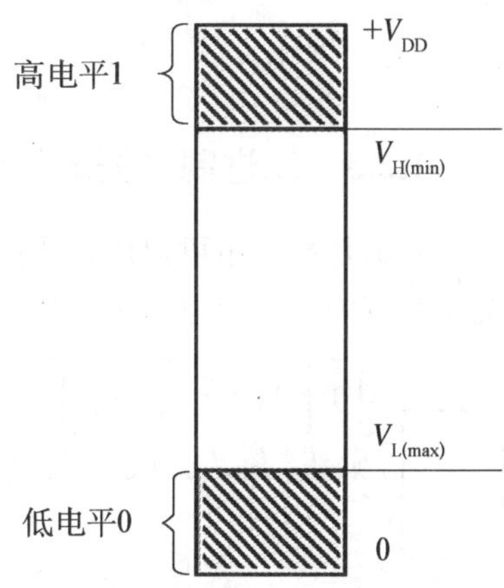

图 1－2　逻辑电平及对应电压范围

1.2.2　逻辑电平和数字波形

数字波形是指信号的逻辑电平对时间的图形表示，图 1－3(a)为用逻辑电平描述的数字波形，由一系列脉冲表示。图 1－3(b)为用二进制数表示的数字波形，表示顺序序列的二进制位，当波形为高电平时，表示二进制 1；当波形为低电平时，表示二进制 0，该数字波形对应的二进制序列为 0010111100111010。

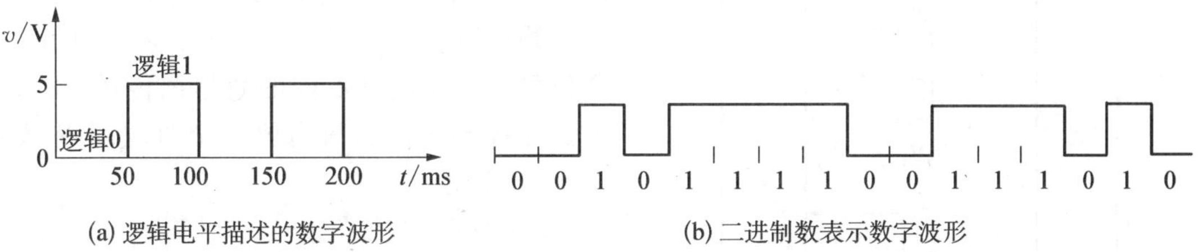

(a) 逻辑电平描述的数字波形　　(b) 二进制数表示数字波形

图 1－3　数字波形的表示

数字波形可以是非周期性的和周期性的，如图 1－4(a)和(b)所示。

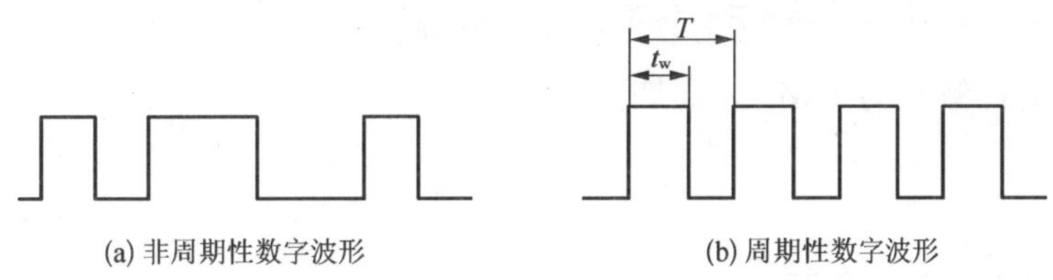

(a) 非周期性数字波形　　(b) 周期性数字波形

图 1－4　非周期性和周期性数字波形

在周期性数字波形中，高电平所占的时间 t_W(或称脉冲宽度)占整个周期 T 的百分比，称为占空比 Q，公式如下：

$$Q=\frac{t_W}{T}\times 100\% \tag{1-1}$$

【例 1－1】　图 1－5 为一个周期数字波形的一部分，单位为毫秒(ms)，试计算：(1) 周期；(2) 频率；(3) 占空比。

解：(1) 周期是从一个脉冲沿到下一个相对应的脉冲沿的时间。周期 T 就是上升沿到上升沿的时间，如图 1－5 所示，T 等于 10 ms。

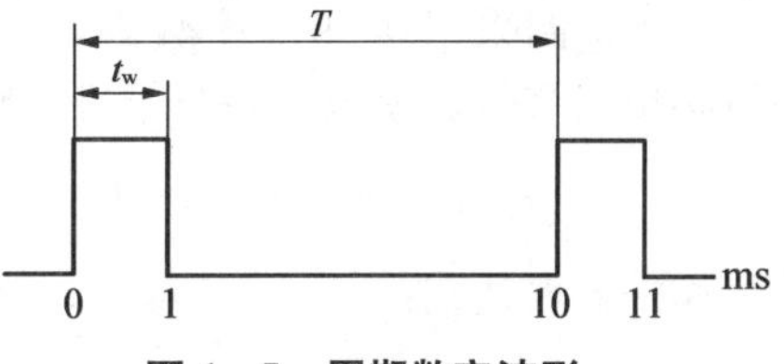

图 1－5　周期数字波形

(2) 频率 $f=\frac{1}{T}=\frac{1}{10\ \text{ms}}=100\ \text{Hz}$。

(3) 占空比 $Q=\frac{t_W}{T}\times 100\%=\frac{1\ \text{ms}}{10\ \text{ms}}\times 100\%=10\%$。

1.2.3 二进制数据的传输

数据是指一组可以用来传递某种信息的位。使用数字波形表示的二进制数据,必须在数字系统中从一个电路传送到另一个电路,或者从一个系统传送到另一个系统,以实现某个设定的功能。二进制数据的传送方式有串行和并行两种。

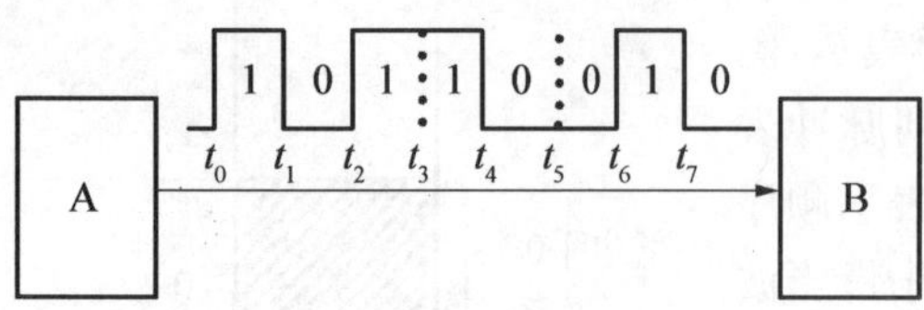

(a) 串行传输

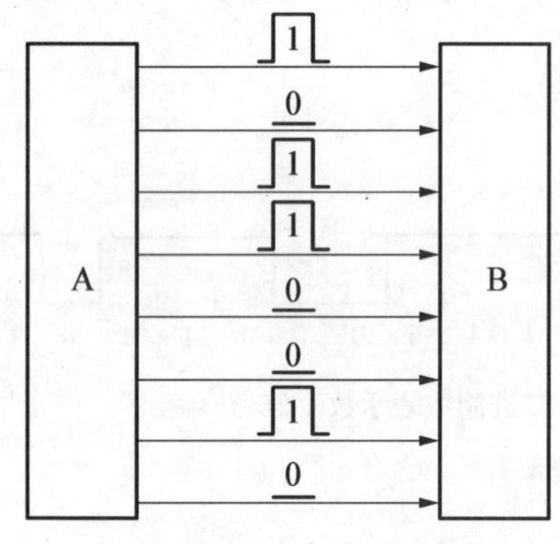

(b) 并行传输

图 1-6 二进制数据的串行传输和并行传输

串行时,所有数据位通过一条数据线传输,每次传递一位。在 t_0 到 t_1 时间间隔里,送出第一位。在 t_1 到 t_2 这段时间间隔里,送出第二位,以此类推。若要串行输出 8 位,则需花费 8 个时间间隔,如图 1-6(a)所示。

并行的方式传送时,一组数据中的每一个位可以同时通过不同的数据线传送。8 位数据并行方式传送只需要一个时间间隔,如图 1-6(b)所示。

【例 1-2】 在图 1-6 中计算:

(1) 串行传送 8 个位所需要的时间,以 1 MHz的时钟频率作为基准。

(2) 在并行传送中传送同样的 8 个位需要多少时间?

解:(1) 时钟的频率为 1 MHz,周期为

$$T=\frac{1}{f}=\frac{1}{1\text{MHz}}=1\ \mu\text{s}$$

传输 8 位需要 $8\times 1\ \mu\text{s}=8\ \mu\text{s}$。

(2) 并行传输只需要一个时钟,即需要 1 μs。

1.3 进制及进制之间的转换

1.3.1 进制

1. 十进制

十进制采用 0~9 十个数码,其进位的规则是"逢十进一",计数基数为 10,超过 9 的数值必须用多位数表示。一个十进制数 4587.29 可以表示为:

$$4587.29=4\times 10^3+5\times 10^2+8\times 10^1+7\times 10^0+2\times 10^{-1}+9\times 10^{-2}。$$

一般表达式:

$$(N)_D=\sum_{i=-\infty}^{\infty}K_i\times 10^i, \tag{1-2}$$

其中，K_i 为系数，10^i 为第 i 位的权，下标 D 表示十进制。推广可得，任意进制数的公式为：

$$(N)_D = \sum_{i=-\infty}^{\infty} K_i \times N^i, \tag{1-3}$$

其中 N 为计数的基数。

2. 二进制

与十进制类似，二进制只有 0 和 1 两个数码，采用"逢二进一"的进位规则，计数基数为 2。二进制数码也是有权码，在二进制数中，整数部分最右边的位是最低有效位(LSB)，位权是 2^0，最左边的位是最高有效位(MSB)，位权是 2^{n-1}。小数点开始向右的位权依次为 2^{-1}，2^{-2}，2^{-3}，……在公式(1-3)中令 $N = 2$，则可得二进制数的一般表达式：

$$(N)_B = \sum_{i=-\infty}^{\infty} K_i \times 2^i, \tag{1-4}$$

其中下标 B 表示二进制。常用的 8 位整数 4 位小数的二进制位权见表 1-1。

表 1-1　二进制各位的权

整数部分								小数部分			
2^7	2^6	2^5	2^4	2^3	2^2	2^1	2^0	2^{-1}	2^{-2}	2^{-3}	2^{-4}
128	64	32	16	8	4	2	1	1/2	1/4	1/8	1/16

3. 十六进制

数字电路中常用的进制是二进制，但缺点是书写和读取麻烦。二进制的每四位可以表示十六个数码，因此可以把十六进制看作二进制的一种特殊的表达形式。十六进制采用十进制的 0～9 及字母 A～F 表示十六个数码，计数基数为 16，各位的权为 16^i，在十六进制数码后，通常加一个 H 作为标识。十六进制数的一般表达式：

$$(N)_H = \sum_{i=-\infty}^{\infty} K_i \times 16^i。 \tag{1-5}$$

1.3.2　二进制与十进制、十六进制之间的转换

1. 二-十进制之间的转换

常用的转换方法有辗转除 2 法和权和法，其中辗转除 2 法计算较为麻烦，不适合数值较大数的转换，这里只介绍权和法。权和法实际上就是利用二进制数的一般表达式完成转换。

【例 1-3】 将十进制数 133_D 转换为二进制数。

解：

$$133 = 128 + 4 + 1 = 2^7 + 2^2 + 2^0。$$

根据二进制数的一般表达式，可知，表达式中出现的权系数为 1，其余系数为 0，可得转换的结果为 1000101_B。各位的系数和权的对应关系如下所示：

2^7	2^6	2^5	2^4	2^3	2^2	2^1	2^0
1	0	0	0	0	1	0	1

【例 1-4】 将十进制小数 0.39_D 转换成二进制数，要求精度达到 0.1%。

解：由于精度要求达到 0.1%，需要精确到二进制小数 10 位，即 $1/2^{10}=1/1024$，

$$0.39\approx 2^{-2}+2^{-3}+2^{-7}+2^{-8}+2^{-9}+2^{-10}=0.3896484375。$$

根据各位的系数和权的对应关系

2^{-1}	2^{-2}	2^{-3}	2^{-4}	2^{-5}	2^{-6}	2^{-7}	2^{-8}	2^{-9}	2^{-10}
0	1	1	0	0	0	1	1	1	1

可得转换结果为 0.0110001111_B。

【例 1-5】 将二进制数 10110110.1001_B 转换成十进制数。

解：二进制数转换为十进制数时，直接将二进制数按照位权和计算求和即可得到。

$$10110110.1001_B=(2^7+2^5+2^4+2^2+2^1).(2^{-1}+2^{-4})=182.5625_D。$$

2. 二-十六进制之间的转换

二进制转换成十六进制，因为十六进制的基数 $16=2^4$，所以，可将四位二进制数表示一位 16 进制数，即 0000～1111 表示 0～F。

十六进制转换成二进制，将每位十六进制数展开成四位二进制数，排列顺序不变即可。

【例 1-6】 将二进制数 11110101110.101_B 转换成十六进制数。

解：转换时，整数部分从右向左每四位为一位十六进制数，不足四位的，高位补 0；小数部分从左向右，每四位为一位十六进制数，不足四位的，低位补 0。

[0] 1 1 1 | 1 0 1 0 | 1 1 1 0 . 1 0 1 [0]

转换的结果为 7AE.A。

【例 1-7】 将十六进制数 BEEF.9 转换成二进制数。

解：　$BEEF.9_H=1011\ 1110\ 1110\ 1111.1001_B$。

1.3.3 无符号二进制数的算术运算

(1) 无符号二进制的加法规则

$$0+0=0,0+1=1,1+1=10。$$

【例 1-8】 计算两个二进制数 1010 和 0101 的和。

解：

$$\begin{array}{r} 1\ 0\ 1\ 0 \\ +\ 0\ 1\ 0\ 1 \\ \hline 1\ 1\ 1\ 1 \end{array}$$

$$1010+0101=1111。$$

(2) 无符号二进制数的减法规则

$$0-0=0,1-1=0,1-0=1,0-1=11。$$

【**例 1－9**】 计算两个二进制数 1010 和 0101 的差。

解:

$$\begin{array}{ccccc} & 1 & 0 & 1 & 0 \\ - & 0 & 1 & 0 & 1 \\ \hline & 0 & 1 & 0 & 1 \end{array}$$

$$1010 - 0101 = 0101。$$

(3) 乘法和除法

【**例 1－10**】 计算两个二进制数 1010 和 0101 的积。

解:

$$\begin{array}{ccccccc} & & & 1 & 0 & 1 & 0 \\ & & \times & 0 & 1 & 0 & 1 \\ \hline & & & 1 & 0 & 1 & 0 \\ & & 0 & 0 & 0 & 0 & \\ & 1 & 0 & 1 & 0 & & \\ 0 & 0 & 0 & 0 & & & \\ \hline & 1 & 1 & 0 & 0 & 1 & 0 \end{array}$$

$$1010 \times 0101 = 110010。$$

【**例 1－11**】 计算两个二进制数 1010 和 111 之商。

解:

$$\begin{array}{r|ccccccc} & & & & 1. & 0 & 1 & 1 \\ \hline 111 & 1 & 0 & 1 & 0 & & & \\ & & 1 & 1 & 1 & & & \\ \hline & & & 1 & 1 & 0 & 0 & \\ & & & & 1 & 1 & 1 & \\ \hline & & & & 1 & 0 & 1 & 0 \\ & & & & & 1 & 1 & 1 \\ \hline & & & & & & 1 & 1 \quad \cdots \text{余数} \end{array}$$

所以,1010÷111=1.011。

1.3.4　有符号二进制数的算术运算

1. *有符号数的表示方法*

二进制数的最高位表示符号位,且用 0 表示正数,用 1 表示负数。其余部分用原码的形式表示数值位。例如:

$+11_D = 0\ 1011_B$

$-11_D = 1\ 1011_B$

补码或反码的最高位为符号位,正数符号位为 0,负数符号位为 1。

当二进制数为正数时，其补码、反码与原码相同。当二进制数为负数时，将原码的数值位逐位求反，然后在最低位加 1 得到补码。四位二进制数的原码、反码和补码见表 1-2。

表 1-2　四位二进制数的原码、反码和补码

十进制数	二进制数		
	原码	反码	补码
−8	—	—	1000
−7	1111	1000	1001
−6	1110	1001	1010
−5	1101	1010	1011
−4	1100	1011	1100
−3	1011	1100	1101
−2	1010	1101	1110
−1	1001	1110	1111
−0	1000	1111	0000
+0	0000	0000	0000
1	0001	0001	0001
2	0010	0010	0010
3	0011	0011	0011
4	0100	0100	0100
5	0101	0101	0101
6	0110	0110	0110
7	0111	0111	0111

对于 n 位有符号和无符号数的二进制原码、反码和补码的表示范围见表 1-3。

表 1-3　二进制的表示范围

	无符号数	有符号数
原码	$0 \sim 2^n-1$	$-(2^{n-1}-1) \sim +(2^{n-1}-1)$
反码		$-(2^{n-1}-1) \sim +(2^{n-1}-1)$
补码		$-2^{n-1} \sim +(2^{n-1}-1)$

2. 二进制补码的减法运算

减法运算的原理：减去一个正数相当于加上一个负数 A−B=A+(−B)，对(−B)求补码，然后进行加法运算。

【例 1-12】　试用 4 位二进制补码计算 5−2。

解：因为 $(5-2)_{补} = (5)_{补} + (-2)_{补}$ =0101+1110=0011，所以，5−2=3。

	0	1	0	1
+	1	1	1	0
[1]	0	0	1	1

3. 溢出

【例 1-13】 试用 4 位二进制补码计算 5 + 7。

解: 因为 $(5+7)_{补} = (5)_{补} + (7)_{补} = 0101 + 0111 = 1100$

	0	1	0	1
+	0	1	1	0
	[1]	1	0	0

可知计算的结果为−4,正确的结果应为 12。原因在于 4 位二进制补码中数值位只有 3 位,表示范围位−8～+7,而本题的正确结果 12 已经超过了表示范围,这种情况称为溢出,解决溢出的方法是进行位的扩展,即采用 5 位以上的二进制补码进行计算,就不会产生溢出。

通过以下几种情况,可以判断溢出是否产生。需要注意的是,所有的负数都以补码表示。

	+4		0	1	0	0
+	+3	+	0	0	1	1
	+7	[0]	0	1	1	1

(a)

	−5		1	0	1	1
+	−3	+	1	1	0	1
	−8	[1]	1	0	0	0

(b)

	+2		0	0	1	0
+	+6	+	0	1	1	0
	+8	[0]	1	0	0	0

(c)

	−3		1	1	0	1
+	−6	+	1	0	1	0
	−9	[1]	0	1	1	1

(d)

4 位二进制补码的表示范围为−8～+7。上面 4 种情况中(a)和(b)没有产生溢出,结果正确,(c)和(d)的运算结果超出了表示范围。分析可知,当两个数同号相加,方括号中的进位位与符号位相反时,结果是错误的,产生溢出。

1.3.5　二进制代码

数值和符号是数字系统中处理最多的两类信息。数值信息的表示方法如前所述。符号也可以采用二进制数码表示,只是这些数码并不表示数量的大小,而表示不同的信息。这些特定的二进制数码称为二进制编码。比如,可以用 2 位二进制的组合 00、01、10、11 分别表示不同的信息。

用一定的规则编制代码,可以表示十进制数值、字母、符号等的过程称为编码。将代码还原成十进制数值、字母、符号的过程称为译码。

如所需编码的信息有 N 项,则需要的二进制数码的位数 n 应满足以下关系:

$$2^{n-1} \leqslant N \leqslant 2^{n} \tag{1-6}$$

1. 二-十进制编码(BCD码)

BCD码(Binary Code Decimal)是数值编码,用4位二进制数来表示1位十进制数中的0～9十个数码,从4位二进制数16种代码中,选择10种来表示0～9个数码的方案有很多种。每种方案产生一种BCD码,BCD码是以二进制形式表示的十进制。几种常用的BCD码见表1-4所示。

表1-4 几种常见BCD码

十进制数	有权码			无权码
	8421码	2421码	5421码	余3码
0	0000	0000	0000	0011
1	0001	0001	0001	0100
2	0010	0010	0010	0101
3	0011	0011	0011	0110
4	0100	0100	0100	0111
5	0101	1011	1000	1000
6	0110	1100	1001	1001
7	0111	1101	1010	1010
8	1000	1110	1011	1011
9	1001	1111	1100	1100

8421码,是一种最常用的码,如$(10010000)_{8421}$每4位二进制数表示1位十进制数,1001表示9,0000表示0,因此该BCD码为十进制的90。有权码是指每一位的权,如8421码4位的权值分别为8、4、2、1,因此BCD码1001对应的十进制数为8+1=9。

余3码的特点:当两个十进制数的和是10时,相应的二进制数正好是16,于是可自动产生进位信号,而不需修正。0和9,1和8,……,4和5的余3码互为反码。由表1-4可知,余3码可由8421码加上3(二进制0011)得到。

2. 格雷码

格雷码(Gray code)是一种无权码,它的特点是任何两个相邻代码之间仅有1位不同,并且0和最大数(2^{n-1})之间也只有1位不同,是一种循环码,如表1-5所示。格雷码的特点使得它在代码形成和传输中引起的误差较小,常用于模拟量的转换。当模拟量发生微小变化,格雷码仅仅改变一位,这与其他码同时改变2位或更多的情况相比,更加可靠,且容易检错。

表1-5 格雷码

十进制	二进制码				格雷码			
	b3	b2	b1	b0	G3	G2	G1	G0
0	0	0	0	0	0	0	0	0
1	0	0	0	1	0	0	0	1

续表

十进制	二进制码				格雷码			
2	0	0	1	0	0	0	1	1
3	0	0	1	1	0	0	1	0
4	0	1	0	0	0	1	1	0
5	0	1	0	1	0	1	1	1
6	0	1	1	0	0	1	0	1
7	0	1	1	1	0	1	0	0
8	1	0	0	0	1	1	0	0
9	1	0	0	1	1	1	0	1
10	1	0	1	0	1	1	1	1
11	1	0	1	1	1	1	1	0
12	1	1	0	0	1	0	1	0
13	1	1	0	1	1	0	1	1
14	1	1	1	0	1	0	0	1
15	1	1	1	1	1	0	0	0

二进制码转换为格雷码时，二进制码的最高位不变，然后从左到右，逐一将二进制码的相邻2位相加（舍去进位），作为格雷码的下一位。如将二进制码1011转换为格雷码的过程如下。

格雷码转换为二进制代码，格雷码的最高位不变，将产生的每一位二进制码，与下一位相邻的格雷码相加（舍去进位），作为格雷码的下一位。如将格雷码1101转换为二进制码的过程如下。

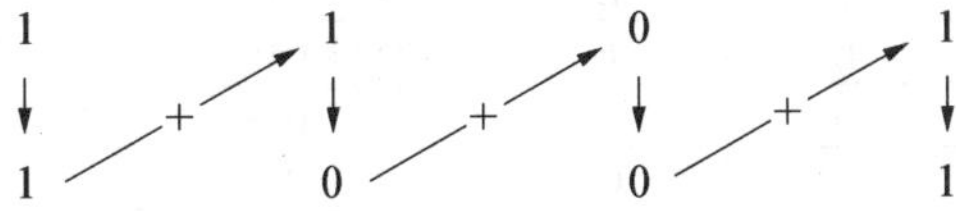

3. ASCII码

美国信息交换标准ASCII(American Standard Code for Information Interchange)码是一套电脑编码系统，用于通过键盘上的字符、数字和符号向计算机发送指令，每个按键用一个二进制码表示，是目前国际上最通用的信息交换标准。ASCII码用7位二进制定义了128个字符，包括十进制数、大小写英文字母、控制符、运算符和特殊字符，如表1-6所示。

表 1-6　ASCII 码表

二进制	十进制	十六进制	字符	二进制	十进制	十六进制	字符
0010 0000	32	20	空白	0101 0000	80	50	P
0010 0001	33	21	!	0101 0001	81	51	Q
0010 0010	34	22	"	0101 0010	82	52	R
0010 0011	35	23	＃	0101 0011	83	53	S
0010 0100	36	24	$	0101 0100	84	54	T
0010 0101	37	25	%	0101 0101	85	55	U
0010 0110	38	26	&	0101 0110	86	56	V
0010 0111	39	27	'	0101 0111	87	57	W
0010 1000	40	28	(	0101 1000	88	58	X
0010 1001	41	29	)	0101 1001	89	59	Y
0010 1010	42	2A	*	0101 1010	90	5A	Z
0010 1011	43	2B	＋	0101 1011	91	5B	[
0010 1100	44	2C	,	0101 1100	92	5C	\
0010 1101	45	2D	—	0101 1101	93	5D	]
0010 1110	46	2E	.	0101 1110	94	5E	^
0010 1111	47	2F	/	0101 1111	95	5F	_
0011 0000	48	30	0	0110 0000	96	60	`
0011 0001	49	31	1	0110 0001	97	61	a
0011 0010	50	32	2	0110 0010	98	62	b
0011 0011	51	33	3	0110 0011	99	63	c
0011 0100	52	34	4	0110 0100	100	64	d
0011 0101	53	35	5	0110 0101	101	65	e
0011 0110	54	36	6	0110 0110	102	66	f
0011 0111	55	37	7	0110 0111	103	67	g
0011 1000	56	38	8	0110 1000	104	68	h
0011 1001	57	39	9	0110 1001	105	69	i
0011 1010	58	3A	:	0110 1010	106	6A	j
0011 1011	59	3B	;	0110 1011	107	6B	k
0011 1100	60	3C	＜	0110 1100	108	6C	l
0011 1101	61	3D	＝	0110 1101	109	6D	m
0011 1110	62	3E	＞	0110 1110	110	6E	n
0011 1111	63	3F	?	0110 1111	111	6F	o
0100 0000	64	40	@	0111 0000	112	70	p
0100 0001	65	41	A	0111 0001	113	71	q
0100 0010	66	42	B	0111 0010	114	72	r
0100 0011	67	43	C	0111 0011	115	73	s
0100 0100	68	44	D	0111 0100	116	74	t
0100 0101	69	45	E	0111 0101	117	75	u
0100 0110	70	46	F	0111 0110	118	76	v
0100 0111	71	47	G	0111 0111	119	77	w
0100 1000	72	48	H	0111 1000	120	78	x
0100 1001	73	49	I	0111 1001	121	79	y
0100 1010	74	4A	J	0111 1010	122	7A	z
0100 1011	75	4B	K	0111 1011	123	7B	{
0100 1100	76	4C	L	0111 1100	124	7C	|
0100 1101	77	4D	M	0111 1101	125	7D	}
0100 1110	78	4E	N	0111 1110	126	7E	～
0100 1111	79	4F	O				

1.3.6 逻辑代数与逻辑运算

逻辑运算：当二进制代码 0 和 1 表示逻辑状态时，两个二进制数码依据某种特定的因果关系进行的运算。逻辑运算使用的数学工具是逻辑代数。

与普通代数不同，逻辑代数中的变量只有 0 和 1 两个可取值，它们分别用来表示两个完全对立的逻辑状态。在逻辑代数中，有与、或、非三种基本的逻辑运算。

1. 与运算

只有当决定某一事件的条件全部具备时，这一事件才会发生。这种因果关系称为与逻辑关系，表示为 $L=A\cdot B=AB$。

真值表

A	B	L
0	0	0
0	1	0
1	0	0
1	1	1

逻辑符号

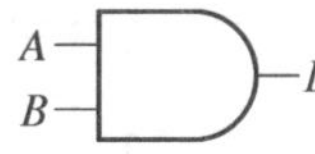

2. 或运算

只要在决定某一事件的各种条件中，有一个或几个条件具备时，这一事件就会发生。这种因果关系称为或逻辑关系，表示为 $L=A+B$。

真值表

A	B	L
0	0	0
0	1	1
1	0	1
1	1	1

逻辑符号

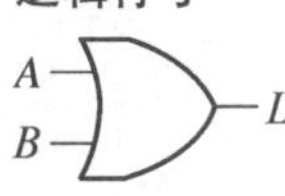

3. 非运算

事件发生的条件具备时，事件不会发生；事件发生的条件不具备时，事件发生。这种因果关系称为非逻辑关系，表示为 $L=\overline{A}$。

真值表

A	L
0	1
1	0

逻辑符号

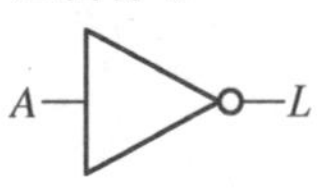

4. 与非运算

与非运算是与运算和非运算的组合，表示为 $L=\overline{A\cdot B}$。

真值表

A	B	L
0	0	1
0	1	1
1	0	1
1	1	0

逻辑符号

5. 或非运算

或非运算是或运算和非运算的组合，表示为 $L=\overline{A+B}$。

真值表

A	B	L
0	0	1
0	1	0
1	0	0
1	1	0

逻辑符号

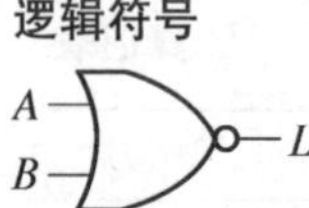

6. 异或运算

若两个输入变量的值相异，输出为 1，否则为 0，表示为 $L=\overline{A}B+A\overline{B}=A\oplus B$。

真值表

A	B	L
0	0	0
0	1	1
1	0	1
1	1	0

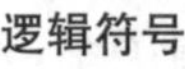
逻辑符号

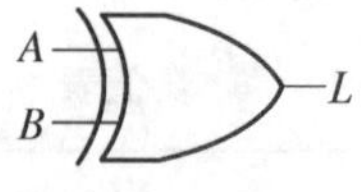

7. 同或运算

若两个输入变量的值相同，输出为 1，否则为 0，表示为 $L=AB+\overline{A}\overline{B}=A\odot B$。

真值表

A	B	L
0	0	1
0	1	0
1	0	0
1	1	1

逻辑符号

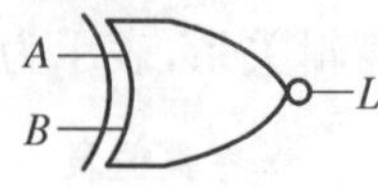

1.3.7 逻辑函数的表示方法

逻辑变量分为输入逻辑变量和输出逻辑变量，描述输入和输出逻辑变量之间的因果关系称为逻辑函数，逻辑变量的取值只有 0 或 1 的二值逻辑，因此又称二值逻辑变量。

逻辑变量的表示有真值表、逻辑表达式、逻辑图和波形图四种，并且可以互相转换。

【例 1-14】 在一些体育(如举重)比赛项目时，如果人们听到一声铃响，并且看到表示“成功”的信号灯亮起来，说明运动员比赛成绩有效。比赛结果由 3 个裁判判定，其中 S1 为主裁判，S2、S3 为两个副裁判，Y 为输出信号，表示结果，只有当 2 个或 2 个以上裁判判定成绩有效，其中主裁必须同意，运动员成绩才有效。试用逻辑函数的 4 种表示方法来描述此过程。

解：根据题目要求，裁判表决 S1、S2、S3 是输入信号，成绩结果 Y 为输出信号，可以列出真值表。

S1	S2	S3	Y
0	任意	任意	0
1	0	0	0
1	0	1	1
1	1	0	1
1	1	1	1

在真值表中，找到输出 Y 为 1 时对应的输入 S1、S2、S3 的取值，可以写出逻辑表达式：

$$Y=S_1\overline{S_2}S_3+S_1S_2\overline{S_3}+S_1S_2S_3\text{。}$$

化简得

$$Y=S_1\overline{S_2}S_3+S_1S_2\overline{S_3}+S_1S_2S_3=S_1S_2+S_1S_3=\overline{\overline{S_1S_2}\cdot\overline{S_1S_3}}\text{。}$$

根据逻辑表达式，可以画出逻辑图，如图 1-7 所示。

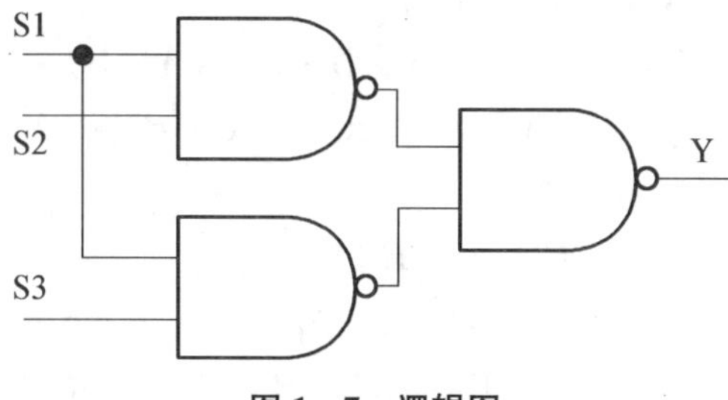

图 1-7　逻辑图

根据真值表或逻辑表达式可以画出波形图，如图 1-8 所示。

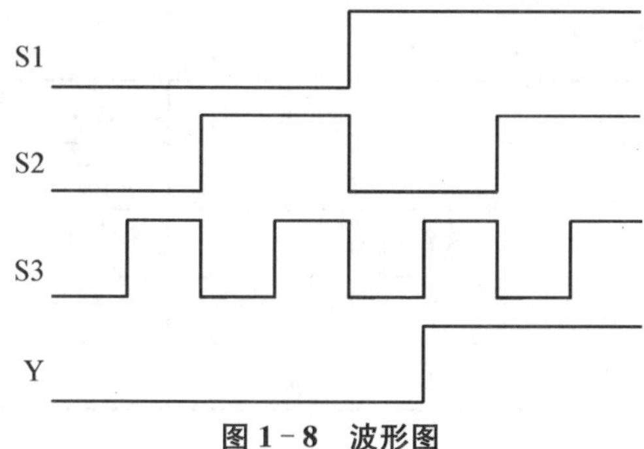

图 1-8　波形图

此外，还可以用硬件描述语言 HDL（hardware description language）来描述该逻辑功能。

```
module ref3to1(S1, S2, S3, Y);
    input S1, S2, S3;                //输入声明
    output Y;                        //输出声明
    wire S1, S2, S3,Y;               //数据类型
    assign Y = (S1 & S2) | (S1 & S3);  //逻辑功能描述
endmodule
```

1.4 逻辑代数的基本定律

逻辑代数又称布尔代数。它是分析和设计现代数字逻辑电路不可缺少的数学工具。逻辑代数有一系列的定律、定理和规则，用于对数学表达式进行处理，以完成对逻辑电路的化简、变换、分析和设计。

逻辑关系指的是事件产生的条件和结果之间的因果关系。在数字电路中往往是将事情的条件作为输入信号，而结果用输出信号表示。条件和结果的两种对立状态分别用逻辑“1”和“0”表示。

1.4.1 基本公式

0-1律：$A+0=A, A+1=1, A\cdot 1=A, A\cdot 0=0$。

互补律：$A+\overline{A}=1, A\cdot\overline{A}=0$。

交换律：$A+B=B+A, A\cdot B=B\cdot A$。

结合律：$A+B+C=(A+B)+C, A\cdot B\cdot C=(A\cdot B)\cdot C$。

分配律：$A\cdot(B+C)=AB+AC, A+BC=(A+B)\cdot(A+C)$。

重叠律：$A+A=A, A\cdot A=A$。

反演律：$\overline{A+B}=\overline{A}\cdot\overline{B}, \overline{A\cdot B}=\overline{A}+\overline{B}$。

吸收律：$A+AB=A, A\cdot(A+B)=A, A+\overline{A}B=A+B, (A+B)\cdot(A+C)=A+BC$。

常用恒等式：$AB+\overline{A}C+BC=AB+\overline{A}C, AB+\overline{A}C+BCD=AB+\overline{A}C$。

1.4.2 基本公式的证明

1. 反演律采用真值表证明

A	B	$\overline{A}$	$\overline{B}$	$\overline{A+B}$	$\overline{A}\cdot\overline{B}$	$\overline{A\cdot B}$	$\overline{A}+\overline{B}$
0	0	1	1	1	1	1	1
0	1	1	0	0	0	1	1
1	0	0	1	0	0	1	1
1	1	0	0	0	0	0	0

2. 分配律证明

$$\begin{aligned} A+BC &= A(1+B)+BC \\ &= A+AB+BC = A(1+C)+AB+BC \\ &= A+AC+AB+BC = AA+AC+AB+BC \\ &= (A+B)(A+C)。 \end{aligned}$$

3. 吸收律证明

$$A+AB=A(1+B)=A,$$

$$A(A+B)=AA+AB=A+AB=A(1+B)=A。$$

$$\begin{aligned} A+\overline{A}B &= A(1+B)+\overline{A}B = AA+AB+\overline{A}B \\ &= AA+AB+\overline{A}B+A\overline{A} = A(A+\overline{A})+B(A+\overline{A}) = A+B。 \end{aligned}$$

$$\begin{aligned} (A+B)(A+C) &= AA+AB+AC+BC = A(1+B)+AC+BC \\ &= A+AC+BC = A(1+C)+BC = A+BC。 \end{aligned}$$

常用恒等式：

$$\begin{aligned} AB+\overline{A}C+BC &= AB+\overline{A}C+(A+\overline{A})BC = AB+\overline{A}C+ABC+\overline{A}BC \\ &= AB(1+C)+\overline{A}C(1+B) = AB+\overline{A}C。 \end{aligned}$$

$$\begin{aligned} AB+\overline{A}C+BCD &= AB+\overline{A}C+(A+\overline{A})BCD = AB+\overline{A}C+ABCD+\overline{A}BCD \\ &= AB(1+CD)+\overline{A}C(1+BD) = AB+\overline{A}C。 \end{aligned}$$

1.5　逻辑代数的基本规则

1.5.1　代入规则

在包含变量 A 逻辑等式中，如果用另一个函数式代入式中所有 A 的位置，则等式仍然成立，这一规则称为代入规则，如：$B(A+C)=BA+BC$ 成立，用 $A+D$ 代替 A，则下面的等式依然成立，

$$B[(A+D)+C] = B(A+D)+BC = BA+BD+BC。$$

代入规则可以扩展所有基本公式或定律的应用范围。

1.5.2　反演规则

对于任意一个逻辑表达式 L，若将其中所有的与（·）换成或（+），或（+）换成与（·）；原变量换为反变量，反变量换为原变量；将 1 换成 0，0 换成 1；则得到的结果就是原函数的反函数。

【例 1-15】 求 $L=\overline{A}\overline{B}+CD+0$ 的非函数。

解：按照反演规则，得

$$\overline{L}=(A+B)\cdot(\overline{C}+\overline{D})\cdot 1=(A+B)(\overline{C}+\overline{D})。$$

1.5.3 对偶规则

对于任何逻辑函数式，若将其中的与（·）换成或（+），或（+）换成与（·）；并将 1 换成 0，0 换成 1。那么，所得到的新的函数式就是 L 的对偶式，记作 L'。

【例 1-16】 求 $L=(A+\bar{B})(A+C)$ 的对偶式。

解：按照对偶规则，得

$$L'=A\bar{B}+AC。$$

当某个逻辑恒等式成立时，则该恒等式两侧的对偶式也相等。这就是对偶规则。利用对偶规则，可从已知公式中得到更多的运算公式，例如吸收律。

1.6 逻辑函数的化简

1.6.1 逻辑函数化简的目的

逻辑函数化简的目的在于用尽可能少的逻辑门的数量和种类完成相同的逻辑功能，这样可以让硬件电路更简单，降低电路复杂程度，提高可靠性。对于一个逻辑函数，可以有不同的表示方法，如下：

$$\begin{aligned} L &= AC+\bar{C}D && \text{“与-或”表达式} \\ &= \overline{\overline{AC}\cdot\overline{\bar{C}D}} && \text{“与非-与非”表达式} \\ &= (A+\bar{C})(C+D) && \text{“或-与”表达式} \\ &= \overline{\overline{(A+\bar{C})}+\overline{(C+D)}} && \text{“或非-或非”表达式} \\ &= \overline{\bar{A}C+\bar{C}\bar{D}}。 && \text{“与-或-非”表达式} \end{aligned}$$

逻辑函数化简的方法主要有代数法和卡诺图法两种，本节首先介绍代数化简法。

1.6.2 代数化简法

代数化简法是运用逻辑代数的基本定律和恒等式进行化简的方法，主要有并项法、吸收法、消去法和配项法，具体如下：

(1) 并项法

$$A+\bar{A}=1,$$

$$L=\bar{A}\bar{B}C+\bar{A}\bar{B}\bar{C}=\bar{A}\bar{B}(C+\bar{C})=\bar{A}\bar{B}。$$

(2) 吸收法

$$A+AB=A,$$

$$L=\bar{A}B+\bar{A}BCD(E+F)=\bar{A}B。$$

(3) 消去法

$$A+\overline{A}B=A+B,$$

利用 $\overline{A}+\overline{B}=\overline{AB}$，得

$$L=AB+\overline{A}C+\overline{B}C=AB+(\overline{A}+\overline{B})C,$$

利用 $A+\overline{A}B=A+B$，得

$$L=AB+\overline{AB}C=AB+C。$$

(4) 配项法

$$A+\overline{A}=1,$$

$$\begin{aligned}L&=AB+\overline{A}\overline{C}+B\overline{C}=AB+\overline{A}\overline{C}+(A+\overline{A})B\overline{C}\\&=AB+\overline{A}\overline{C}+AB\overline{C}+\overline{A}B\overline{C}\\&=(AB+AB\overline{C})+(\overline{A}\overline{C}+\overline{A}\overline{C}B)\\&=AB+\overline{A}\overline{C}。\end{aligned}$$

【例 1 - 17】 已知逻辑函数表达式为 $L=AB\overline{D}+\overline{A}\overline{B}\overline{D}+ABD+\overline{A}\overline{B}\overline{C}D+\overline{A}\overline{B}CD$，要求：

(1) 最简的与-或逻辑函数表达式，并画出相应的逻辑图；

(2) 仅用与非门画出最简表达式的逻辑图。

解：(1)
$$\begin{aligned}L&=AB(\overline{D}+D)+\overline{A}\overline{B}\overline{D}+\overline{A}\overline{B}D(\overline{C}+C)\\&=AB+\overline{A}\overline{B}\overline{D}+\overline{A}\overline{B}D\\&=AB+\overline{A}\overline{B}(D+\overline{D})\\&=AB+\overline{A}\overline{B}。\end{aligned}$$

(2)
$$\begin{aligned}L&=AB+\overline{A}\overline{B}\\&=\overline{\overline{AB+\overline{A}\overline{B}}}=\overline{\overline{AB}\cdot\overline{\overline{A}\overline{B}}}。\end{aligned}$$

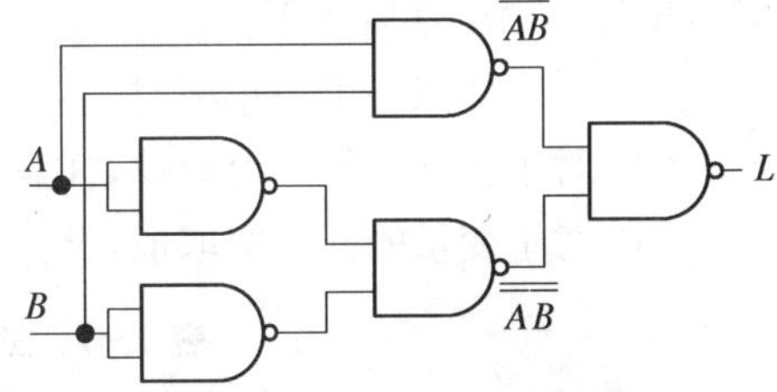

图 1 - 9　与非门最简表达式逻辑图

【例 1 - 18】 试对逻辑函数表达式 $L=\overline{A}\overline{B}C+A\overline{B}\overline{C}$ 进行变换，仅用或非门画出该表达式的逻辑图。

解：

$$\begin{aligned}L&=\overline{A}\overline{B}C+A\overline{B}\overline{C}=\overline{\overline{\overline{A}\overline{B}C}}+\overline{\overline{A\overline{B}\overline{C}}}\\&=\overline{A+B+\overline{C}}+\overline{\overline{A}+B+C}\\&=\overline{\overline{\overline{A+B+\overline{C}}+\overline{\overline{A}+B+C}}}。\end{aligned}$$

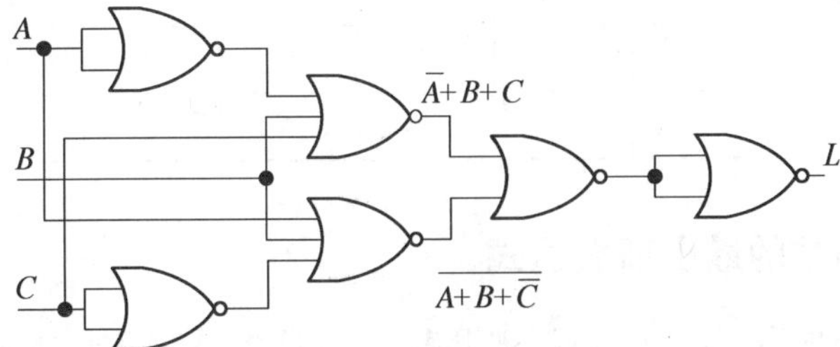

图 1 - 10　或非门最简表达式逻辑图

1.7 卡诺图化简

代数化简法在使用中往往会遇到困难，例如：逻辑代数与普通代数的公式易混淆，化简过程要求对所有公式熟练掌握；无一套完善的方法可循，比较依赖于经验和灵活性；技巧强，较难掌握，特别是对代数化简后得到的逻辑表达式是否是最简式判断有一定困难。

卡诺图法可以比较简便地得到最简的逻辑表达式。

1.7.1 最小项的定义及性质

最小项定义：n 个变量 $X_1, X_2, \cdots\cdots, X_n$ 的最小项是 n 个因子的乘积，每个变量都以它的原变量或非变量的形式在乘积项中出现，且仅出现一次。一般 n 个变量的最小项应有 2^n 个。

例如，A、B、C 三个逻辑变量的最小项有 $2^3=8$ 个，即 $\bar{A}\bar{B}\bar{C}$、$\bar{A}\bar{B}C$、$\bar{A}B\bar{C}$、$\bar{A}BC$、$A\bar{B}\bar{C}$、$A\bar{B}C$、$AB\bar{C}$、ABC。需要注意，每个最小项必须包含全部变量，无论是以原变量还是反变量的形式出现，且每个变量只出现一次，否则，就不是最小项。如 $\bar{A}B$、$A\bar{B}C\bar{A}$、$A(\bar{B}+C)$ 都不是最小项。

三个变量的所有最小项的真值表见表 1－7，其中 m_i 表示第 i 个最小项。从表 1－7 可以得出最小项的性质如下：

(1) 对于任意一个最小项，只有一组变量取值使得它的值为 1；

(2) 对于变量的任一组取值，任意两个最小项的乘积为 0；

(3) 对于变量的任一组取值，全体最小项之和为 1。

表 1－7 三变量的所有最小项的真值表

			m_0	m_1	m_2	m_3	m_4	m_5	m_6	m_7
A	B	C	$\overline{ABC}$	$\overline{AB}C$	$\bar{A}B\bar{C}$	$\bar{A}BC$	$A\,\overline{BC}$	$A\bar{B}C$	$AB\bar{C}$	ABC
0	0	0	1	0	0	0	0	0	0	0
0	0	1	0	1	0	0	0	0	0	0
0	1	0	0	0	1	0	0	0	0	0
0	1	1	0	0	0	1	0	0	0	0
1	0	0	0	0	0	0	1	0	0	0
1	0	1	0	0	0	0	0	1	0	0
1	1	0	0	0	0	0	0	0	1	0
1	1	1	0	0	0	0	0	0	0	1

1.7.2 逻辑函数的最小项表达式

逻辑函数的最小项表达式为“与或”逻辑表达式，且在“与或”式中的每个乘积项都是最小项。

【例 1－19】 将 $L(A,B,C)=AB+\overline{A}C$ 化简成最小项表达式。

解：

$$\begin{aligned} L(A,B,C) &= AB(C+\overline{C})+\overline{A}(B+\overline{B})C \\ &= ABC+AB\overline{C}+\overline{A}BC+\overline{A}\overline{B}C \\ &= m_7+m_6+m_3+m_1=\sum m(1,3,6,7) \end{aligned}$$

【例 1－20】 将 $L(A,B,C)=\overline{(AB+\overline{A}\overline{B}+\overline{C})\overline{AB}}$ 化成最小项表达式。

解：

$$\begin{aligned} L(A,B,C) &= \overline{(AB+\overline{A}\overline{B}+\overline{C})}+AB \\ &= (\overline{AB}\cdot\overline{\overline{A}\overline{B}}\cdot C)+AB \\ &= (\overline{A}+\overline{B})(A+B)C+AB \\ &= \overline{A}BC+A\overline{B}C+AB \qquad \text{去括号} \\ &= \overline{A}BC+A\overline{B}C+AB(C+\overline{C}) \\ &= \overline{A}BC+A\overline{B}C+ABC+AB\overline{C} \\ &= m_3+m_5+m_7+m_6=\sum m(3,5,6,7) \end{aligned}$$

1.7.3 用卡诺图法表示逻辑函数

1. 卡诺图法的引出

逻辑相邻的最小项：如果构成两个最小项的所有变量中只有一个变量互为反变量，就称这两个最小项在逻辑上相邻。

例如，最小项 $m_6=AB\overline{C}$ 与 $m_7=ABC$ 只有一个变量不同，那么，它们在逻辑上是相邻的。把每个最小项用一个方格表示，并且让逻辑上相邻的最小项在几何位置上也相邻，这样就构造出了卡诺图。

卡诺图：将 n 变量的全部最小项都用小方块表示，并使具有逻辑相邻的最小项在几何位置上也相邻地排列起来，这样，所得到的图形叫 n 变量的卡诺图。2 变量、3 变量和 4 变量的卡诺图分别如下所示：

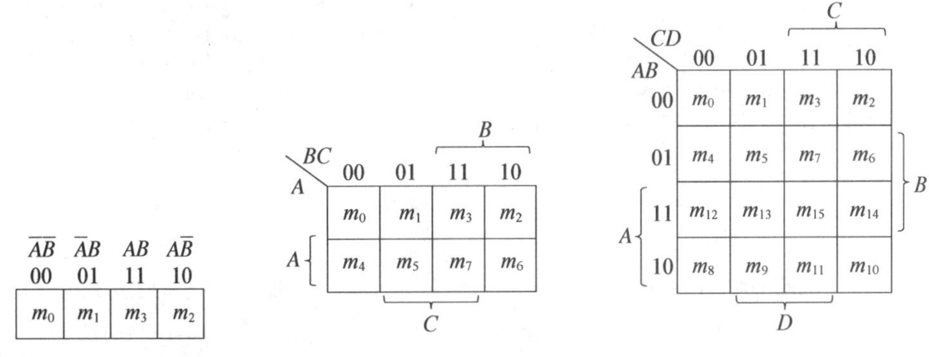

图 1－11　两变量卡诺图　　图 1－12　三变量卡诺图　　图 1－13　四变量卡诺图

卡诺图的特点为，各小方格对应于各变量不同的组合，而且上下左右在几何上相邻的方格内只有一个因子有差别，这个重要特点成为卡诺图法化简逻辑函数的主要依据。

2. 已知逻辑函数表达式画出卡诺图

当逻辑函数为最小项表达式时，在卡诺图中找出和表达式中最小项对应的小方格填上

1,其余的小方格填上 0(有时也可用空格表示),就可以得到相应的卡诺图。任何逻辑函数都等于其卡诺图中为 1 的方格所对应的最小项之和。

【例 1-21】 画出逻辑函数 $L(A,B,C,D)=\sum m(0,1,2,3,4,8,10,11,14,15)$ 的卡诺图。

解:

L (AB \\ CD)	00	01	11	10
00	1	1	1	1
01	1	0	0	0
11	0	0	1	1
10	1	0	1	1

【例 1-22】 画出下式逻辑函数的卡诺图。

$$L(A,B,C,D)=(\overline{A}+\overline{B}+\overline{C}+\overline{D})(\overline{A}+\overline{B}+C+\overline{D})(\overline{A}+B+\overline{C}+D)(A+\overline{B}+\overline{C}+D)(A+B+C+D)$$

解:利用反演律可得原函数的反函数的表达式,

$$\overline{L}=ABCD+AB\overline{C}\overline{D}+A\overline{B}C\overline{D}+\overline{A}BC\overline{D}+\overline{A}\overline{B}\overline{C}\overline{D}$$
$$=\sum m(0,6,10,13,15)。$$

在反函数表达式中出现的最小项以 0 表示,其余用 1 表示,可得卡诺图。

L (AB \\ CD)	00	01	11	10
00	0	1	1	1
01	1	1	1	0
11	1	0	0	1
10	1	1	1	0

1.7.4 用卡诺图法化简逻辑函数

1. 化简的依据

卡诺图化简的基本依据是相邻性。由相邻性可知,具有逻辑相邻的两个最小项只有一个变量不同(互反),因此这两个最小项进行或(加法)运算时,利用互补率 $A+\overline{A}=1$,就可以消掉互补的变量。如图 1-14 所示,为卡诺图化简示意图。

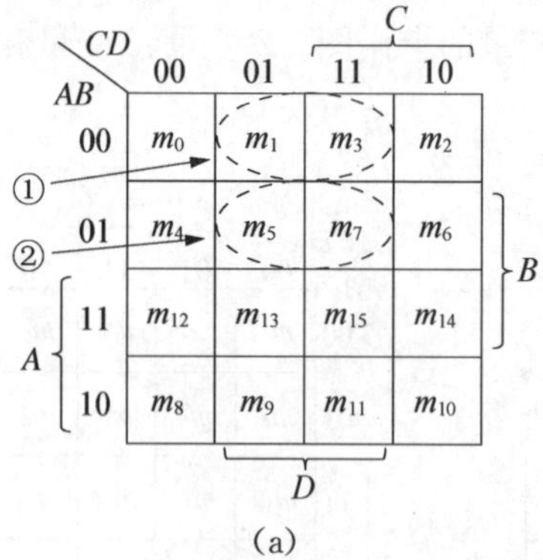

(a)

圆圈①对应的表达式为

$\overline{A}\overline{B}\overline{C}D+\overline{A}\overline{B}CD=\overline{A}\overline{B}D$

圆圈②对应的表达式为

$\overline{A}B\overline{C}D+\overline{A}BCD=\overline{A}BD$

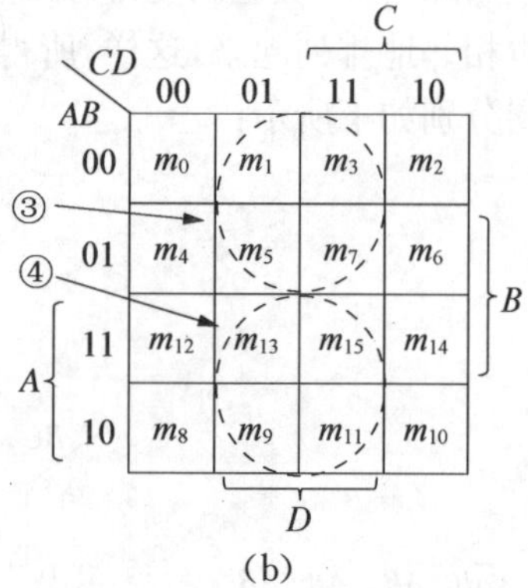

(b)

圆圈③对应的表达式为

$\overline{A}\overline{B}D+\overline{A}BD=\overline{A}D$

圆圈④对应的表达式为

$A\overline{B}D+ABD=AD$

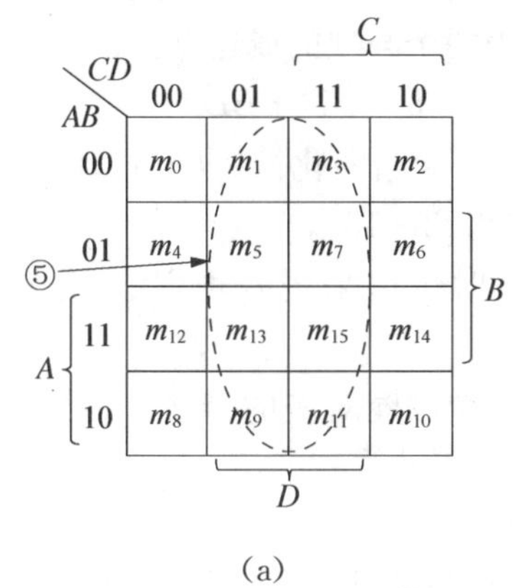

(a)

圆圈⑤对应的表达式为 $\overline{A}D+AD=D$

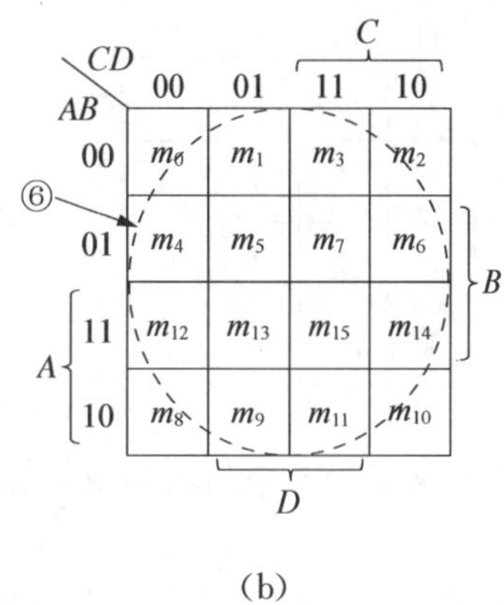

(b)

圆圈⑥对应的表达式为 1

图 1－14　卡诺图化简示意图

图 1－14(a)中，圆圈①和②中各包含 2 个逻辑相邻的最小项，则两个圆圈对应的最简表达式中都可以消掉一个变量 C。图 1－14(b)中，圆圈③和④中各包含 4 个逻辑相邻的最小项，这两个圆圈对应的最简表达式中都可以消掉 2 个变量 B 和 C。图 1－14(c)中，圆圈⑤中包含 8 个逻辑相邻的最小项，对应的最简表达式中都可以消掉 3 个变量 A、B 和 C。圆圈⑥中包含全部 16 个最小项，这两个圆圈对应的最简表达式中都可以消掉全部 4 个变量，结果为 1。

由以上可以看出，每个圆圈包含的方格(最小项)个数越多，则每个圆圈对应的与(乘积)项中可以消掉的变量就越多。每个圆圈都对应一个与项，最后的化简结果是这些与项之间的或运算，圆圈的个数越少，则化简结果中的与项个数(或运算的次数)越少。

2. 卡诺图化简的步骤

(1) 将逻辑函数写成最小项表达式；

(2) 按最小项表达式填卡诺图，凡式中包含了的最小项，其对应方格填 1，其余方格填 0；

(3) 合并最小项，即将相邻的 1 方格圈成一组(包围圈)，每一组含 2^n 个方格，对应每个包围圈写成一个新的乘积项。本书中包围圈用虚线框表示；

(4) 将所有包围圈对应的乘积项相加，得到最简与或表达式。

3. 画包围圈时应遵循的原则

(1) 包围圈内的方格数一定是 2^n 个，且包围圈必须呈矩形。

(2) 循环相邻特性包括上下底相邻，左右边相邻和四角相邻。

(3) 同一方格可以被不同的包围圈重复包围多次，但新增的包围圈中一定要有原有包围圈未曾包围的方格。

(4) 一个包围圈的方格数要尽可能多，包围圈的数目要可能少。

【例 1－23】　用卡诺图化简逻辑函数 $L(A,B,C,D)=\sum m(0,2,5,7,8,10,13,15)$。

解：首先由函数表达式画出卡诺图，然后画包围圈合并最小项，得最简与-或表达式。

圆圈①对应的与项为 BD；

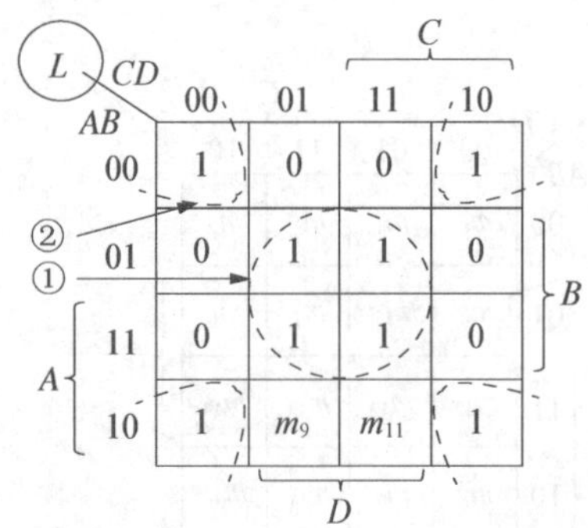

圆圈②则利用了四角相邻性，对应的与项为 $\overline{B}\overline{D}$；最终的化简结果为两个与项的或运算。

$$L=BD+\overline{B}\overline{D}$$

【例 1-24】 用卡诺图化简。$L(A,B,C,D)=\sum m(0\sim3,5\sim7,8\sim11,13\sim15)$。

解：本题化简时可以采用两种方法，分别是圈 1 和圈 0。

卡诺图中有 3 个圆圈对应的与项分别为 $\overline{B}$、C、D，最终的化简结果为 3 个与项的或运算：

$$L=\overline{B}+D+C。$$

上面圈 1 法中，卡诺图中的圆圈个数较多，考虑题目的特点，还可以采用圈 0 法，得到的化简结果是原函数 L 的反函数 $\overline{L}$，过程如下：

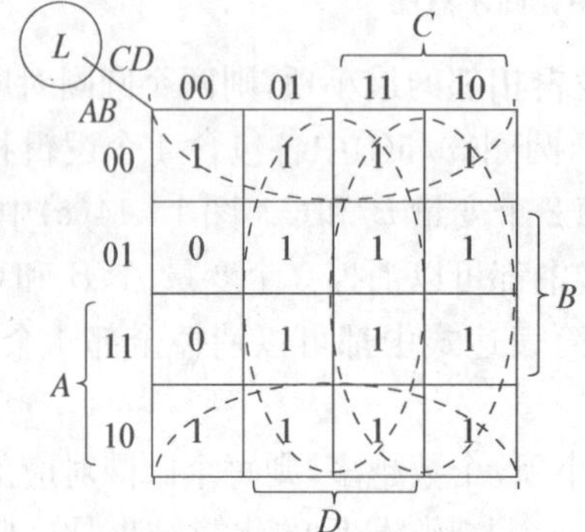

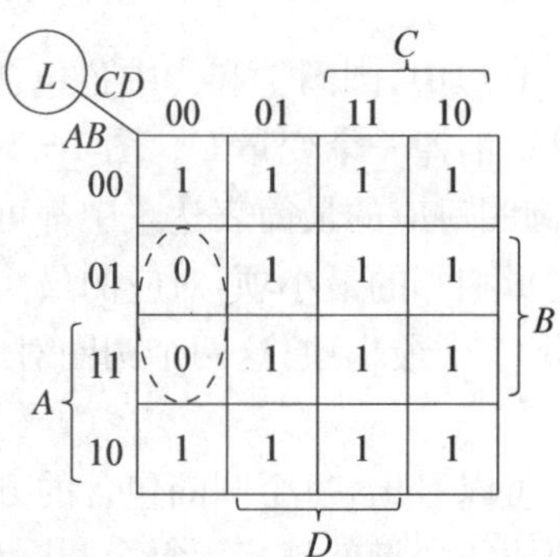

卡诺图中只有 1 个圆圈，对应的与项为 $B\overline{C}\overline{D}$，则有 $\overline{L}=B\overline{C}\overline{D}$。使用反演律可得 $L=\overline{B}+D+C$。

可见，圈 1 法和圈 0 法结果一样，可根据实际情况进行选择。

4. 含无关项的逻辑函数的卡诺图化简

在真值表内对应于变量的某些取值下，函数的值可以是任意的，或者这些变量的取值根本不会出现，这些变量取值所对应的最小项称为无关项或任意项。

在含有无关项逻辑函数的卡诺图化简中，它的值可以取 0 或取 1，具体取什么值，可以根据使函数尽量得到简化而定，相对于最小项用 m 表示，无关项用 d 表示。

【例 1-25】 要求设计一个逻辑电路，能够判断一位十进制数是奇数还是偶数，当十进制数为奇数时，电路输出为 1，当十进制数为偶数时，电路输出为 0。

解：根据题意列真值表：

A	B	C	D	L	A	B	C	D	L
0	0	0	0	0	0	1	0	0	0
0	0	0	1	1	0	1	0	1	1
0	0	1	0	0	0	1	1	0	0
0	0	1	1	1	0	1	1	1	1

续表

A	B	C	D	L	A	B	C	D	L
1	0	0	0	0	1	1	0	0	×
1	0	0	1	1	1	1	0	1	×
1	0	1	0	×	1	1	1	0	×
1	0	1	1	×	1	1	1	1	×

根据真值表写出函数的最小项表达：

$$L=\sum m(1,3,5,7,9)+\sum d(10,11,12,13,14,15)。$$

画出卡诺图，图中无关项用×表示，进行化简。卡诺图中只有 1 个圆圈，对应的与项为 D，则有 $L=D$。

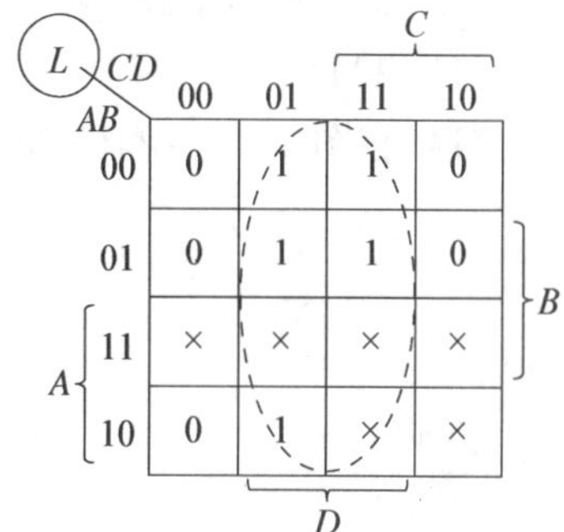

本章习题

1. 绘制下列二进制的数字波形，逻辑 1 对应 5 V，逻辑 0 对应 0 V，并在波形中标明最高有效位 MSB 和最低有效位 LSB。

(1) 01100100　　(2) 101100010101

2. 数字波形如图 1－15 所示，时钟频率为 4 kHz，求：

(1) 波形表示的二进制数；

(2) 串行发送 8 位数据所需的时间；

(3) 并行发送 8 位数据所需的时间。

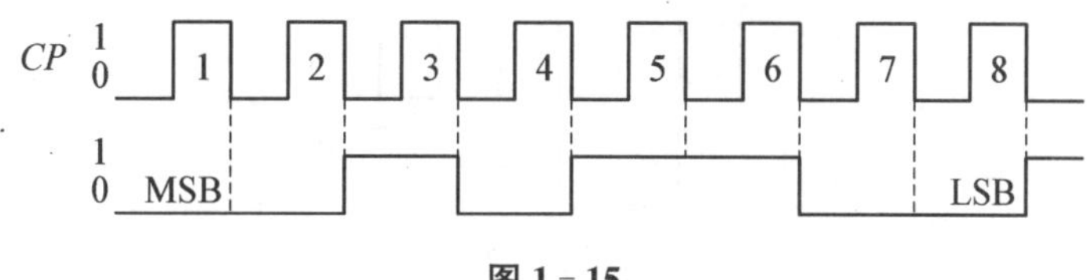

图 1－15

3. 将十进制数 25.562 转成二进制数，要求转换误差小于 1%。

4. 将十进制数 13.125 转换成十六进制数。

5. 将下列二进制数转换为十进制数。

(1) 1011B　　(2) 1001011B

(3) 0.101101B　　(4) 1110.1001B

6. 将下列十六进制数转化为二进制数。

(1) 23F.45H　　(2) A45D.0BC

7. 写出下列二进制的原码、反码和补码。

(1) ＋1110B　　(2) －10110B

8. 写出下列二进制补码所表示的十进制数。

(1) 0010111B　　　　　　(2) 11101000

9. 用 8 位二进制补码计算下列各式，并用十进制表示结果。

(1) －29－25　　　　　　(2) －120＋30

10. 将下列十进制数转换为 8421BCD 码。

(1) 127　　　　　　(2) 254.25

11. 将下列数码分别作为二进制和 8421BCD 码时，求出对应的十进制。

(1) 10010111　　　　　　(2) 1000100.10010001

12. 将下列二进制转换为格雷码。

(1) 1001　　　　　　(2) 101101

13. 将下列格雷码转换为二进制。

(1) 1111　　　　　　(2) 110111

14. 在图 1－16 中，已知输入信号 A、B 的波形，画出各逻辑门的输出波形。

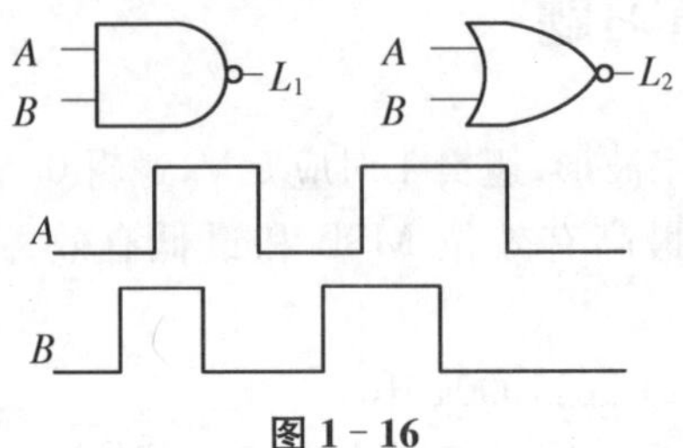

图 1－16

15. 在图 1－17 中，已知输入信号 A、B 的波形，画出各逻辑门的输出波形。

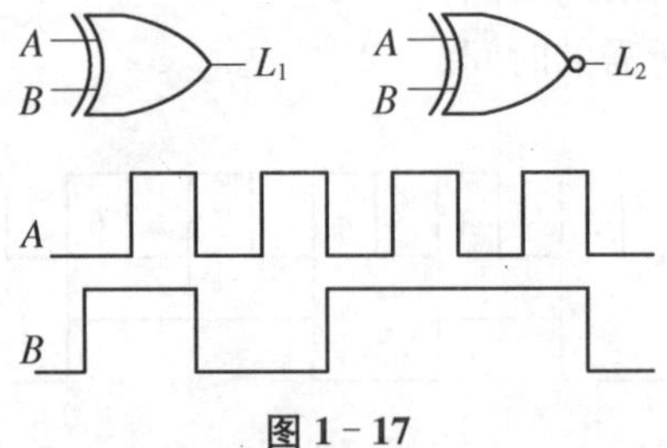

图 1－17

16. 已知逻辑函数 $L=A+\overline{B}C+\overline{A}B\overline{C}$，求其对应的真值表，画出逻辑图。

17. 已知逻辑图如图 1－18 所示，求输出 L 的逻辑表达式。

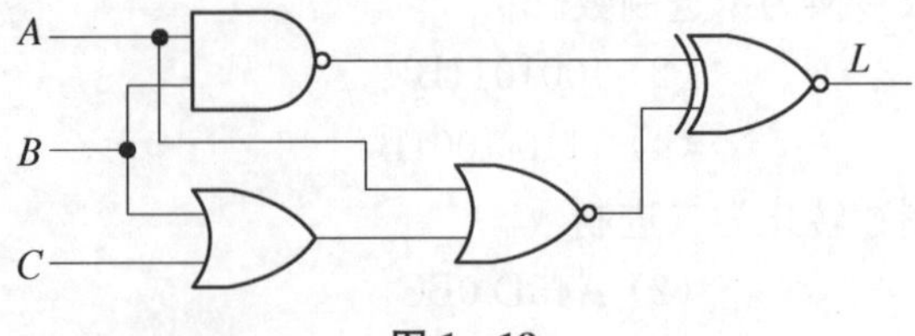

图 1－18

18. 已知逻辑函数 L 的波形图如图 1－19 所示，求其真值表、逻辑表达式和逻辑图。

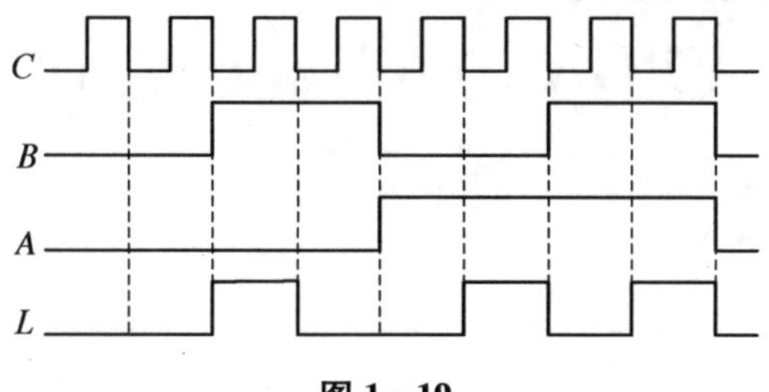

图 1－19

19. 用代数法化简下列逻辑函数。

(1) $L=\overline{A}BC(B+C)$

(2) $L=\overline{\overline{A\overline{B}+ABC}+A(B+\overline{A}B)}$

(3) $L=\overline{AB+\overline{A}\overline{B}+\overline{A}B+A\overline{B}}$

(4) $L=\overline{\overline{(\overline{A}+B)}+\overline{(A+B)}+(\overline{\overline{A}B})(\overline{A\overline{B}})}$

(5) $L=\overline{B}+ABC+\overline{AC}+\overline{AB}$

(6) $L=\overline{ABC}+A\overline{B}C+ABC+A+B\overline{C}$

(7) $L=ABC\overline{D}+ABD+BC\overline{D}+ABCD+B\overline{C}$

(8) $L=\overline{\overline{AC+\overline{A}BC}+\overline{B}C+AB\overline{C}}$

20. 列出下列逻辑函数的真值表，写出函数的最小项表达。

(1) $L(A,B,C)=A\overline{B}+B\overline{C}$

(2) $L(A,B,C,D)=A\overline{C}D+\overline{B}C\overline{D}+ABCD$

(3) $L(A,B,C)=\overline{(A\overline{B}+B\overline{C})\overline{AB}}$

21. 用卡诺图化简下列逻辑表达式。

(1) $L(A,B,C,D)=\sum m(0,2,4,8,10,12)$

(2) $L(A,B,C,D)=\sum m(0,1,2,5,6,8,9,10,13,14)$

(3) $L(A,B,C,D)=\sum m(0,2,4,6,9,13)+\sum d(1,3,5,7,11,15)$

(4) $L(A,B,C,D)=\sum m(0,13,14,15)+\sum d(1,2,3,9,10,11)$

第2章

FPGA 与 Vivado 基础

本章学习导言

本章首先简单介绍了数字集成电路的分类，接着介绍可编程器件的基本电路及表示方法、现场可编程门阵列 FPGA 的基本结构及原理。接下来介绍 Basys 3 FPGA 开发板的结构及主要资源。最后以一个实例说明开发环境 Vivado 的整个设计流程。

2.1 可编程器件基础

数字集成电路按照逻辑功能可以分为通用性和专用型两类。

通用性集成电路多为中小规模，从最基本的与、或、非门以及在此基础上的较为复杂的逻辑电路，如 54/74 系列集成电路，74LS148 编码器、74LS154 译码器、74LS193 计数器和 74LS194 移位寄存器等。随着系统功能的增加和系统规模扩大，随之而来的是焊点增多、功耗增加、成本升高、占用空间扩大和可靠性下降、设计难度增大和电路不易修改等问题。

系统设计师们希望自己设计芯片，缩短设计周期，能在实验室设计好后，立即投入实际应用。这就是专用型集成电路 ASIC(application specific integrated circuit)，ASIC 有全定制和半定制两种。全定制 ASIC 是一种针对特定需求，根据使用目的而专门设计的集成电路，要求设计师完成电路的所有设计，系统运行速度更快，但设计周期长、成本高、需要承担设计风险。半定制 ASIC 中，电路的部分或全部功能已经完成，内部的标准逻辑单元、存储器、系统级模块和 IP 核(intellectual property core)已经设计并布局完成，设计者只需要通过原理图、硬件描述语言 HDL(hardware description language)对数字系统建模，生成基于标准库的网络表，配置到芯片中把整个数字系统集成在一片 PLD 上，就可以实现需要的功能。

可编程逻辑器件 PLD(programmable logic device)是一种半定制的可编程 ASIC，通过对 PLD 进行软件设计编程，可以完成 ASIC 电路的功能，不需要再进行集成电路的设计。

可编程逻辑器件 PLD 出现于 20 世纪 70 年代，发展按其内部结构不同延伸出两个分支。通常，把基于乘积项技术、FLASH(类似 EEPROM 工艺)工艺的 PLD 称为复杂可编程逻辑器件 CPLD(complex programmable logic device)；把基于查找表 LUT(look-up table)技术、SRAM 工艺，需要外接配置 EEPROM 的 PLD 称为现场可编程门阵列 FPGA(field programmable gate array)。

2.1.1　PLD 的连接方式

PLD 的连接方式有三种，如图 2－1 所示，分别是：硬件连接单元，不可通过编程改变；可编程“接通”单元，用户可以通过编程实现“接通”连接；被编成擦除单元，可通过编程实现“断开”。

硬件连接单元
被编程接通单元
被编程擦除单元

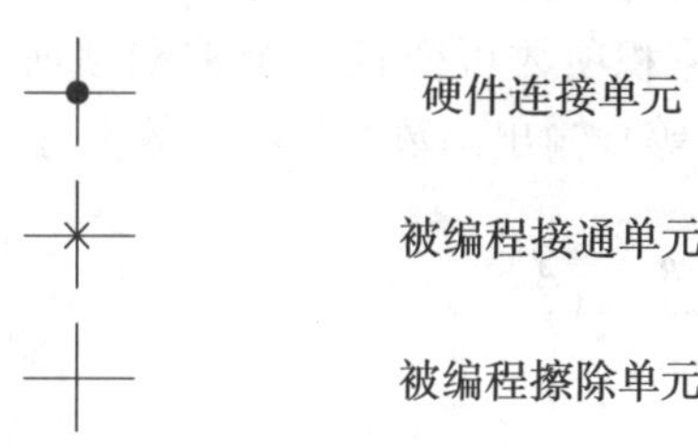

图 2－1　PLD 的连接方式

2.1.2　基本门电路的表示方式

可编程器件中基本逻辑门的表示如图 2－2(a)～(g)所示。

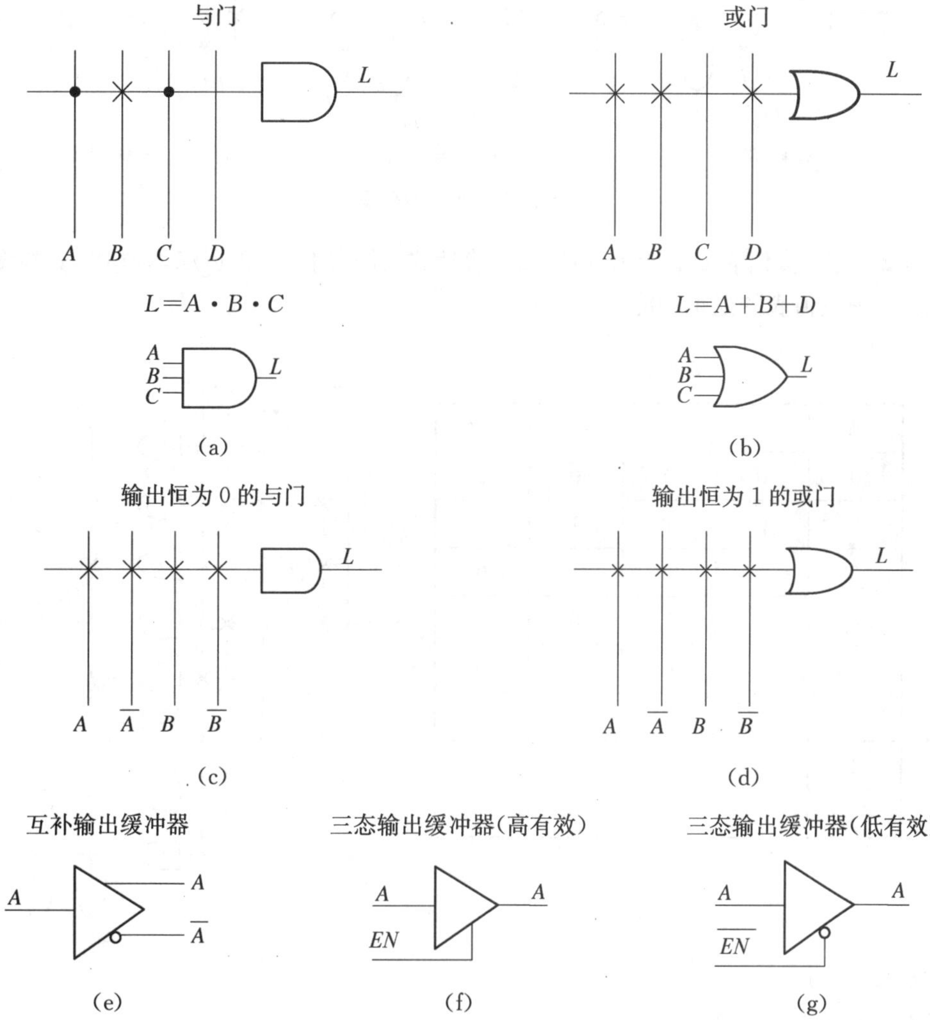

与门
L
A B C D
L=A·B·C
A
B
C
L
(a)
或门
L
A B C D
L=A+B+D
A
B
C
L
(b)
输出恒为 0 的与门
L
A $\overline{A}$ B $\overline{B}$
(c)
输出恒为 1 的或门
L
A $\overline{A}$ B $\overline{B}$
(d)
互补输出缓冲器
A
A
$\overline{A}$
(e)
三态输出缓冲器(高有效)
A
A
EN
(f)
三态输出缓冲器(低有效)
A
A
$\overline{EN}$
(g)

图 2－2　基本门电路的表示符号

2.1.3　PLD 的分类

按照 PLD 中的与、或阵列是否可编程分为三种，如图 2－3 所示。分别是与阵列固定，或阵列可编程(PROM)，输出函数为最小项表达式；与阵列，或阵列均可编程(PLA)，输出函数的乘积项数可变且每个乘积项所含变量数可变；与阵列可编程，或阵列固定(PAL 和 GAL 等)，输出函数的乘积项数不可变但每个乘积项所含变量数可变。

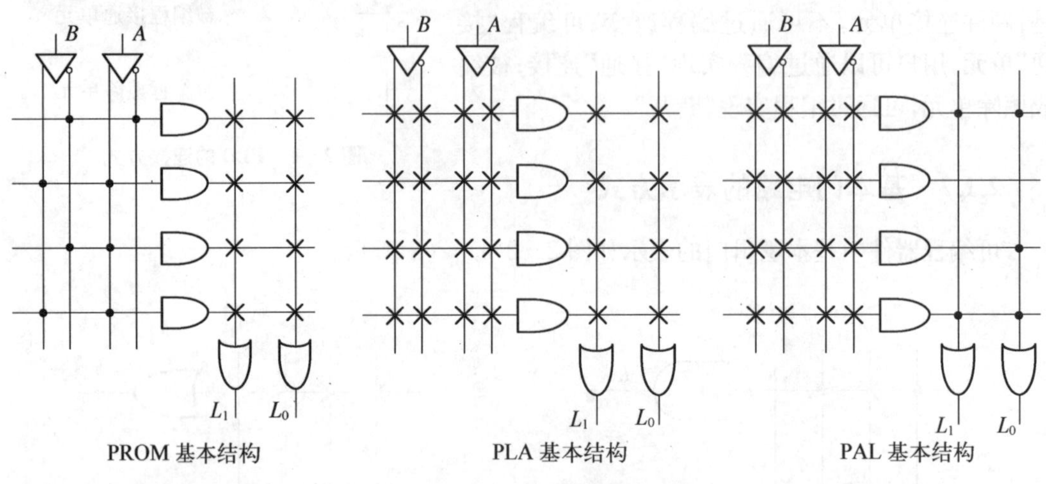

图 2-3　PLD 的分类

【例 2-1】　真值表如下所示，写出输出表达式，并利用可编程逻辑阵列 PLA，在图中完成连接，实现真值表的逻辑功能。

真值表

A	B	C	L1	L2
0	0	0	0	1
0	0	1	1	1
0	1	0	1	0
0	1	1	0	1
1	0	0	1	0
1	0	1	0	0
1	1	0	1	1
1	1	1	0	1

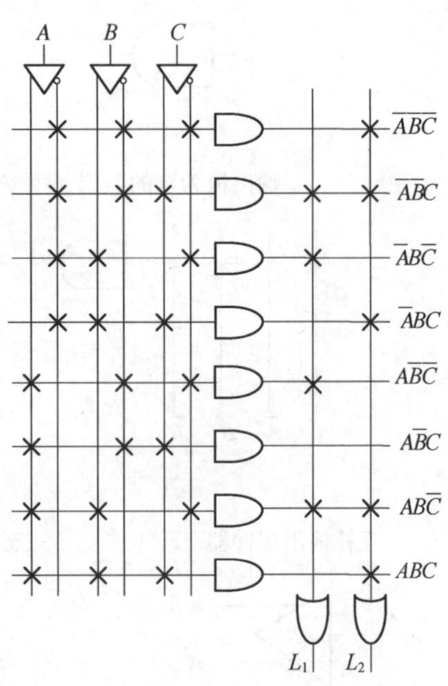

解：

$L1=B\overline{C}+A\overline{C}+\overline{A}\overline{B}C$，

$L2=\overline{A}\overline{B}+AB+BC$。

2.2 现场可编程门阵列(FPGA)

2.2.1 FPGA 的基本逻辑结构

Xilinx FPGA 内部包括可配置逻辑模块 CLB(configurable logic block)、输入输出模块 IOB(input output block)和内部连线(interconnect)三部分。前面已经提到,与其他门阵列不同的是,FPGA 是采用查找表 LUT(look-up table)的工作原理实现逻辑函数,避免了与-或阵列结构规模的限制,使 PFGA 可包含数量众多的 LUT 和触发器,便于实现更大规模和更复杂的逻辑电路。

Xilinx FPGA 利用小型 LUT(16×1 RAM)实现逻辑组合,每个 LUT 连接到一个 D 触发器的输入端,驱动其他逻辑电路或输入输出 I/O,构成既可实现组合逻辑也可实现时序逻辑功能的基本单元模块。这些单元模块可互连或连接到 I/O 模块。

既然 FPGA 是通过 LUT 来实现逻辑运算,那么,存储器(RAM)中存储单元的值决定了逻辑单元的逻辑功能、模块之间的互连以及模块与 I/O 的连接方式,进而决定了 FPGA 实现的功能。

查找表(LUT)原理以 2 输入为例说明。2 输入的 LUT 结构见图 2-4 所示,图中 S_1 和 S_0 为 LUT 的输入,M_0～M_3 为 LUT 中的 SRAM 单元。

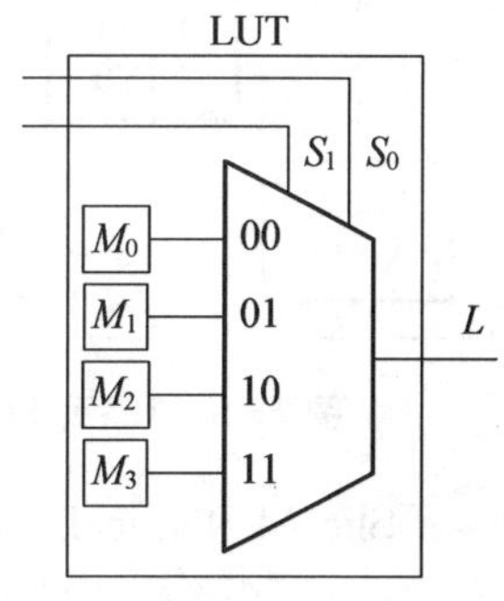

图 2-4 两输入 LUT 结构

在 FPGA 中实现逻辑函数需要完成以下编程:

(1) 将 FPGA 的 I/O 引脚上的输入信号通过可编程连线连接到 LUT 的 S_1 和 S_0。

(2) 将逻辑功能的真值表 L 中的函数值写入到 LUT 的 SRAM 的 M_0～M_3 单元,LUT 中的 00～11 相当于 M_0～M_3 各单元的地址。

(3) 将 LUT 的输出 L 连接到 FPGA 的 I/O 引脚,作为输出信号。

【例 2-2】 用 2 输入 LUT 实现异或函数 $L=A\oplus B$ 的 LUT。

解:异或真值表如下所示,当输入变量 A 和 B 互反时,输出 L 为 1,因此通过编程在 LUT 中地址为 01 和 10 的两个单元中写入 1,其余单元为 0,可得输出函数表达式。

真值表

A	B	L
0	0	0
0	1	1
1	0	1
1	1	0

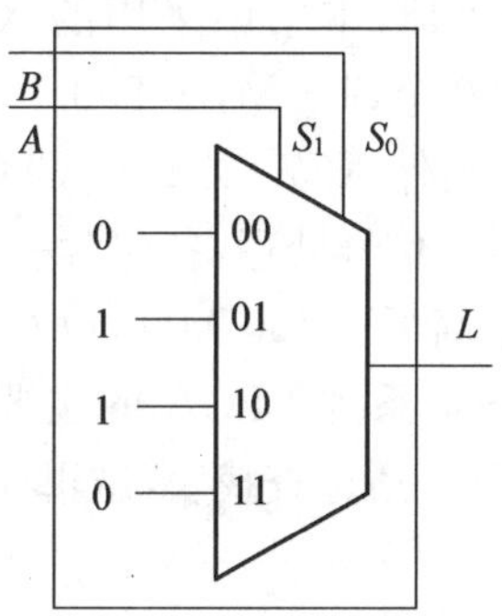

由上面的例题可见，只需要配置 RAM 中存储的值，即可以实现特定的逻辑函数。

2.2.2 可配置逻辑模块(CLB)

可配置逻辑模块(CLB)是 Xilinx FPGA 的核心，是实现时序和组合逻辑电路的主要资源。在 Xilinx FPGA 中包含有多个 CLB，CLB 之间的连接关系如图 2-5 所示。每个 CLB 中包含有 2 个逻辑片 Slice，可以是 2 个 SliceL，也可以是 1 个 SliceL 和 1 个 SliceM，连接到一个开关矩阵(switch matrix)，如图 2-6 所示。

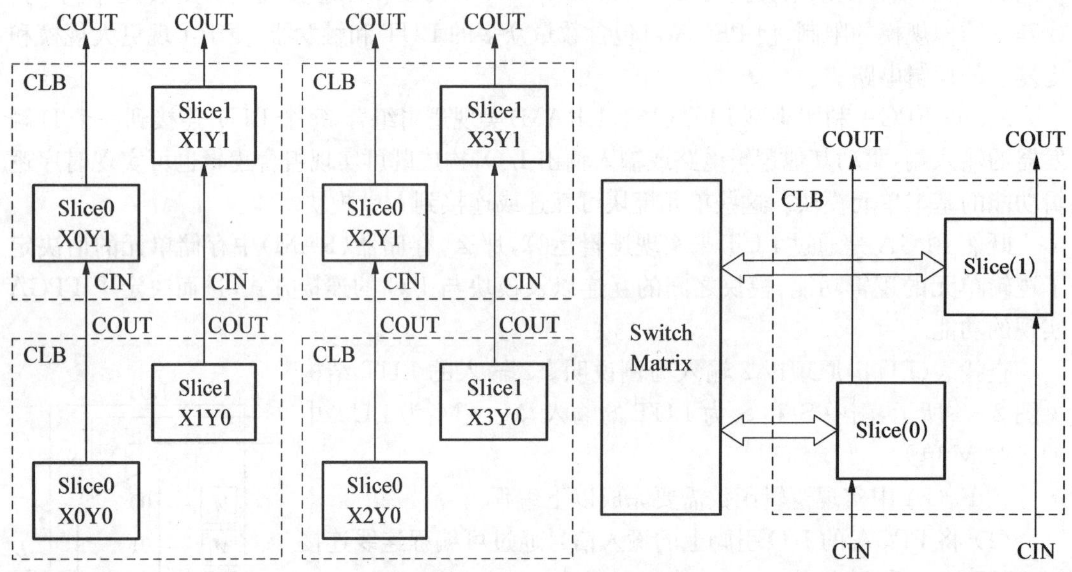

图 2-5 7 系列 FPGA 中 CLB 间的连接　　图 2-6 7 系列 FPGA 中 CLB 的结构

SliceM 和 SliceL 的结构如图 2-7 和图 2-8 所示。每个 Slice 中有：

(1) 4 个 6 输入的 LUTs，如图 2-7 和图 2-8 中①号方框所示；

(2) 进位链(carry logic)，如图 2-7 和图 2-8 中②号方框所示；

(3) 8 个存储单元(触发器)，如图 2-7 和图 2-8 中③号方框所示；

(4) 多路选择器(multiplexers)，如图 2-7 和图 2-8 中④号方框所示。

所有的 Slice 都可提供逻辑运算、算术运算和 ROM 函数。此外，在 SliceM 还具有存储数据的分布式 RAM 和对数据进行移位的 32 位寄存器。

根据官网数据手册，本书中采用的 XC7A35T-1CPG236C 具有 5 200 个 Slice，其中 3 600个 SliceL，1 600 个 SliceM，20 800 个 LUTs，400 kb 分布式 RAM，200 kb 移位寄存器，41 600 个触发器。此外 XC7A35T-1CPG236C 还具有 1 800 kb 的快速 RAM 块，90 个 DSP Slice 可以做数字信号处理，各包含一个锁相环(PLL，phase-locked loop)的 5 个时钟管理单元，内部时钟最高可达 450 MHz 以及一个片上模数转换器(XADC)。

CLB 是 Artix-7 系列 FPGA 的主要组成部分，FPGA 上逻辑功能的实现依赖于对 CLB 的配置，CLB 又是通过查找表，逻辑存储和其他组合逻辑实现。

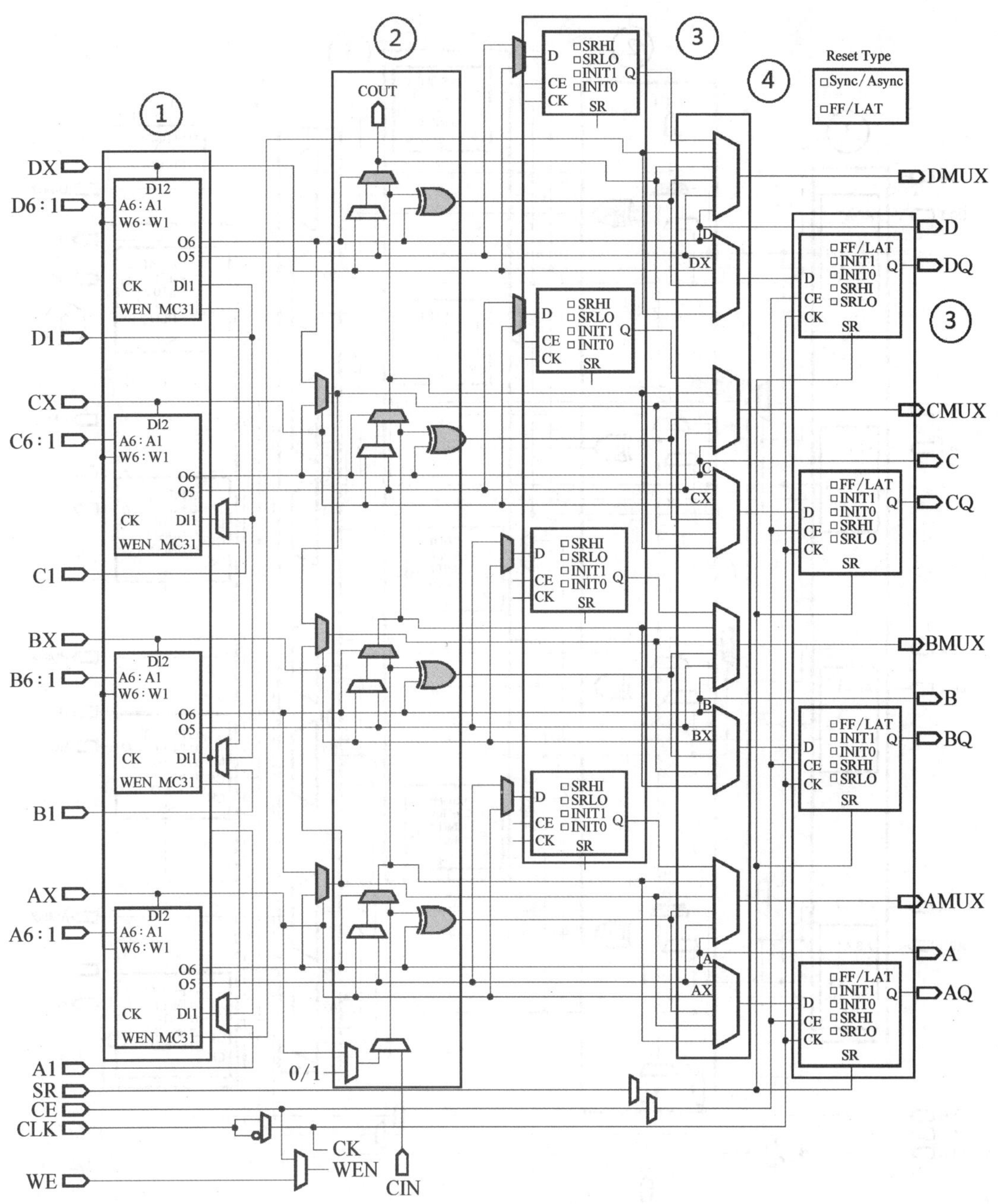

图 2-7　SliceM 结构

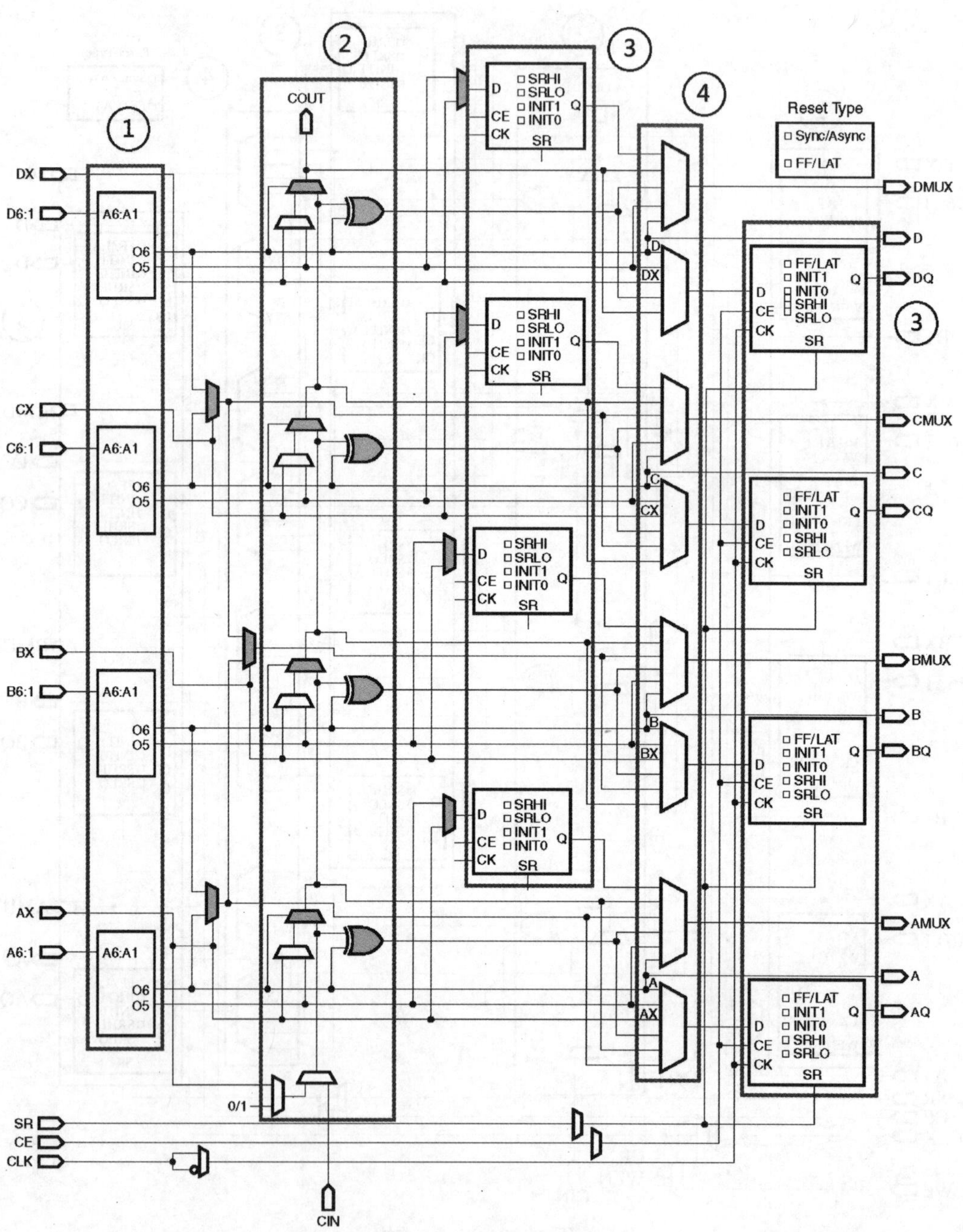

图 2-8 SliceL 结构

1. 查找表 LUT

每个 Slice 中有输入分别为 A、B、C、D 的四个查找表，如图 2－7 和图 2－8 中①所示。每个查找表可以实现 6 输入逻辑函数，或 2 个 5 输入逻辑函数以及 2 个小于 5 输入的逻辑函数。当实现 6 输入逻辑函数时 A1～A6 为输入，O6 为输出；实现 2 个 5 输入查找表时，A1～A5 为输入，A6 保持高电平，O5 和 O6 为输出；实现小于 5 输入的逻辑函数情况与 5 输入类似。

查找表的作用如下：

(1) 退出逻辑片 Slice(通过 A、B、C、D 输出 O6 或 AMUX、BMUX、CMUX、DMUX 输出 O5)；

(2) 输出 O6 作为进位链中异或门的输入；

(3) 输出 O5 作为进位链的输入；

(4) 输出 O6 作为多路选择器的输入；

(5) 作为存储单元 D 触发器的信号输入；

(6) 输出 O6 作为 F7AMUX/F7BMUX 多路选择器的输入。

Slices 中，除了基本的 LUTs 之外，另外还有 2 个 7 输入的多路选择器 F7AMUX、F7BMUX 和 1 个 8 输入的多路选择器 F8MUX，这些多路选择器通过对 4 个 LUTs 进行组合可以在 Slices 中实现 7 输入或 8 输入的逻辑函数。

F7AMUX 通过对 LUTs 的输入 A 和 B 组合实现 7 输入逻辑函数；F7BMUX 通过对 LUTs 的输入 C 和 D 组合实现 7 输入逻辑函数；F8MUX 通过对 LUTs 的所有输入 A、B、C 和 D 的组合实现 8 输入逻辑函数。超过 8 输入的逻辑函数需要通过多个 Slices 实现，在 1 个 CLB 中的 2 个 Slices 之间是没有连线，正如图 2－6 中 CLB 的结构中所示。

2. 存储单元

在 1 个 Slices 中有 8 个存储单元。其中的 4 个可以配置为边沿触发的 D 触发器或对低电平敏感的锁存器，如图 2－9 中右边所示。这 4 个锁存器/触发器的输入是 LUTs 的输出经多路选择器 AFFMUX、BFFMUX、CFFMUX 或 DFFMUX 确定，也可以直接使用外部输入 AX、BX、CX 或 DX。当配置为锁存器时，如果时钟信 CLK 号为低电平，则锁存器是透明的(直通)。

另外 4 个则只能配置为边沿触发的 D 触发器，如图 2－9 中左边所示。这些触发器的输入可以是 LUTs 的输出 O5，或者也可以直接使用外部输入 AX、BX、CX 或 DX。当右边的 4 个存储单元被配置为锁存器时，左边的 4 个存储单元不可用。

控制信号包括时钟信号(CLK)、时钟使能信号(CE)和置位/复位信号(SR)。这些控制信号为 1 个 Slices 上的所有存储单元所共用，当 Slices 上的 1 个触发器的 SR 和 CE 信号使能(高有效)时，Slices 上其他的锁存器的 SR 和 CE 信号同时使能，这时就需要通过设置各触发器的时钟信号 CLK 的极性来使触发器动作，需要注意的是，任何对时钟信号的反向都会被自动忽略。

存储单元的可配置选项包括以下部分。

(1) SRLOW：SR＝0，当 SR 有效时，同步或异步复位触发器或锁存器；

(2) SRHIGH：SR＝1，当 SR 有效时，同步或异步复位触发器或锁存器；

(3) INIT0：当上电异步复位或全局复位/置位；

(4) INIT1：当上电异步复位或全局复位/置位。

SRLOW 和 SRHIGH 的真值表见表 2－1。

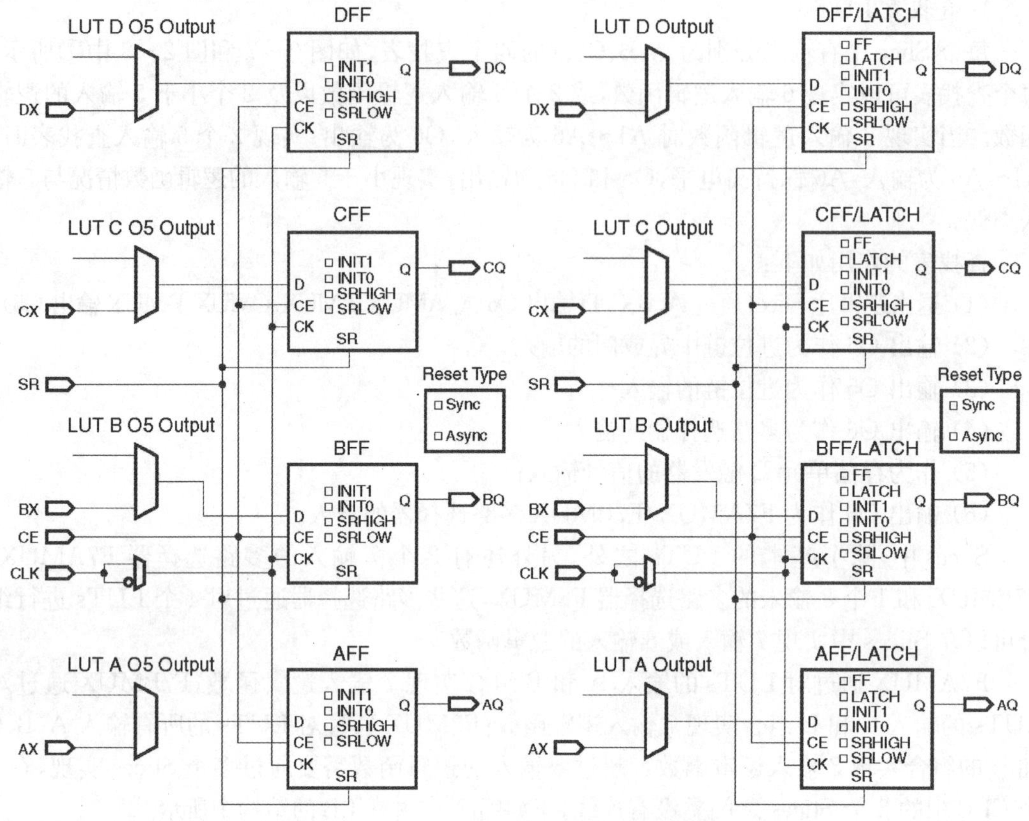

图 2-9　Slice 中触发器和锁存器配置

表 2-1　SRLOW 和 SRHIGH 真值表

SR	SR 值	函数功能
0	SRLOW(默认)	保持(逻辑无变化)
1	SRLOW(默认)	0
0	SRHIGH	保持(逻辑无变化)
1	SRHIGH	1

在 1 个 Slices 上的所有存储单元的 SRHIGH 和 SRLOW 可以单独设置，而每个存储单元的同步(SYNC)或异步(ASYNC)的复位/置位(SR)不能单独设置。

配置后的初始状态或全局初始状态分别由 INIT0 和 INIT1 属性定义。通常情况下，设置 SRLOW 属性需设置 INIT0，设置 SRHIGH 属性需设置 INIT1，而 Artix7 系列 FPGA 可以独立于 SRHIGH 和 SRLOW 来单独设置 INIT0 和 INIT1。

3. 分布式 RAM

只有 SliceM 中有分布式 RAM，可以被配置为同步 RAM，称为分布式 RAM 元件。SliceM 中的多个 LUTs 进行组合可以实现更大容量的存储，通过对 SliceM 进行配置就可以实现对 RAM 配置。RAM 可以配置为以下存储容量：

(1) 单端口 32×1-bit RAM，1 个 LUT；　(2) 双端口 32×1-bit RAM，2 个 LUT；

(3) 四端口 32×2-bit RAM，4 个 LUT；　(4) 双端口 32×6-bit RAM，4 个 LUT；

(5) 单端口 64×1 - bit RAM,1 个 LUT；　(6) 双端口 64×1 - bit RAM,2 个 LUT；
(7) 四端口 64×1 - bit RAM,4 个 LUT；　(8) 双端口 64×3 - bit RAM,4 个 LUT；
(9) 单端口 128×1 - bit RAM,2 个 LUT；　(10) 双端口 128×1 - bit RAM,4 个 LUT；
(11) 单端口 256×1 - bit RAM,4 个 LUT。

分布式 RAM 模块是同步资源,对一个 Slice,所有触发器有统一的时钟输入。时钟使能信号(CE)信号用于使能 SliceM,当 CE 有效,读操作是在读(RD)信号有效时的时钟(CLK)有效边沿从 RAM 中读出数据,写(WE)信号有效时,在时钟(CLK)的有效边沿把数据写入分布式 RAM 中。

2.2.3　输入输出模块(IOB)

尽管 CLB 是 FPGA 的核心,但要和外部设备进行数据的输入和输出,就必须通过与外界电平兼容的 I/O 口,7 系列 FPGA 的 I/O 都配置在输入输出块(IOB)中。7 系列 FPGA 都提供高性能(high-performance,HP)I/O 组(BANK)和宽范围(high-range,HR)I/O 组。高性能 I/O 组用于满足高速存储以及 1.2 V、1.35 V、1.5 V 和 1.8 V 电压规范的芯片和芯片之间的接口,宽范围 I/O 组用于满足 1.2 V、1.35 V、1.5 V、1.8 V、2.5 V 和 3.3 V 电压规范的接口。

7 系列 FPGA 的 HR 和 HP 引脚以 BANK 形式组织,对于 XC7A35T - 1CPG236C,不包括 BANK0,还有 5 个 IO BANK,分别是 BANK14、BANK16、BANK34、BANK35 和 BANK216,如图 2 - 10 所示。

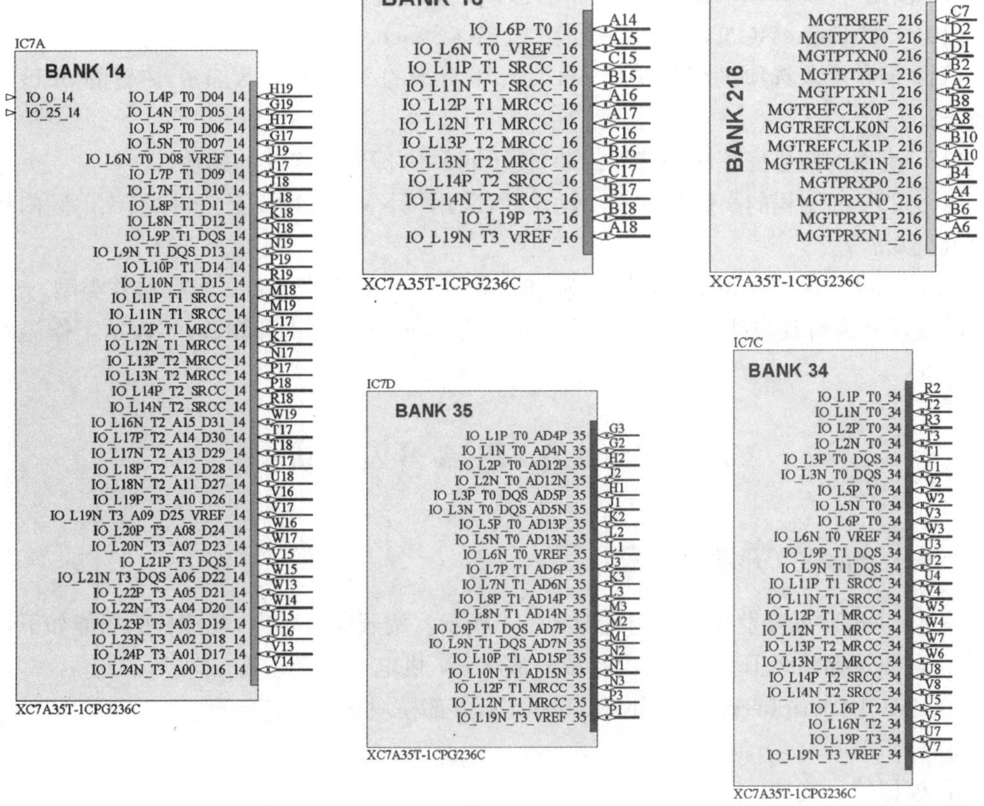

图 2 - 10　FPGA 分 BANK 原理

IO 口可以配置为多种形式，以适应不同的信号类型。配置为单端模式时，可以设置为 LVCMOS、LVTTL、HSTL、PCI 和 SSTL 电平标准，配置为差分模式时，可以设置为 LVDS、Mini_LVDS、RSDS、PPDS、BLVDS、差分 HSTL 和 SSTL。

2.2.4 XC7A35T-1CPG236C 的特性

根据 Xilinx 官方资料，Artix7 系列 FPGA 具有以下特性：

(1) 33 280 个逻辑单元，5 200 个 Slices，每个 Slice 包括 4 个 6 输入 LUTs 和 8 个触发器；

(2) 基于实时 6 输入查找表(LUT)技术的可配置分布式存储器；

(3) 内置具有 FIFO 逻辑的 36 kb 双端口 RAM 块，可用于片上数据缓存；

(4) 高性能 SelectIO，支持 DDR3 接口，速度高达 1 866 Mb/s；

(5) 内置具有千兆收发器的高速串行连接，速度从 600 Mb/s 到最高速率 6.6 Gb/s 直到 28.05 Gb/s，提供特殊的低功耗模式，优化芯片间接口优化；

(6) 用户可配置模拟接口(XADC)，包括 12 位 1MSPS 模数转换器，带有片内温度和电压传感器；

(7) 具有 25×18 乘法器、48 位累加器和预加法器的 DSP Slice，可用于高效滤波，包括优化的对称系数滤波；

(8) 时钟管理块(CMT)，结合锁相环(PLL)和混合模式时钟管理器(MMCM)，具有高精度和低抖动的优点；

(9) 使用 MicroBlaze 处理器快速部署嵌入式处理过程；

(10) PCI Express(PCIe)集成块，最多支持×8 Gen3 端点和根端口设计；

(11) 多种配置选项，带 HMAC/SHA-256 标准的 256 位 AES 加密，内置的 SEU 检测和校正；

(12) 高度的信号完整性和芯片封装，便于同系列 FPGA 之间的移植；

(13) 28 nm 制程的高性能和低功耗设计，采用 HKMG，HPL 工艺，标准 1.0 V 内核电压可低至 0.9 V。

XC7A35T-1CPG236C 封装尺寸为 10 mm×10 mm，XC7A35T 表示器件类型，−1 为速度等级，CP 为封装类型，G 表示采用无铅工艺，236 表示封装管脚数，C 表示工作温度范围 0～85℃。

2.3 Basys 3 FPGA 开发板资源

2.3.1 Basys 3 开发板布局

Basys 3 FPGA 开发板的结构见图 2-11 所示。按照编号顺序，各部分的功能如下：

① 电源选择跳线 JP2，可选 USB 或外部+5 V 供电；

② PMOD(peripheral module)connectors，外部模块接口；

③ FPGA；

④ 模拟信号接口；

⑤ 4 个共阳极数码管；

⑥ 16 个开关、16 个 LED 发光二极管；

⑦ 5 个按键；

⑧ 同②；

⑨ PIC24FJ128 微控制器，可控制 USB 鼠标、键盘或存储设备；

⑩ 同②；

⑪ FPGA 配置复位按键；

⑫ 编程模式选择跳线 JP1；

⑬ USB 接口；

⑭ 12 位 VGA（video graphics array）输出接口；

⑮ FT2232HQ，双通道 USB 转 UART/FIFO；

⑯ USB-JTAG 端口 J4，用于 FPGA 编程或串口通信；

⑰ 电源开关。

此外，在开发板背面还有采用 SPI 接口，容量为 32 Mbit 的快闪存储器。

图 2-11　Basys 3 开发板布局及资源

2.3.2　Basys 3 主要电路

1. 电源

板卡提供 USB 供电和外部供电两种方式，通过电源选择跳线 JP2 设定，如图 2-12 所示。

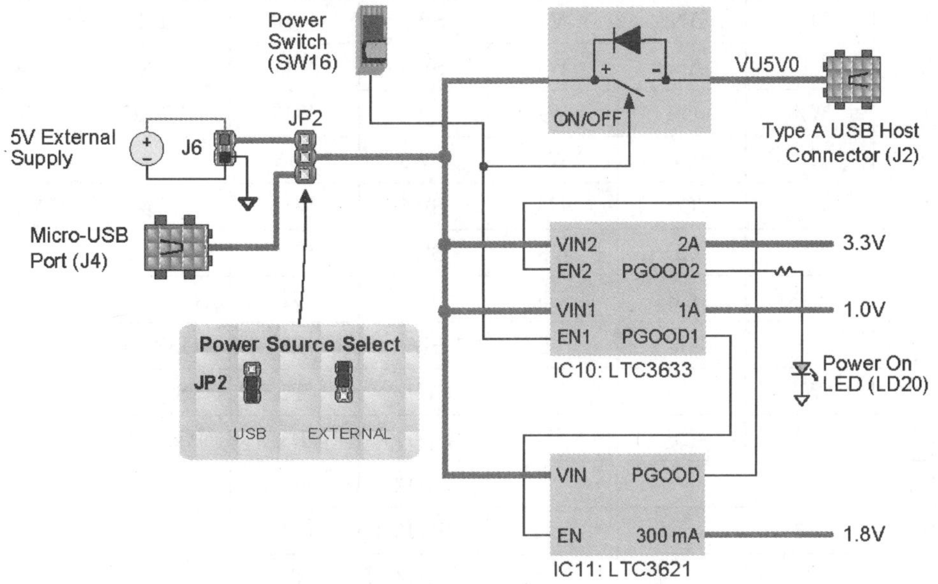

图 2-12　电源电路

外部电源可以通过插入外部电源头(J6)并将跳线 JP2 设置为"EXT"。外部电源电压为 4.5～5.5 V,至少 1 A 的电流(即至少 5 W 的功率)。当采用外部电池组供电时,通过将电池的正极端子连接到 J6 的"EXT"引脚,负端连接 J6"GND"引脚。板卡上,J6 被有机玻璃盖板遮挡,不方便连接,通常在板卡没有外接很多外围板卡时,USB 供电都可满足要求。

USB 供电的接口为 J4,如果使用 USB 主机功能(J2),则至少需要提供 4.6 V。在其他情况下,最小电压为 3.6 V。

通过线性稳压电源芯片,可以提供其他设备所需的 3.3 V、1.8 V 和 1 V 电压,见表 2-2。

表 2-2 板卡电源

电源	供电电路	稳压芯片	电流值(最大/典型)
3.3 V	FPGA I/O, USB 端口, 时钟, Flash, PMODs	IC10: LTC3633	2A/0.1 to 1.5 A
1.0 V	FPGA 内核	IC10: LTC3633	2A/0.2 to 1.3 A
1.8 V	FPGA 辅助电路和 RAM	IC11: LTC3621	300 mA/0.05～0.15 A

2. I/O 接口电路

I/O 接口电路包括 5 个按键,16 个滑动开关,16 个 LED 发光二极管,4 个共阳极数码管,接口电路如图 2-14 所示。板卡上的 I/O 信号与 Artix-7 FPGA 引脚分配见表 2-3。

表 2-3 板卡 I/O 信号与 Artix-7 FPGA 引脚分配表

LED 信号	FPGA 引脚	数码管信号	FPGA 引脚	SW 信号	FPGA 引脚	其他 I/O 信号	FPGA 引脚
LD0	U16	AN0	U2	SW0	V17	BTNU	T18
LD1	E19	AN1	U4	SW1	V16	BTNR	T17
LD2	U19	AN2	V4	SW2	W16	BTND	U17
LD3	V19	AN3	W4	SW3	W17	BTNL	W19
LD4	W18	CA	W7	SW4	W15	BTNC	U18
LD5	U15	CB	W6	SW5	V15		
LD6	U14	CC	U8	SW6	W14	时钟	FPGA 引脚
LD7	V14	CD	V8	SW7	W13	MRCC	W5
LD8	V13	CE	U5	SW8	V2		
LD9	V3	CF	V5	SW9	T3	USB(J2)	FPGA 引脚
LD10	W3	CG	U7	SW10	T2	PS2_CLK	C17
LD11	U3	CP	V7	SW11	R3	PS2_DAT	B17
LD12	P3			SW12	W2		
LD13	N3			SW13	U1		
LD14	P1			SW14	T1		
LD15	L1			SW15	R2		

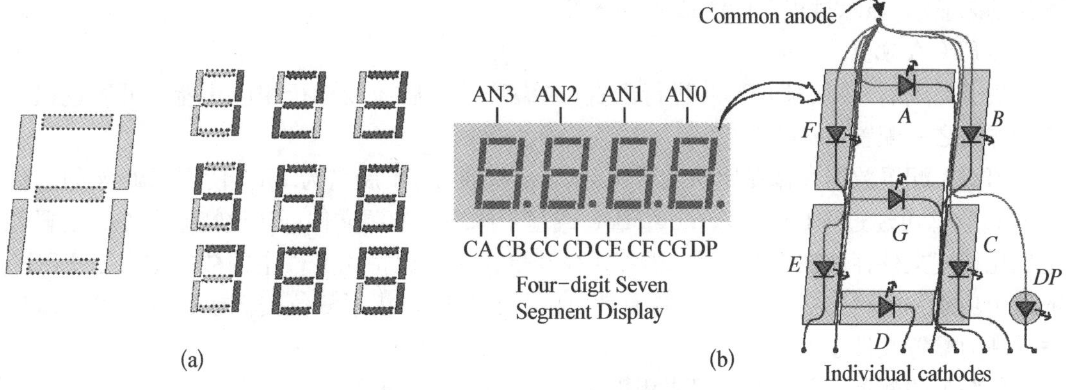

图 2-13　数码管显示原理

LED电路采用高电平驱动的方式，即 FPGA 输出高电平时 LED 点亮。滑动开关电路中，当开关拨到上面，FPGA 输入为高电平，反之，输入为低电平。按键电路中，当按键按下时，FPGA 输入高电平，反之输入低电平。对 4 位共阳极数码管的结构如图 2-13 和图 2-14 中所示。

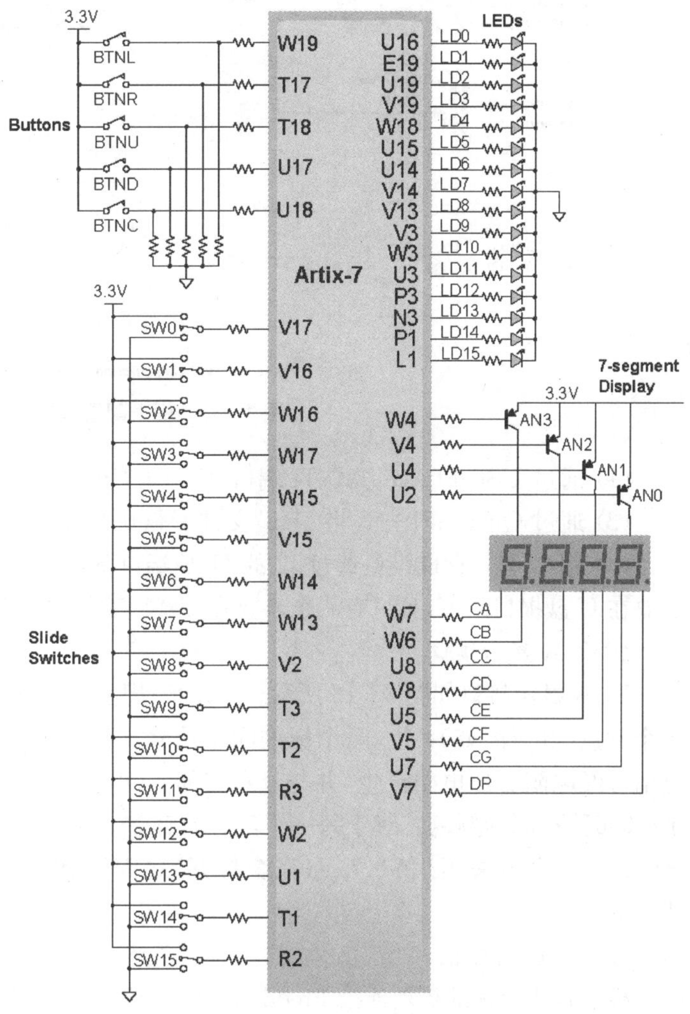

图 2-14　板卡外设电路

每个数码管中，除了小数点 DP 外，还有 7 段，分别用 CA 到 CG 表示，排列顺序如图 2-13(b)所示。所有段和 DP 都可以分别看作一个 LED，只要点亮不同的段，就可以显示不同的字形，如图 2-13(a)所示。点亮数码管中的段有 2 个条件，公共端接电源 3.3 V，这需要 FPGA 的 W4、V4、U4 和 U2 输出低电平，使三极管 AN0～AN4 导通；CA～CG 所对应的 FPGA 的 I/O 输出低电平。需要注意，开发板上所有数码管的

CA～CG 段接到了相同的 I/O 口，在某一时刻只能由一个数码管显示，这种显示方式方式称作动态显示，显示过程在后续章节中介绍。

3. FPGA 配置

板卡上电后，必须对 FPGA 进行配置（或编程），然后才能执行相应功能。可通过以下三种方式之一配置 FPGA：

FPGA 配置数据存储在比特流（bit stream）文件中，扩展名为.bit。使用 Xilinx 的软件 Vivado 软件可通过 VHDL、Verilog HDL 或基于原理图的源文件创建比特流文件。配置就是把比特流文件存储在 FPGA 的 SRAM 存储单元中。比特流文件中的数据定义了 FPGA 的逻辑功能和电路连接，并一直保持有效，直到板卡断电、按下复位按键或通过 JTAG 端口写入新的配置文件。

FPGA 的配置（下载程序）可采用以下三种方式之一，如图 2－15 所示：

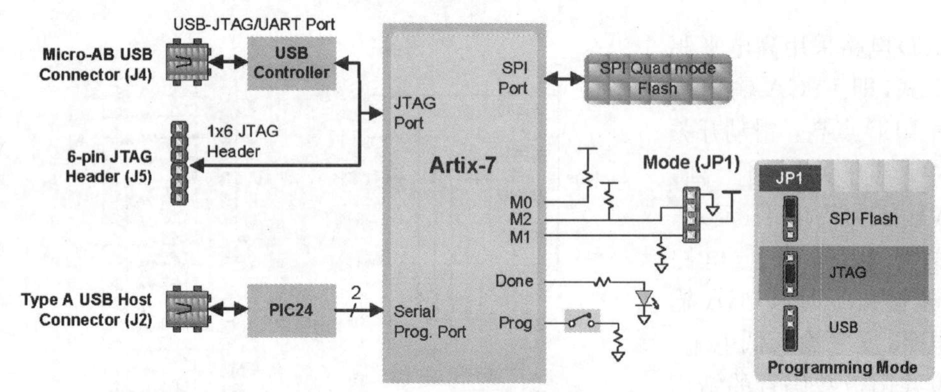

Figure 3. Basys 3 configuration options.

图 2－15　板卡配置选项

（1）通过 USB-JTAG 方式（J4 端口，标记为“PROG”）下载“.bit”文件到 FPGA 中；

（2）通过 Quan-SPI 方式将“.bin”文件下载到 Flash 中，实现程序掉电非易失；

（3）用 U 盘等存储设备通过 J2 的 USB 端口下载“.bit”文件到 FPGA 中（“.bit”文件建议放在 U 盘根目录下，且只有一个），要求 U 盘必须为 FAT32 文件系统。

4. VGA 显示接口

VGA 显示接口如图 2－16 所示。开发板使用 14 个 FPGA 信号创建一个 VGA 端口，每个颜色（红、绿、蓝）4 位，两个标准同步信号（HS——水平同步，VS——垂直同步）。彩色信号经电阻分压电路产生，并与显示器的 75 欧姆终端电阻相连，支持 12 位显示模式显示4 096种不同的颜色。对于每一组红、绿、蓝基色的 VGA 信号，都对应于 16 级的信号电平，在 0 V（完全关闭）和 0.7 V（完全打开）之间递增。VGA 信号的 I/O 分配见表 2－4 所示。

5. I/O 扩展电路

板卡有 4 个标准扩展连接 Pmod，如图 2－17 所示。其中 3 个 JA、JB 和 JC 可用于连接外围电路或板卡，另一个 JXDAC 用于将外部差分模拟信号输入到 FPGA 内部的模数转换器。Pmod 端口分配见表 2－4 所示。

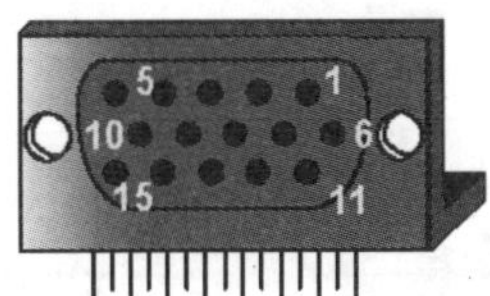

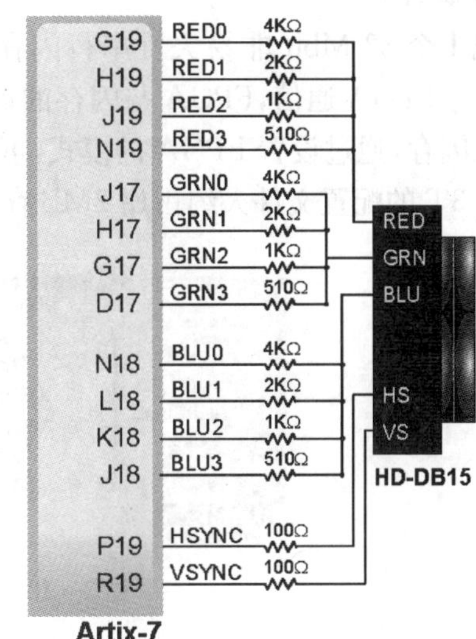

图 2－16　VGA 显示电路

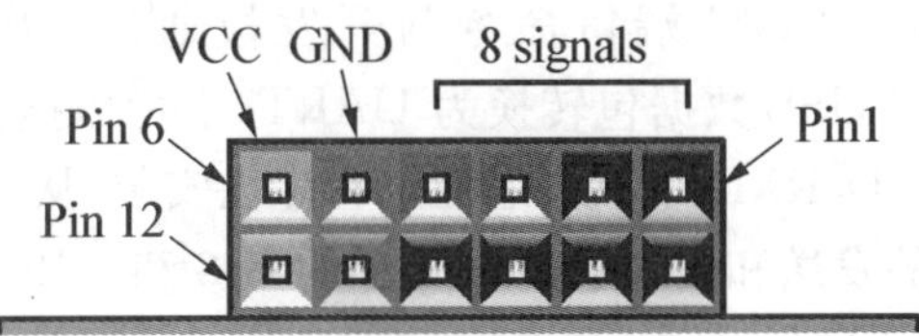

图 2－17　I/O 扩展接口

表 2－4　板卡 VGA 信号、Pmod 子板信号与 Artix－7 FPGA 引脚分配表

VGA 信号	FPGA 引脚	JA	FPGA 引脚	JB	FPGA 引脚	JC	FPGA 引脚	JXADC	FPGA 引脚
RED0	G19	JA0	J1	JB0	A14	JC0	K17	JXADC0	J3
RED1	H19	JA1	L2	JB1	A16	JC1	M18	JXADC1	L3
RED2	J19	JA2	J2	JB2	B15	JC2	N17	JXADC2	M2
RED3	N19	JA3	G2	JB3	B16	JC3	P18	JXADC3	N2
GRN0	J17	JA4	H1	JB4	A15	JC4	L17	JXADC4	K3
GRN1	H17	JA5	K2	JB5	A17	JC5	M19	JXADC5	M3
GRN2	G17	JA6	H2	JB6	C15	JC6	P17	JXADC6	M1
GRN3	D17	JA7	G3	JB7	C16	JC7	R18	JXADC7	N1
BLU0	N18								
BLU1	L18								
BLU2	K18								
BLU3	J18								
HSYNC	P19								
VSYNC	R19								

6. 存储器

板载1个32 Mbit非易失性串行闪存(Flash)芯片S25FL032,通过四模(quad-mode)SPI总线与FPGA通信,FPGA与闪存的连接及引脚分配如图2-18所示。FPGA配置文件可写入闪存,通过设置FPGA的模式,可使FPGA在上电时自动从该设备读取配置文件。Artix-7 3T的配置文件大约占用2MB存储空间,用户可使用的空间约占48%。

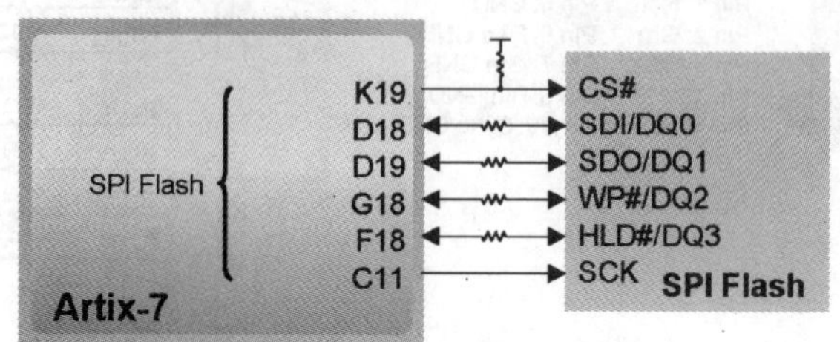

图2-18 SPI存储芯片接口

7. USB-UART桥(串行端口)

板载1个USB-UART芯片FTDI FT2232HQ(J4端口),允许在PC机端通过应用程序,可使用标准Windows COM端口命令与开发板通信。串口驱动程序可从www.ftdichip.com下载,即可将USB数据包转换为UART/串行数据。串口与FPGA的数据通信通过两线串行端口(TXD/RXD)实现。若驱动程序已安装,从PC端利用I/O指令可直接与串口通信。串行数据的发送和接收通过FPGA的B18和A18引脚,如图2-19所示。板载2个状态指示灯,发送LED(LD18)和接收LED(LD17),用于表示数据收发状态。

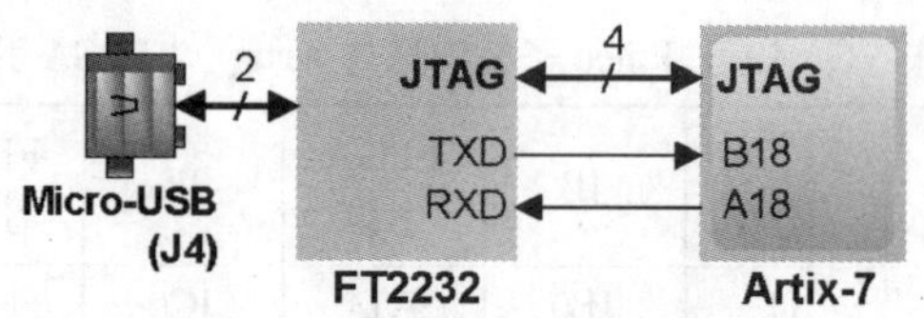

图2-19 板卡FT2232HQ接口

FT2232HQ也可用作USB-JTAG电路的控制器,但USB-UART和USB-JTAG的功能相互独立。如果使用FT2232的UART功能,无须考虑JTAG电路对UART数据传输的影响,反之亦然。这样,只需要用1个Micro USB线即可实现编程、UART通信和板卡供电。

2.4 Vivado设计流程

本节以简单的两输入门电路为例,在Vivado开发环境下使用Verilog HDL语言,实现与、或、与非、或非、同或和异或运算,并对电路进行仿真,最后下载到开发板中验证结果。

打开Vivado 2017.4,出现启动界面。在启动界面中,可以创建或打开工程、打开示例工程;管理IP核;查看帮助文档或视频。

第一步　建立工程：打开 Vivado 软件，创建新的工程项目，工程名称设为“gates2”，同时勾选创建工程子目录的复选框，工程类型为 RTL 如图 2-20，图 2-21，图 2-22 所示。在器件板卡选型界面上，在 Search 搜索栏中输入该工程实现所用的硬件平台“xc7a35tcpg236-1”，单击“Next”，完成工程创建，如图 2-23，图 2-24 所示。

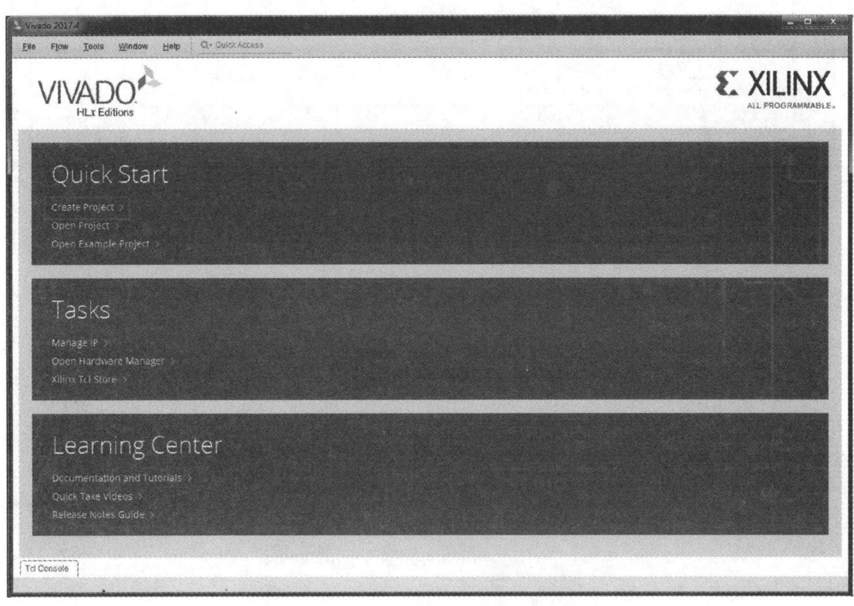

图 2-20　Vivado 2017 启动界面

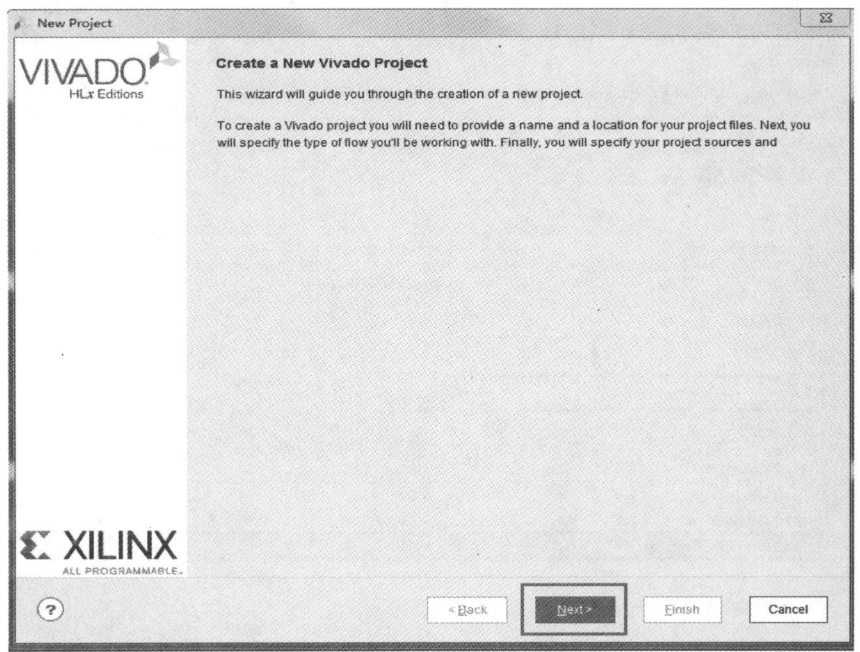

图 2-21　创建新的 Vivado 工程界面

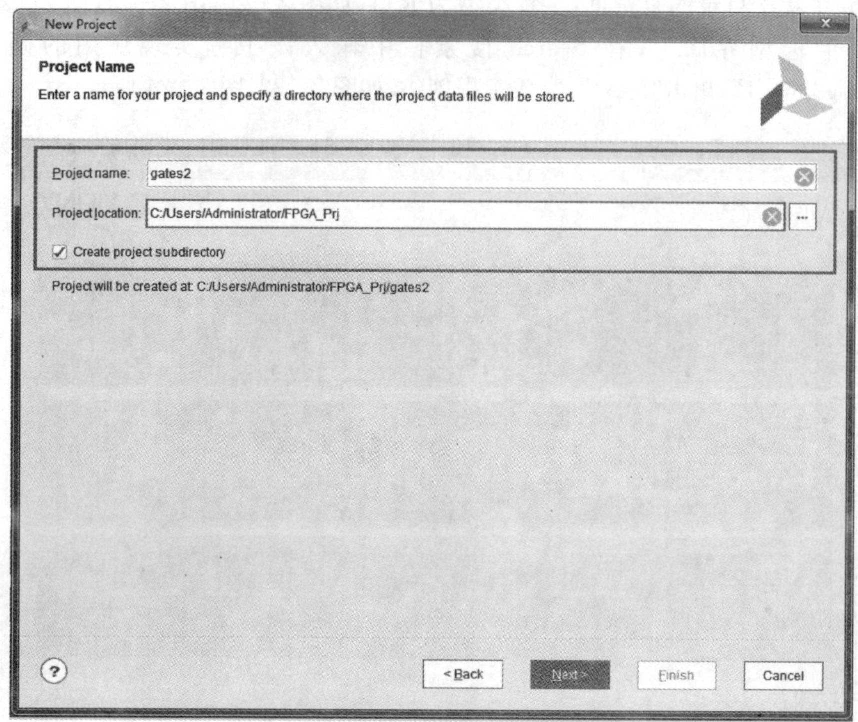

图 2－22　新工程项目命名界面

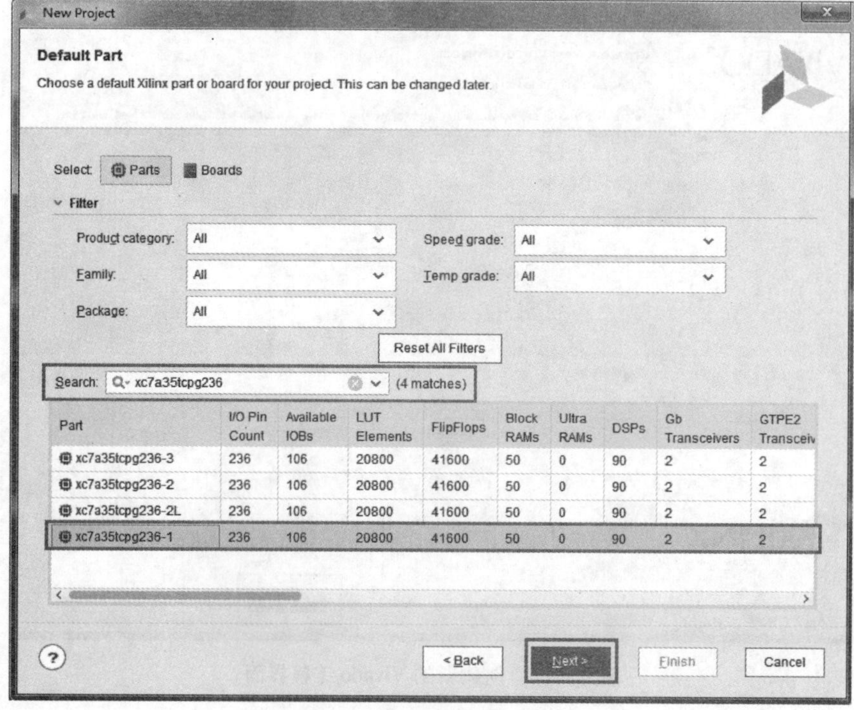

图 2－23　器件选型界面

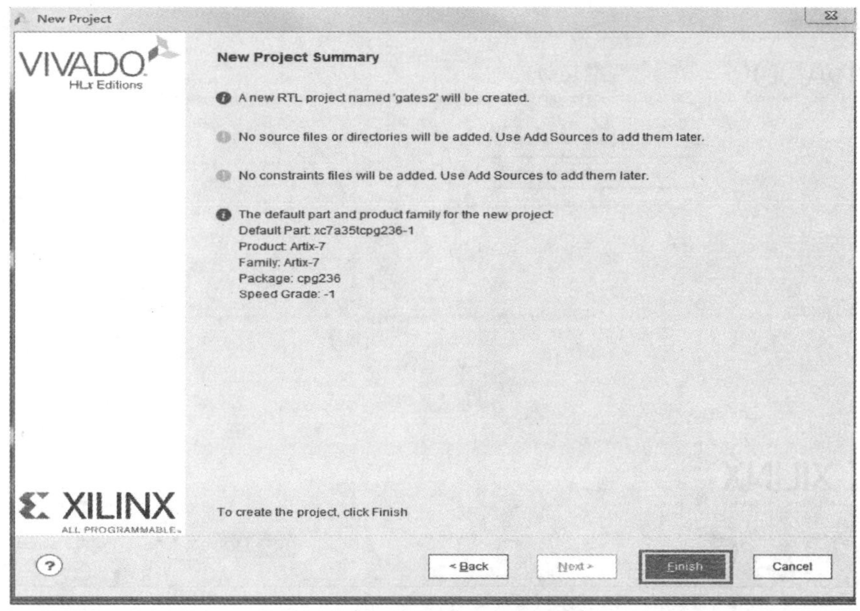

图 2-24　新工程总结对话框

第二步　创建设计文件：在“Project Manager”菜单栏下，选择“Add Sources”项，在弹出的“Add Sources”对话框中，可以添加或新建 6 种文件，选择第 2 个“Add or Create Design Sources”类型，即添加或设计新文件，如图 2-25，图 2-26 所示。

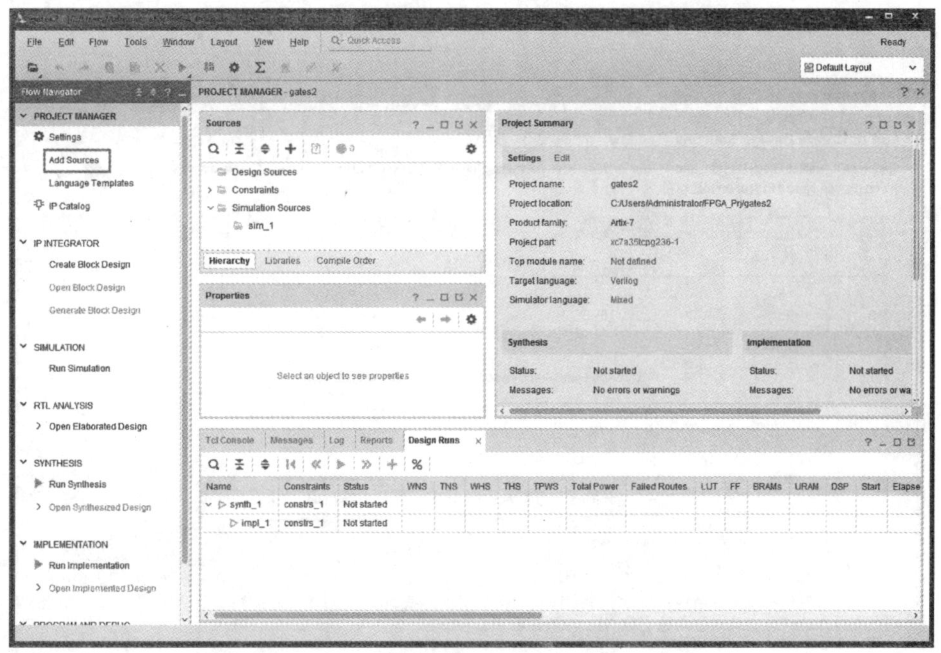

图 2-25　主界面

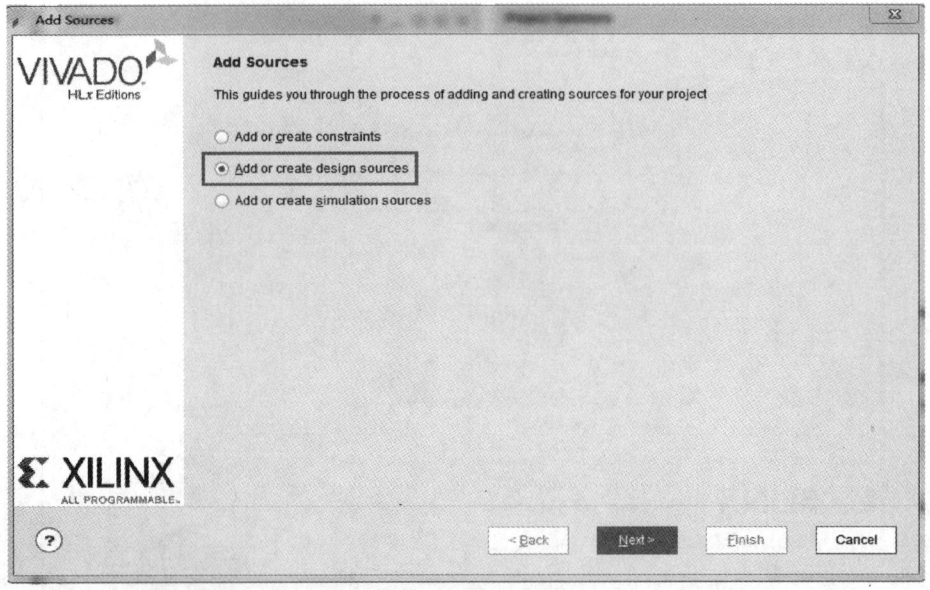

图 2-26　源文件类型选择

在"Add or Create Design Sources"窗口界面，单击"Create File"按钮，弹出"Create Source File"界面。在创建源文件界面中，文件类型选择"Verilog"，修改文件名称为"gates2"，文件位置保持默认设置为"Local Project"。单击"OK"按钮，回到"Add or Create Design Sources"窗口界面，单击"Finish"完成创建源文件，如图 2-27，图 2-28，图 2-29 所示。

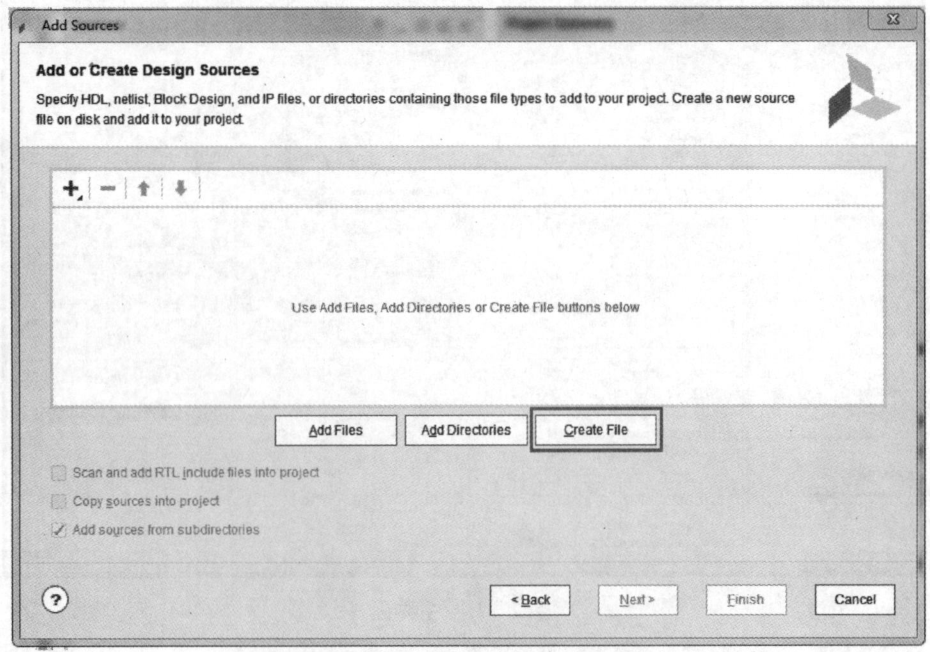

图 2-27　添加或创建源文件界面

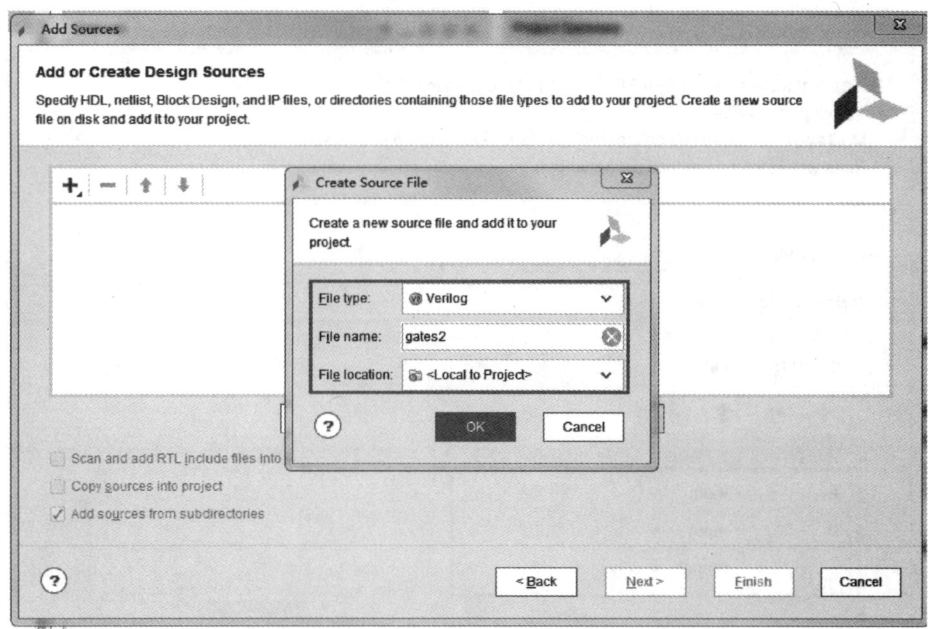

图 2-28　设置源文件窗口

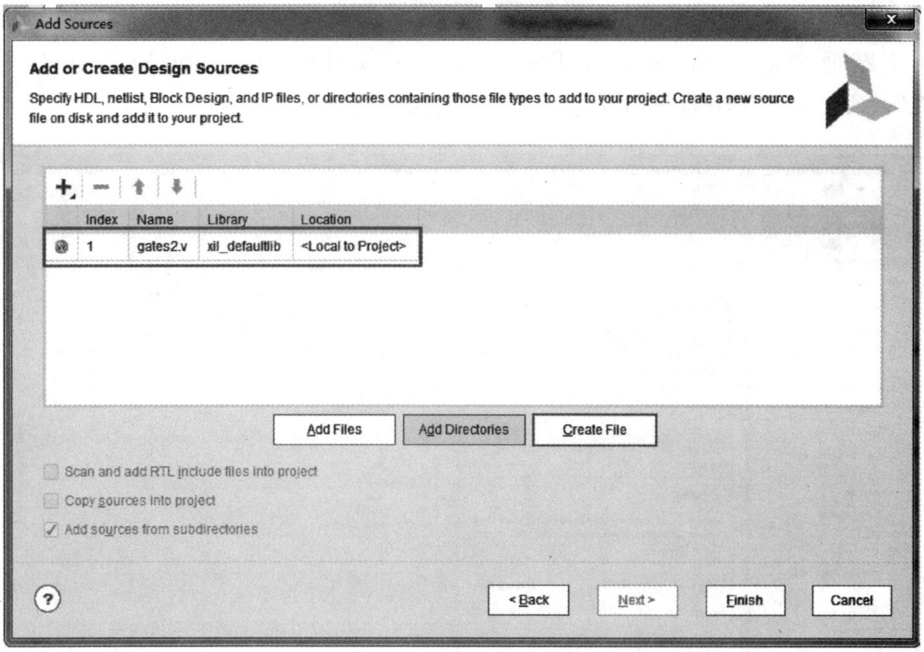

图 2-29　创建源文件窗口

在弹出的模块定义窗口“Define Module”，模块名称(Module name)与文件名相同，设置该模块的输入/输出端口(也可在文件中通过 Verilog HDL 语言进行设置)，如图 2-30 所示。单击“OK”，即可得到空白的源文件模板。

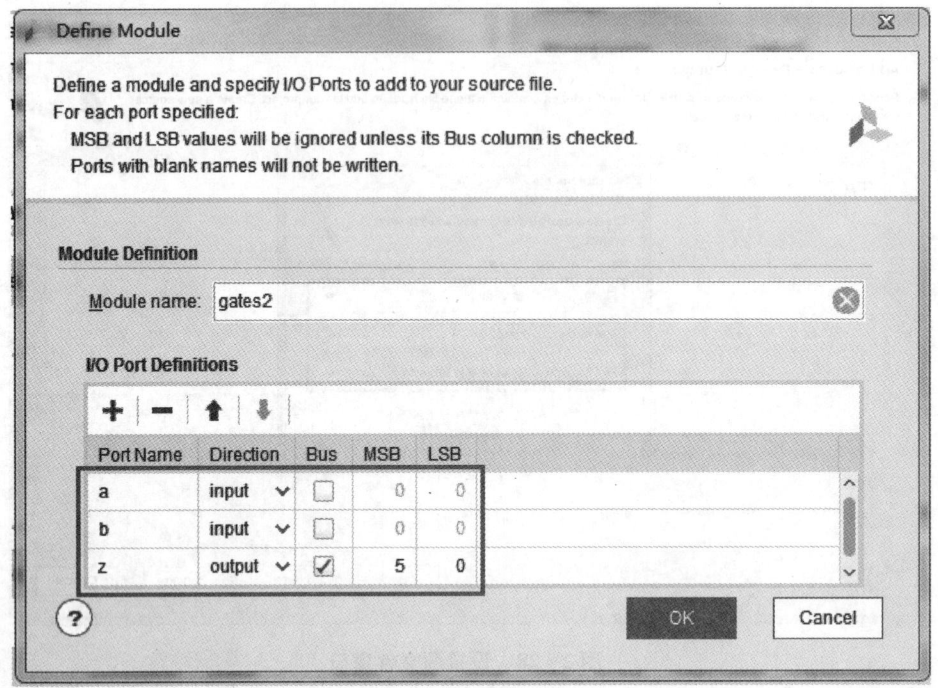

图 2-30　模块定义窗口

在主界面，双击"Sources"窗口"Design sources"文件夹下的"gates2.v"，如图 2-31 所示。在"gates2.v"文件中编写相应的二输入门电路的逻辑。

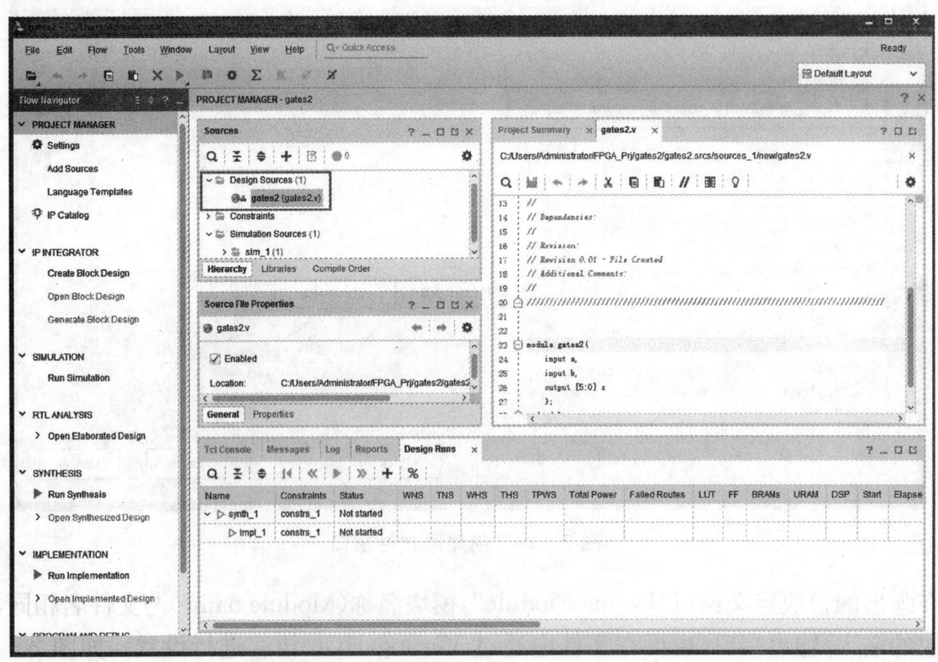

图 2-31　打开"gates2.v"源文件

```
module gates2(
    input a,
    input b,
    output [5:0] z
);
    assign z[0] = a&b;      //与
    assign z[1] = ~(a&b);   //与非
    assign z[2] = a|b;      //或
    assign z[3] = ~(a|b);   //或非
    assign z[4] = a^b;      //异或
    assign z[5] = a~^b;     //同或
endmodule
```

第三步　创建仿真文件：单击“Project Manager”→“Add Sources”，在弹出的对话框中选择“add or create simulation sources”选项，创建仿真文件。设置仿真文件的文件类型为“Verilog”，文件名为“gates2_tb”，如图 2-32 所示。

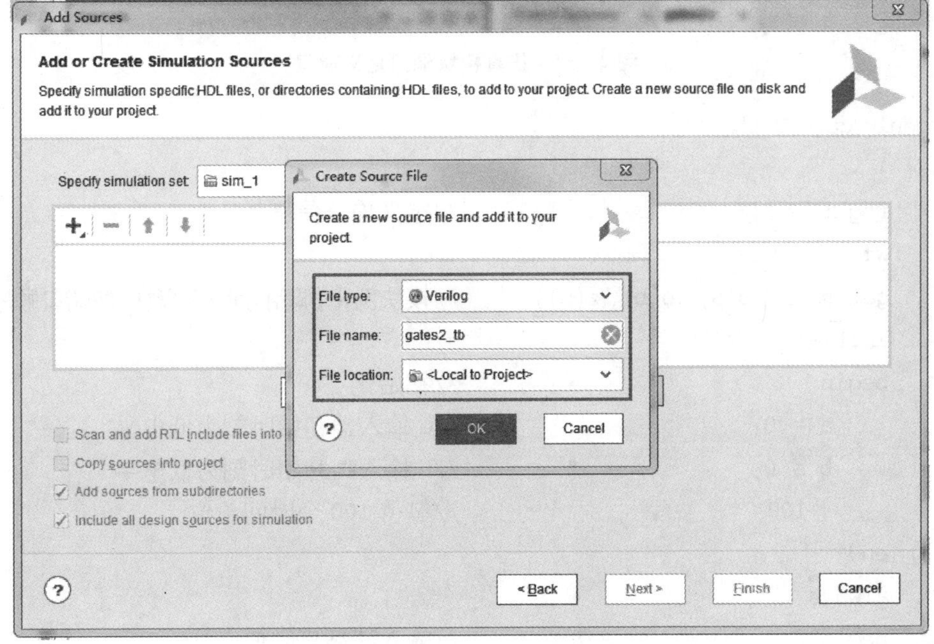

图 2-32　仿真文件设置窗口

因为仿真文件“gates2_tb”将为所设计的“gates2.v”模块提供输入信号源，所以该仿真模块不需要输入、输出端口，如图 2-33 所示。双击主界面“Sources”窗口中的“gates_tb.v”文件，开始编辑仿真文件代码。

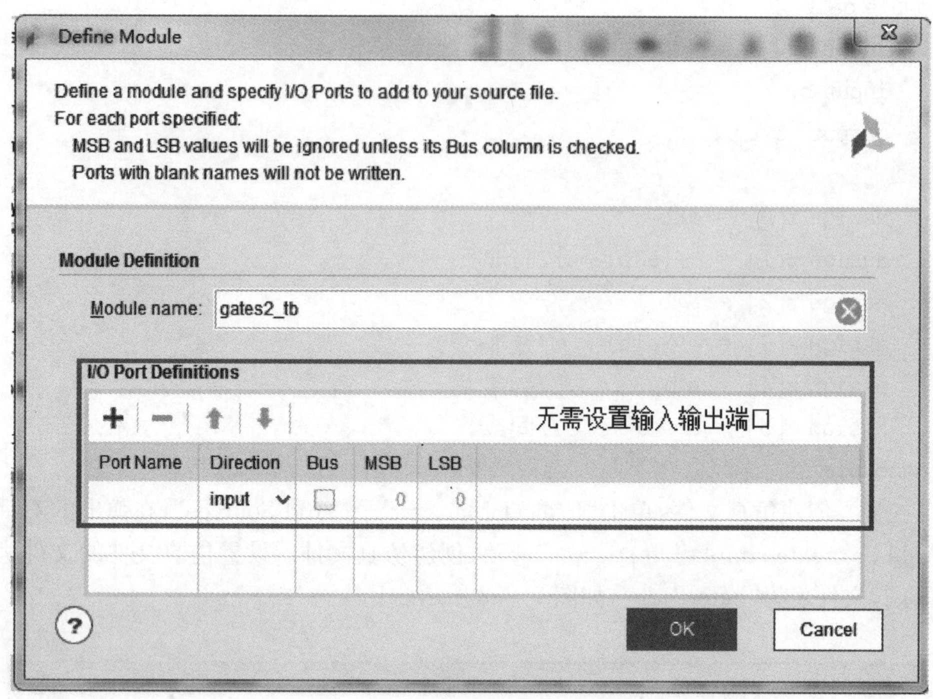

图 2-33　仿真模块端口定义窗口

```
module gates2_tb(
);
    reg a,b;                              //定义连接信号
    wire [5:0] z;
    gates2 G2(.a(a),.b(b),.z(z));         //模块例化,调用 gates2 模块,按端口顺序连接
    initial
    begin                                 //初始化
        a = 0;                            //a 输入端初始时刻为低电平
        b = 0;                            //b 输入端初始时刻为低电平
        #100;                             //等待 100 个时间单位
    end
    always
    begin                                 //输入端循环赋值
        #100 a = 0;
        #200 b = 0;
        #100 a = 1;
        #200 b = 1;
    end
endmodule
```

完成上述工作后,单击"Simulation"→"Run Simulation",选择其中的"Run Behavioral

Simulation”，即行为仿真，如图 2－34 所示。

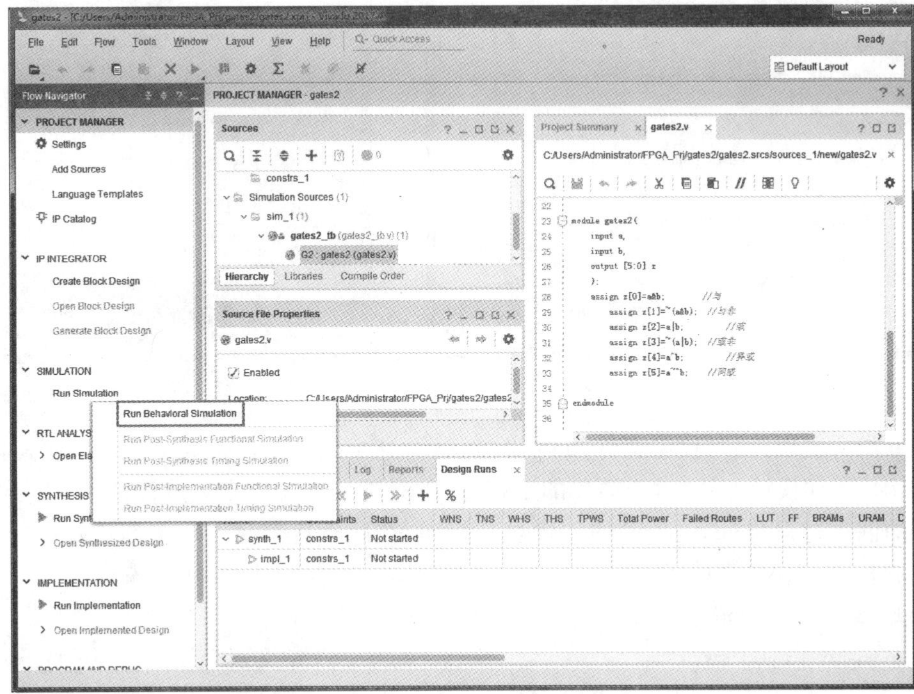

图 2－34　仿真选项主界面

仿真结果如图 2－35 所示。

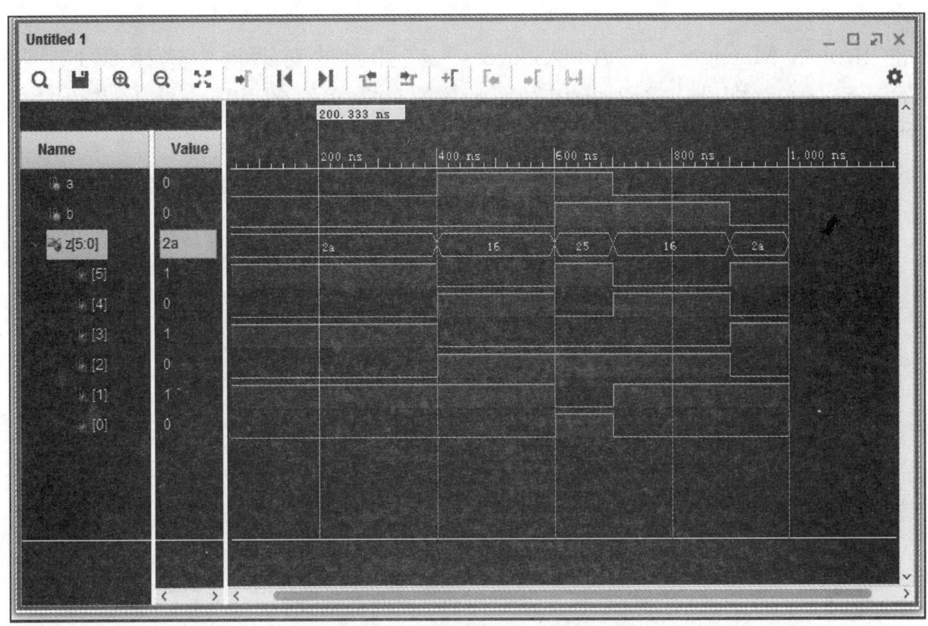

图 2－35　二输入逻辑门仿真波形

第四步　综合：单击“Synthesis”→“Run Synthesis”，进行综合，如图 2－36 所示。综合结束后，暂不进行实现，单击“Cancel”按钮，如图 2－37 所示。

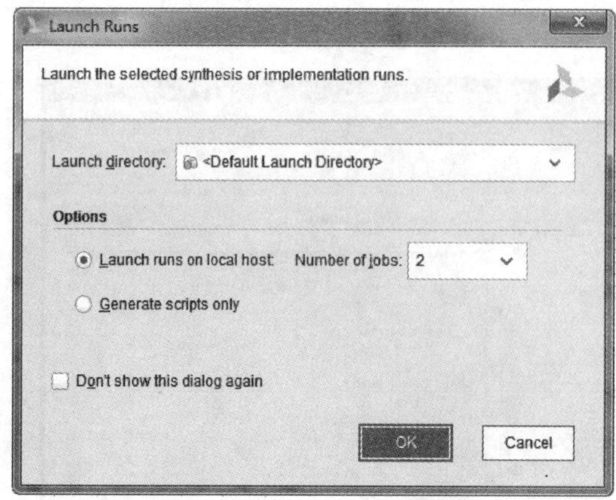

图 2-36　综合启动界面

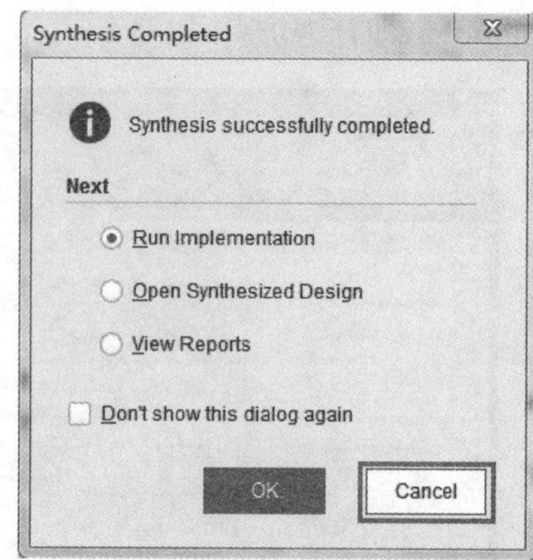

图 2-37　综合完成界面

第五步　实现：编写顶层文件“gates2_top.v”，这个顶层文件是为了演示层次式程序设计和结构化程序设计方式，对于简单的工程，可以只用一个文件来完成设计。“gates2_top.v”文件的创建过程与“gates2.v”的创建过程相同，在此不再赘述。双击创建好的“gates2_top.v”文件，编写顶层文件代码：

```
module gates2_top(
    input [1:0] sw,                          //定义两个输入量 sw[0],sw[1]
    output [5:0] ld                          //定义六个输出量 led[0]-led[5]
    );
    gates2 G2(.a(sw[1]), .b(sw[0]), .z(ld));  //gates2 模块实例化
endmodule
```

单击“Project Manager”→“Add Sources”，在弹出的对话框中选择第 1 个“Add or Create Constraints”，即设计或添加约束文件。定义约束文件名为“gates2_top”，生成“gates2_top.xdc”约束文件，如图 2-38 所示。

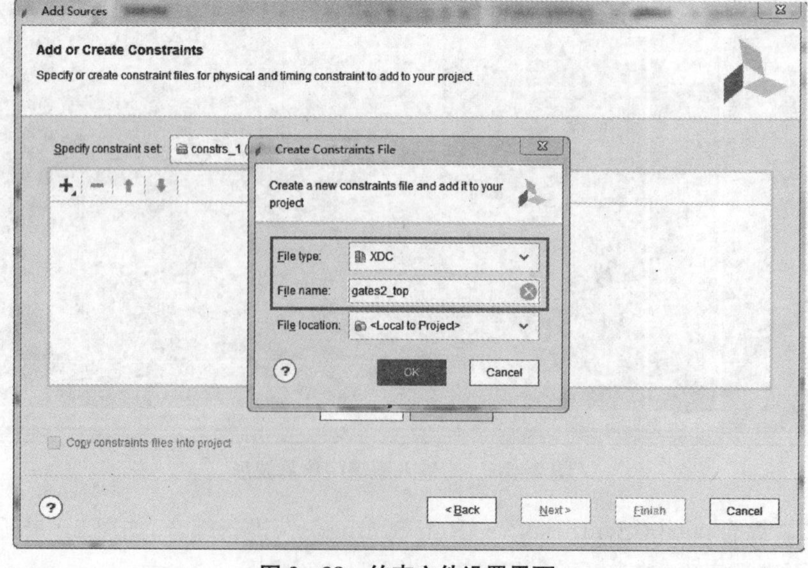

图 2-38　约束文件设置界面

双击“gates2_top.v”，打开约束文件，编写代码。该代码的主要作用是将 Basys 3 板卡上 Artix-7 FPGA 的引脚与顶层文件中定义的输入端口 sw 和输出端口 ld 进行匹配。

根据表 2-3，表 2-4 给出的 FPGA 引脚图，编写约束文件：

```
/ * 将 sw[0]与板卡上的拨码开关 SW0 匹配，并给 SW0 上电，电压 3.3 V  * /
set_property PACKAGE_PIN V17 [get_ports sw[0]]
set_property IOSTANDARD LVCMOS33 [get_ports sw[0]]
set_property PACKAGE_PIN V16 [get_ports sw[1]]
set_property IOSTANDARD LVCMOS33 [get_ports sw[1]]
set_property PACKAGE_PIN U16 [get_ports ld[0]]
set_property IOSTANDARD LVCMOS33 [get_ports ld[0]]
set_property PACKAGE_PIN E19 [get_ports ld[1]]
set_property IOSTANDARD LVCMOS33 [get_ports ld[1]]
set_property PACKAGE_PIN U19 [get_ports ld[2]]
set_property IOSTANDARD LVCMOS33 [get_ports ld[2]]
set_property PACKAGE_PIN V19 [get_ports ld[3]]
set_property IOSTANDARD LVCMOS33 [get_ports ld[3]]
set_property PACKAGE_PIN W18 [get_ports ld[4]]
set_property IOSTANDARD LVCMOS33 [get_ports ld[4]]
set_property PACKAGE_PIN U15 [get_ports ld[5]]
set_property IOSTANDARD LVCMOS33 [get_ports ld[5]]
```

单击“Implementation”→“Run implementation”，完成实现后，弹出如下对话框(图 2-39)。点击“OK”按钮，生成可供下载的比特流编程文件。

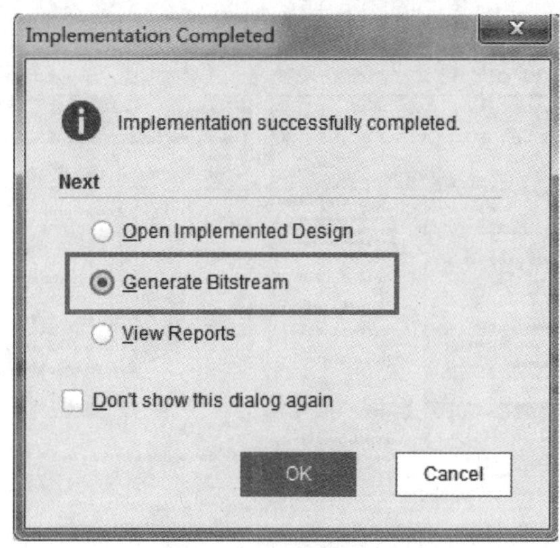

图 2-39　实现完成界面

第六步　下载：首先将 Basys 3 开发板通过 USB 线缆连接到 PC，完成仿真器驱动安装。生成完比特流编程文件后，单击“Program and Debug”→“Open Hardware Manager”，单击

"Auto Connect"按钮，自动连接硬件，如图 2－40 所示。连接成功后，然后右键单击该芯片"xc7a35t_0"，从中选择"Program Device"命令，即可实现程序下载，如图 2－41 所示。程序下载后，拨动 Basys 3 开发板上的 SW0、SW1 开关，查看 LD5～LD0 指示灯结果。

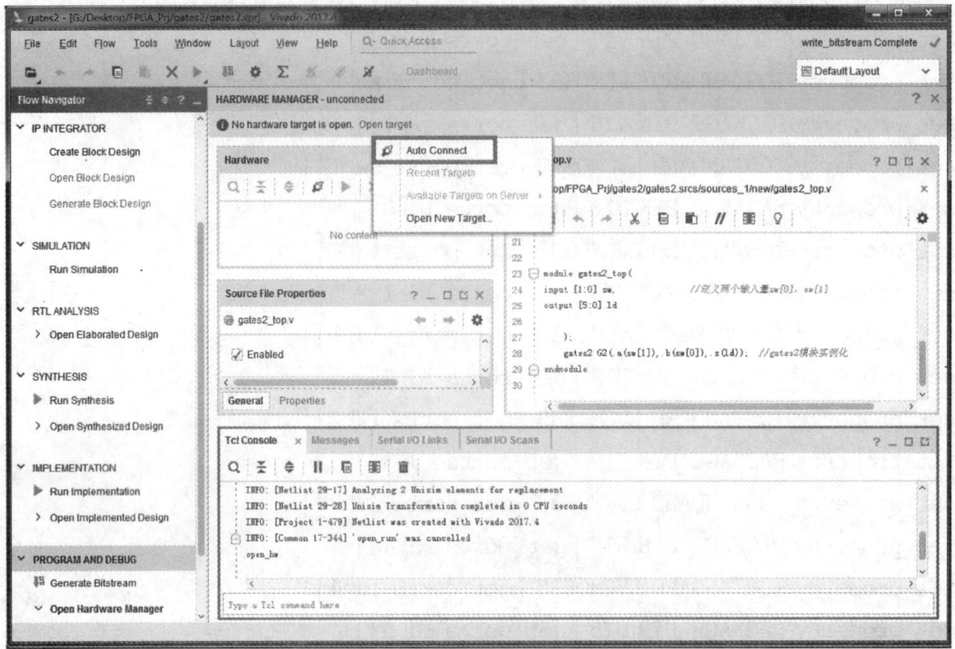

图 2－40　连接硬件界面

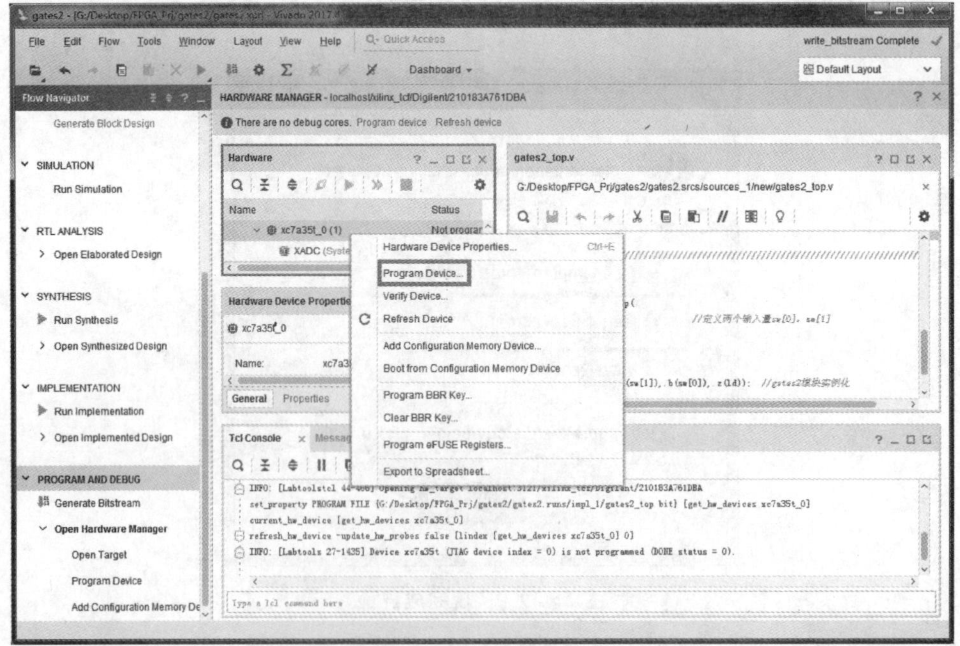

图 2－41　下载程序界面

本章习题

1. 简述 Xilinx Artix7 系列 FPGA 的结构。

2. 简述查找表的功能及实现逻辑函数的方法。

3. 简述 CLB 及内部 Slice 的结构。

4. 简述 IOB 的功能和用途。

5. 仿照本章 2.4 节内容，完成第 1 章例题例 1 - 13 的仿真，结合仿真波形验证逻辑功能。

第 3 章

Verilog HDL 基础

本章学习导言

Verilog HDL(hardware description language)是在用途最广泛的 C 语言的基础上发展起来的一种硬件描述语言,具有灵活性高、易学易用等特点。Verilog HDL 可以在较短的时间内学习和掌握,目前已经在 FPGA 开发/IC 设计领域占据绝对的领导地位。

3.1　Verilog 概述

本节主要描述了 Verilog HDL(以下简称 Verilog)简介、Verilog 和 VHDL 以及和 C 语言的区别。

3.1.1　Verilog 简介

Verilog 是一种硬件描述语言,以文本形式来描述数字系统硬件的结构和行为的语言,用它可以表示逻辑电路图、逻辑表达式,还可以表示数字逻辑系统所完成的逻辑功能。数字电路设计者利用这种语言,可以从顶层到底层逐层描述自己的设计思想,用一系列分层次的模块来表示极其复杂的数字系统。然后利用电子设计自动化(EDA)工具,逐层进行仿真验证,再把其中需要变为实际电路的模块组合,经过自动综合工具转换到门级电路网表。接下来,再用专用集成电路 ASIC 或 FPGA 自动布局布线工具,把网表转换为要实现的具体电路结构。

Verilog 语言最初是于 1983 年由 Gateway Design Automation 公司为其模拟器产品开发的硬件建模语言。由于他们的模拟、仿真器产品的广泛使用,Verilog HDL 作为一种便于使用且实用的语言逐渐为众多设计者所接受。在一次努力增加语言普及性的活动中,Verilog HDL 语言于 1990 年被推向公众领域。Verilog 语言于 1995 年成为 IEEE 标准,称为 IEEE Std 1364—1995,也就是通常所说的 Verilog—1995。设计人员在使用 Verilog—1995 的过程中发现了一些可改进之处。为了解决用户在使用此版本 Verilog 过程中反映的问题,Verilog 进行了修正和扩展,这个扩展后的版本后来成了电气电子工程师学会 Std 1364—2001 标准,即通常所说的 Verilog—2001。Verilog—2001 是对 Verilog—1995 的一个重大改进版本,它具备一些新的实用功能,例如敏感列表、多维数组、生成语句块、命名端口连接等。目前,Verilog—2001 是 Verilog 的最主流版本,被大多数商业电子设计自动化软件支持。

2005 年,Verilog 再次进行了更新,即 IEEE Std 1364—2005;该版本只是对上一版本的细微修正。这个版本还包括了一个相对独立的新部分，即 Verilog-AMS 这个扩展使得传统的 Verilog 可以对集成的模拟和混合信号系统进行建模。容易与电气电子工程师协会 1364—2005 标准混淆的是 SystemVerilog 硬件验证语言（IEEE Std 1800—2005），它是 Verilog—2005 的一个超集，它是对硬件描述语言和硬件验证语言的一个集成。

2009 年，IEEE 1364—2005 和 IEEE 1800—2005 两个部分合并为 IEEE 1800—2009，成了一个新的、统一的 System Verilog 硬件描述验证语言（hardware description and verification language，HDVL）。

3.1.2　为什么需要 Verilog HDL

在 FPGA 设计里面，我们有多种设计方式，如原理图设计方式、编写描述语言（代码）等方式。一开始很多工程师对原理图设计方式很钟爱，这种输入方式能够很直观地看到电路结构并快速理解，但是随着电路设计规模的不断增加，逻辑电路设计也越来越复杂，这种设计方式已经越来越不满足实际的项目需求了。这个时候 Verilog 语言就取而代之了，目前 Verilog 已经在 FPGA 开发/IC 设计领域占据绝对的领导地位。

3.1.3　Verilog 和 VHDL 区别

这两种语言都是用于数字电路系统设计的硬件描述语言，而且都已经是 IEEE 的标准。VHDL 于 1987 年成为标准，而 Verilog 是 1995 年才成为标准的。这是因为 VHDL 是美国军方组织开发的，而 Verilog 是由一个公司的私有财产转化而来。为什么 Verilog 能成为 IEEE 标准呢？它一定有其独特的优越性才行，所以说 Verilog 有更强的生命力。

这两者有其共同的特点：

（1）能形式化地抽象表示电路的行为和结构；

（2）支持逻辑设计中层次与范围的描述；

（3）可借用高级语言地精巧结构来简化电路行为和结构；

（4）支持电路描述由高层到低层的综合转换；

（5）硬件描述和实现工艺无关。

但是两者也各有特点。Verilog 推出已经有近 30 年了，拥有广泛的设计群体，成熟的资源，且 Verilog 容易掌握，只要有 C 语言的编程基础，通过比较短的时间，经过一些实际的操作，可以在 1 个月左右掌握这种语言。而 VHDL 设计相对要难一点，这是因为 VHDL 不是很直观，一般认为至少要半年以上的专业培训才能掌握。

近 10 年来，EDA 界一直在对数字逻辑设计中究竟用哪一种硬件描述语言争论不休，目前在美国，高层次数字系统设计领域中，应用 Verilog 和 VHDL 的比率是 80%和 20%；日本与美国差不多；而在欧洲 VHDL 发展得比较好；在中国很多集成电路设计公司都采用 Verilog。我们推荐大家学习 Verilog，本书全部的例程都是使用 Verilog 开发的。

3.1.4　Verilog 和 C 的区别

Verilog 是硬件描述语言，在编译下载到 FPGA 之后，会生成电路，所以 Verilog 全部是并行处理与运行的；C 语言是软件语言，编译下载到单片机/CPU 之后，还是软件指令，而不会根据你的代码生成相应的硬件电路，而单片机/CPU 处理软件指令需要取址、译码、执行，是串行执行的。

Verilog 和 C 的区别也是 FPGA 和单片机/CPU 的区别，由于 FPGA 全部并行处理，所以处理速度非常快，这是 FPGA 的最大优势，这一点是单片机/CPU 替代不了的。

3.2 Verilog 基础知识

3.2.1 硬件抽象级的模型类型

Verilog HDL 是一种数字系统设计的语言，可以在系统级（system）、算法级（algorithm）、寄存器传输级（RTL）、门级（gate）和电路开关级（switch）等多种抽象层次上描述数字电路。

系统级：用语言提供的高级结构能够实现待设计模块外部特性性能的模型。

算法级：采用类似 C 语言一样的 if，case 和 for 等语句，实现算法行为的模型。

寄存器传输级：采用布尔逻辑方程，描述数据在寄存器之间的流动和如何处理控制这些数据流动的模型。

门级：描述逻辑门以及逻辑门之间连接的模型，与逻辑电路有确切的连接关系。

注意：以上四种，逻辑系统设计工程师必须掌握。

电路开关级：描述器件中三极管和存储节点级及它们之间连接的模型。与具体的电路有对应关系，工艺库元件和宏部件设计人员必须掌握。

运用 Verilog HDL 设计一个系统时，一般采用自顶向下的层次化、结构化设计方法。自顶向下的设计是从系统级开始，把系统划分为基本单元，然后把每个基本单元划分为下一层次的基本单元，一直进行划分，直到可以直接用 EDA 元件库中的基本元件来实现为止。该设计方法的优点是，在设计周期开始之前进行系统分析，先从系统级设计入手，在顶层划分功能模块将系统设计分解成几个子设计模块，对每个子设计模块进行设计、调试和仿真。由于设计的仿真和调试主要是在顶层完成的，所以能够早期发现结构设计上的错误，避免设计工作上的浪费，同时减少了逻辑仿真的工作量。自顶向下的设计方法使几十万门甚至几百万门规模的复杂数字电路的设计成为可能，同时避免了不必要的重复设计，提高了设计效率。

一个复杂数字电路系统的完整 Verilog HDL 模型是由若干个 Verilog HDL 模块构成的，每一个模块又可以由若干个子模块构成。因此模块（module）是 Verilog 的基本单元。

3.2.2 行为描述与结构描述

HDL 设计方法主要有行为描述和结构描述两种。

行为描述由输入/输出的相应关系来描述，只有电路的功能性描述，没有电路的结构描述，也没有具体的硬件示意图，如图 3-1 所示。

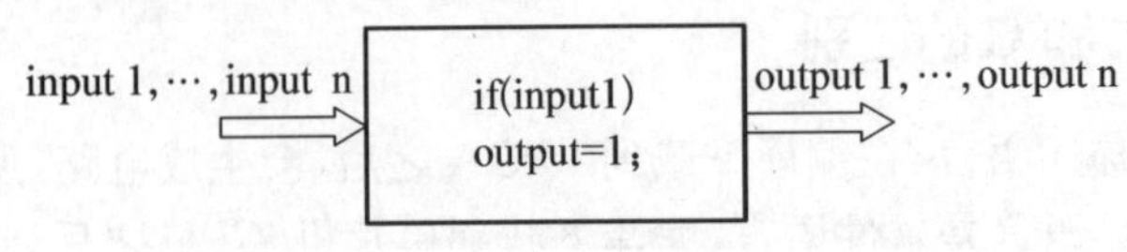

图 3-1 行为描述

结构描述由低等级的元件或基本单元的连接关系来描述，主要关注电路的功能和结构。它设计具体的硬件，便于后续综合。如图 3－2 所示。

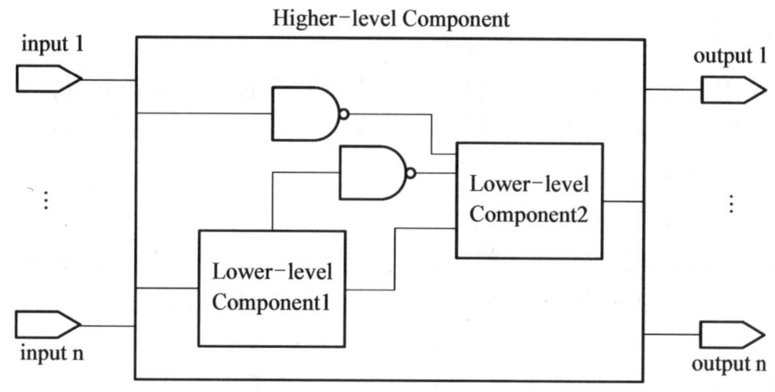

图 3－2　结构描述

3.2.3　Verilog 的逻辑值

我们先看下逻辑电路中有四种值，即四种状态：

逻辑 0：表示低电平，也就是对应我们电路的 GND；

逻辑 1：表示高电平，也就是对应我们电路的 VCC；

逻辑 X(x)：表示未知，有可能是高电平，也有可能是低电平；

逻辑 Z(z)：表示高阻态，外部没有激励信号，是一个悬空状态。

3.2.4　Verilog 的标识符

1. 定义

标识符(identifier)用于定义模块名、端口名和信号名等。Verilog 的标识符可以是任意一组字母、数字、$ 和_(下划线)符号的组合，但标识符的第一个字符必须是字母或者下划线。如，clk、counter8、_net、bus_A。另外，标识符是区分大小写的。

虽然标识符写法很多，但是要简洁、清晰、易懂，推荐写法如下：

```
count
fifo_wr
```

不建议大小写混合使用，普通内部信号建议全部小写，参数定义建议大写，另外信号命名最好体现信号的含义。

2. 规范建议

以下是一些书写规范的要求：

(1) 用有意义的有效的名字如 sum、cpu_addr 等；

(2) 用下划线区分词语组合，如 cpu_addr；

(3) 采用一些前缀或后缀，比如：时钟采用 clk 前缀：clk_50 m，clk_cpu；低电平采用_n 后缀：enable_n；

(4) 统一缩写，如全局复位信号 rst；

(5) 同一信号在不同层次保持一致性，如同一时钟信号必须在各模块保持一致；

(6) 自定义的标识符不能与保留字(关键词)同名;

(7) 参数统一采用大写,如定义参数使用 SIZE。

3.2.5 数据类型

数据类型是用来表示数字电路硬件中的数据储存和传送元素,Verilog 中一共有 19 种数据类型。常用的 4 个基本数据类型是:wire 型、reg 型、memory 型和 parameter 型。

1. 常量

(1) 整数

在 Verilog HDL 中,整型常量即整常数有二进制整数(b 或 B)、八进制整数(o 或 O)、十进制整数(d 或 D)、十六进制整数(h 或 H)。完整的数字表达方式有以下三种:

<位宽>'<进制><数字>:这是一种全面的描述方式;

'<进制><数字>:这种描述方式中,数字的位宽采用默认位宽(由具体机器系统决定,至少为 32 位);

<数字>:这种描述方式中,采用默认进制(十进制)。

例如:

```
8'b11001010     //位宽为 8 位的二进制数 11001010
12'o3546        //位宽为 12 位的八进制数 3546
8'ha2           //位宽为 8 位的十六进制数 a2
165             //位宽为 32 位的十进制数 165
'h83ff          //未指定位宽,位宽至少为 32 位的十六进制数 83ff
```

(2) x 和 z 值

在数字电路中,x 代表不定值,z 代表高阻值。每个字符代表的位宽取决于所用的进制。例如:8'b1010xxxx 和 8'hax 所表示的含义是等价的。z 还有一种表达方式可以写作"?"。在使用 case 表达式时建议使用这种写法,以提高程序的可读性。例如:

```
4'b11x0  //位宽为 4 的二进制数从低位数起第 2 位为不定值
4'b100z  //位宽为 4 的二进制数从低位数起第 1 位为高阻值
12'dz    //位宽为 12 的十进制数,其值为高阻值
8'h4x    //位宽为 8 的十六进制数,其低 4 位值为不定值
```

2. 变量

变量是一种在程序运行过程中其值可以改变的量,在 Verilog HDL 中有多种数据类型的变量,以下介绍常用的几种类型。

(1) 线网类型

线网表示 Verilog 结构化元件间的物理连线。它的值由驱动元件的值决定,例如连续赋值或门的输出。如果没有驱动元件连接到线网,线网的缺省值为 z(高阻态)。线网类型是有很多种,如 tri 和 wire 等,其中最常用的就是 wire 类型,wire 型数据常用来表示用以 assign 关键字指定的组合逻辑信号。Verilog 程序模块中输入、输出信号类型缺省时,自动定义为 wire 型,其格式如下。

① 表示一位 wire 型的变量:

wire 变量名 1, 变量名 2, …,变量名 i;

② 表示多位 wire 型的变量：

wire[n－1:0] 变量名 1，变量名 2，…，变量名 i；

wire[n:1] 变量名 1，变量名 2，…，变量名 i；

其中，[n－1:0]和[n:1]代表了数据的位宽，即该数据有几位。例如：

```
wire a, b              //定义了两个 1 位的 wire 型数据变最 a 和 b
wire [4:1] c, d;       //定义了两个 4 位的 wire 型数据变量 c 和 d
```

wire 型不能出现在过程语句(initial 或 always 语句)中。当采用层次化设计数字系统时，常用 wire 型声明模块之间的连线信号。

(2) reg 型

寄存器是数据储存单元的抽象，寄存器数据类型的关键字是 reg。reg 型变量反映具有状态保持功能的变量，在新的赋值语句执行以前，reg 型变量一直保持原值。

reg 型数据的默认值是未知的，但是可以在定义的时候赋初值或用 initial 块赋初值。reg 型数据可以为正值或负值。但当 reg 型数据是一个表达式中的操作数时，它的值被当作无符号值，即正值。如果一个 4 位的 reg 型数据被写入－1，在表达式中运算时，其值被认为是＋15。reg 型和 wire 型的区别在于：reg 型保持最后一次赋值，而 wire 型需要持续的驱动。

reg 型数据常用来表示 always 模块内的指定信号，常代表触发器。在 always 模块内被赋值的每个信号都必须定义成 reg 型。reg 型数据的格式如下。

① 表示 1 位 reg 型的变量：

reg 变量名 1，变量名 2，…，变量名 i；

② 表示多位 reg 型的变量：

reg[n－1:0] 变量名 1，变量名 2，…，变量名 i；

reg[n:1] 变量名 1，变量名 2，…，变量名 i；

其中，[n－1:0]和[n:1]代表了数据的位宽，即该数据有几位。

```
reg rega, regb;           //定义了两个 1 位的 reg 型数据变量 rega 和 regb
reg[4:1] regc, regd;      //定义了两个 4 位的 reg 型数据变量 regc 和 regd
```

(3) memory 型

Verilog 通过对 reg 型变量建立数组来对存储器建模，可以描述 RAM、ROM 存储器和寄存器数组。数组中每一个单元通过一个整数索引进行寻址。memory 型通过扩展 reg 型数据的地址范围来达到二维数组的效果，其定义格式如下：

```
reg[n-1:0] 存储器名[m-1:0];
```

其中，reg[n－1:0]定义了存储器中每一个存储单元的大小，即该存储单元是一个 n 位位宽的寄存器；存储器后面的[m－1:0]定义了存储器的大小，即该存储器中有多少个这样的寄存器。例如：

```
reg[15:0] ROMA[7:0];
```

这个例子定义了一个存储位宽为 16 位，存储深度为 8 的存储器，该存储器的地址范围是 0～7。

尽管 memory 型和 reg 型数据的定义相近，但是二者有很大的区别。例如：

```
reg[n-1: 0] rega;          //一个 n 位的寄存器
```

```
reg memb[n-1:0];              //一个由 n 个 1 位寄存器构成的存储器组
```

一个 n 位寄存器可以在一条赋值语句中直接赋值，一个完整的存储器则不行。

```
rega = 0;                     //合法赋值
memb = 0;                     //非法赋值
```

如果要对 memory 进行读写，必须指定地址。例如：

```
memb[0] = 1;
reg [3:0] rom[4:1];
rom[1] = 4'h0;
rom[2] = 4'h1;
rom[3] = 4'h2;
rom[4] = 4'h3;
```

(4) 参数(parameter)型

在 Verilog HDL 中，用 parameter 定义一个标识符代表一个常量，称为符号常量，即标识符形式的常量。采用标识符代表一个常量可提高程序的可读性和可维护性。parameter 型数据的说明格式如下：

```
parameter 参数名1 = 表达式, 参数名2 = 表达式, …,参数名n = 表达式;
```

例如：

```
parameter d = 15, f = 23;//定义两个常数参数
parameter [3:0]     S0 = 4'h0,
                    S1 = 4'h5,
                    S2 = 4'h6,
                    S3 = 4'h4;
```

参数常用于定义延迟时间、状态机的状态和变量宽度。由于它可以在编译时修改参数的值，它又常被用于一些参数可调的模块中，使用户在实例化模块时，可以根据需要配置参数。在定义参数时，我们可以一次定义多个参数，参数与参数之间需要用逗号隔开。这里我们需要注意的是参数的定义是局部的，只在当前模块中有效。在模块或实例引用时，可通过参数传递改变在被引用模块或实例中已定义的参数。

(5) 其他类型

integer：整型变量，常用于对循环控制变量的声明。在算术运算中，将其看作二进制补码形式的有符号数。整型变量和 32 位的寄存器型数据在实际意义上相同，只是寄存器数据被当作无符号数来处理。在综合时，integer 型的变量初始值是 x。

real：声明为 real 型的变量是双精度浮点数。可以用十进制或者指数形式给这类变量赋值。

realtime：与 real 型变量相同，唯一的区别在于 realtime 型变量是以实数形式存储时间的值。

wand：这个数据类型表示线与线网，当任意一个驱动为 0 时，线网值是 0。这种电路由集电极开路逻辑实现。

wor：这个数据类型表示线或线网，当任意一个驱动为 1 时，线网值是 1。这种电路由发射极耦合逻辑实现。

scalared：用于声明一个线性变量，这个变量中的比特可以单独选中或者部分选中。

time：用于以 64 位无符号数的形式存储仿真时间。

tri：指定一个多驱动的线型。它和 wire 的功能是相同的，但是用于描述三态线型。

tri0：关键字 tri0 建模了一种带下拉电阻的线网。当没有驱动时，输出为 0。

tri1：关键字 tri1 建模了一种带上拉电阻的线网。当没有驱动时，输出为 1。

triand：指定了一种三态的多驱动线网。它建模了 wand 的硬件实现。如果任何一个驱动是 0，则线网的值为 0。它的语法和功能与 wand 线网是相同的。

trior：指定了一种三态的多驱动线网。它建模了 wor 的硬件实现。如果任何一个驱动是 1，则线网的值为 1。它的语法和功能与 wor 线网是相同的。

trireg：这是一种存储数据的寄存器，它建模了线网变量里保存的电荷。

vectored：用于声明一种线网，这种线型中的比特不能单独或部分选中，换言之线网在引用时是一个不可以分割的实体。

3.2.6　Verilog HDL 运算操作

Verilog HDL 大概包含 30 多个操作符，Verilog 中的运算符按照功能可以分为下述类型：算术运算符、关系运算符、逻辑运算符、条件运算符、位运算符、移位运算符、拼接运算符。这些操作对应中等规模器件，例如加法器和比较器。表 3－1 归纳了这些操作。

表 3－1　Verilog HDL 运算操作符

操作类型	运算符	描述	操作数个数
算术	+	加	2
	-	减	2
	*	乘	2
	/	除	2
	%	取模	2
	**	乘幂	2
移位	>>	逻辑右移	2
	<<	逻辑左移	2
	>>>	算术右移	2
	<<<	算术左移	2
关系	>	大于	2
	<	小于	2
	>=	大于等于	2
	<=	小于等于	2
相等	==	相等	2
	!=	不相等	2
	===	事件相等	2
	!==	事件不相等	2

续表

<table>
<tr><th>操作类型</th><th>运算符</th><th>描述</th><th>操作数个数</th></tr>
<tr><td rowspan="5">位</td><td>~</td><td>按位取反</td><td>1</td></tr>
<tr><td>&</td><td>按位与</td><td>2</td></tr>
<tr><td>|</td><td>按位或</td><td>2</td></tr>
<tr><td>^</td><td>按位异或</td><td>2</td></tr>
<tr><td>~^或^~</td><td>按位同或</td><td>2</td></tr>
<tr><td rowspan="6">缩减</td><td>&</td><td>与缩减</td><td>1</td></tr>
<tr><td>~&</td><td>与非缩减</td><td>1</td></tr>
<tr><td>|</td><td>或缩减</td><td>1</td></tr>
<tr><td>~|</td><td>或非缩减</td><td>1</td></tr>
<tr><td>^</td><td>异或缩减</td><td>1</td></tr>
<tr><td>~^或^~</td><td>同或缩减</td><td>1</td></tr>
<tr><td rowspan="3">逻辑</td><td>!</td><td>逻辑取反</td><td>1</td></tr>
<tr><td>&&</td><td>逻辑与</td><td>2</td></tr>
<tr><td>‖</td><td>逻辑或</td><td>2</td></tr>
<tr><td>位拼接</td><td>{}</td><td>按位拼接</td><td>2 或以上</td></tr>
<tr><td>条件</td><td>?:</td><td>条件运算</td><td>3</td></tr>
</table>

1. 算术运算符

算术运算符,简单来说,就是数学运算里面的加减乘除,数字逻辑处理有时候也需要进行数字运算,所以需要算术运算符。在综合时,+、-运算表示加法器和减法器,可由 FPGA 逻辑单元进行综合。

乘法是一个复杂的运算操作,乘法器的综合取决于综合软件和目标芯片,Xilinx 的 Vivado 软件在综合时可以导出这些模块,因此在 HDL 代码中可以使用乘法操作。一般 2 的指数次幂的乘除法使用移位运算来完成运算。尽管支持乘法器的综合,但也要注意这些模块数字和输入的位宽的限制,使用时需谨慎。

/、%、** 三个运算符通常不能自动综合。

2. 移位运算符

移位运算符有 4 种:>>、<<、>>>和<<<。前两个表示逻辑右移和逻辑左移,后两个表示算术右移和算术左移。

在逻辑移位(即>>和<<)时移入的是 0,在算术右移时移入的是标志位(即最高位),而在算术左移时移入的是 0。注意逻辑左移和算术左移没有区别。一些移位运算实例如表 3-2 所示。

表 3-2 移位运算实例

a	a >> 2	a >>> 2	a << 2	a <<< 2
0110_1110	0001_1011	0001_1011	1011_1000	1011_1000
1110_1110	0011_1011	1111_1011	1011_1000	1011_1000

一般使用左移位运算代替乘法，右移位运算代替除法，但是这种也只能表示 2 的指数次幂的乘除法。如果移位运算的两个操作数都是信号，如 a << b，移位器则是一个桶形移位器，是非常复杂的电路。

3. 关系和相等运算符

关系运算有 4 种：>、<、<=和>=。这些运算比较两个操作数的大小并返回一个布尔型结果，若为假则由 1 位的数值“0”表示，若为真则由 1 位数值“1”表示。

相等运算有 4 种：==、!=、===和!==。同关系运算一样，结果返回假(1 位“0”)或真(1 位“1”)。===和!==称为事件相等和不相等运算，对不确定值 x 和高阻值 z 进行比较，其无法进行综合。

关系运算以及==和!=运算在综合时为比较器。

所有的关系运算符有着相同的优先级别，关系运算符的优先级别低于算术运算符的优先级别。

4. 位运算、缩减运算和逻辑运算符

位运算缩减运算和逻辑运算有些类似，都执行与、或、异或和取反操作，这些运算由基本逻辑单元实施。

基本位运算有 4 种：&(与)、|(或)、^(异或)和~(取反)。前三个需要两个操作数。取反和异或可以结合，例如，~^构成同或运算。这些操作按位执行，因此被称为位运算，例如 a、b、c 为 4 位信号：

```
wire[3:0] a, b, c;
```

语句：

```
assign c = a | b;和以下语句相同:
assign c[3] = a[3] | b[3];
assign c[2] = a[2] | b[2];
assign c[1] = a[1] | b[1];
assign c[0] = a[0] | b[0];
```

若 &、| 和^运算只有一个操作数，则称为缩减运算。单操作数通常是数组数据类型，运算对数组的所有的元素都执行并返回 1 位结果，例如，a 是一个 4 位信号，y 是一个 1 位信号：

```
wire[3:0] a;
wire y;
```

语句：

```
assign y = |a;     //只有一个操作数
```

相当于：

```
assign y = a[3] | a[2] | a[1] | a[0];
```

逻辑运算有 3 种：&&(逻辑与)、||(逻辑或)和!(逻辑非)。逻辑操作和位操作不同，逻辑运算总是返回一个 1 位的值，当运算的所有位为 0 时返回假(0)，至少有一位为 1 时返回真(1)。所以，逻辑运算符是连接多个关系表达式用的，可实现更加复杂的判断，一般不单独使用，都需要配合具体语句来实现完整的意思，例如：

```
if ((state = = IDEL) || (state = = OP) && (count > 5))
    statement;
```

如表 3-3 所示，通过位运算与逻辑运算对比可以区分两种运算的不同。由于 Verilog 用 0 和 1 来表示假和真，在某些场合下，位运算和逻辑运算可以通用，但最好是布尔表达式用逻辑运算而信号处理用位运算。

表 3-3 位运算与逻辑运算示例

a	b	a & b	a | b	a && b	a || b	&a	|a	^a	~^a
0	1	0	1	0	1	—	—	—	—
1000	0001	0000	1001	1	1	0	1	1	0
1001	0001	0001	1001	1	1	0	1	0	1

5. 拼接运算符

Verilog 中有一个特殊的运算符是 C 语言中没有的，就是位拼接运算符。用这个运算符可以把两个或多个信号的某些位拼接起来进行运算操作。

设 A = 1'b1, B = 2'b10, C = 2'b00;

则{B,C} = 4'b1000;

{A, B[1], C[0]} = 3'b110;

{A, B, C, 3'b101} = 8'b11000101。

对同一个操作数的重复拼接还可以用双重大括号构成的运算符{{}}，

例如：{4{A}} = 4'b1111, {2{A}, 2{B}, C} = 8'b11101000。

位拼接运算的一个应用就是通过固定数目进行循环移位，例如：

```
wire [7:0] a;
wire [7:0] rot, shl, sha;
…
//对 a 进行循环右移 3 位
assign rot = {a[2:0], a[7:3]};
//对 a 进行右移 3 位,左边补 0(逻辑移位)
assign shl = {3'b000, a[7:3]};
//对 a 进行右移 3 位,移入的是最高位//(算术移位)
assign sha = {3{a[7]}, a[7:3]};
```

6. 条件运算

条件操作符一般用来构建从两个输入中选择一个作为输出的条件选择结构，功能等同于 always 中的 if-else 语句。条件运算?:包括三个操作数，其通用格式如下：

```
[signal] = [boolean-exp] ? [true-exp] : [false- exp];
```

[boolean-exp]是一个布尔表达式，结果返回真(1'b1)或假(1'b0)。若为真，[true-exp]赋给[signal]；若为假则将[false-exp]赋给[signal]。例如，以下电路为获取 a 和 b 中大值：

```
assign max = (a > b) ? a : b;
```

条件运算可以看成 if else 语句的简化：

```
if [boolean_exp]
    [signal] = [true-exp];
```

```
else
    [signal] = [false-exp];
```

尽管简单，条件运算可以进行级联和嵌套来指定所需选择，例如，还可以扩展求较大值的电路返回 a，b，c 的最大值：

```
assign max = (a > b) ? ((a > c) ? a : c) : ( (b > c) ? b : c);
```

7. 运算符优先级

运算优先级指定运算顺序，优先级如表 3－4 所示，当执行一个表达式时，先执行高优先级运算，例如，在表达式 a + b >> 1 中，先执行 a + b，再执行 >> 1。也可以用小括号改变优先级，例如 a + (b >> 1)。最好的做法是采用小括号使表达式更清楚，即使不要求使用括号。

表 3－4　运算符优先级

运算符	优先级
{} {{}}	高
! ~	↓
**	↓
* / %	↓
+ -	↓
>> << >>> <<<	↓
< <= > >=	↓
== != === !==	↓
& ~&	↓
^ ~^	↓
| ~|	↓
&&	↓
||	低
? :	

3.3　Verilog 程序框架

在介绍 Verilog 程序框架之前，我们先来看下 Verilog 一些基本语法，基础语法主要包括注释和关键字。

3.3.1　注释

Verilog HDL 中有两种注释的方式，该语法规定和 C 语言一致。

1. 单行注释

起始于"//"，到该行结束表示注释。

2. 多行注释(块注释)

以“/ * ”符号开始,“ * /”结束,在两个符号之间的语句都是注释语句,因此可扩展到多行。如:

```
/* statement1,
statement2, */
```

3.3.2 关键字

Verilog 和 C 语言类似,都因编写需要定义了一系列保留字,叫作关键字(或关键词)。这些保留字是识别语法的关键。我们给大家列出了 Verilog 中的关键字,如表 3-5 所示。

表 3-5 Verilog 的所有关键字

bufif1	case	casex	casez
deassign	default	defparam	disable
else	end	endcase	endfunction
endmodule	endspecify	endtable	endtask
for	force	forever	fork
highz0	highz1	if	ifnone
inout	input	integer	join
macromodule	medium	module	nand
nor	not	notif0	notif1
or	output	parameter	pmos
primitive	pulldown	pullup	pull0
rcmos	real	realtime	reg
repeat	rnmos	rpmos	rtran
rtranif1	scalared	small	specify
strength	strong0	strong1	supply0
table	task	tran	tranif0
time	tri	triand	trior
tri0	tri1	vectored	wait
weak0	weak1	while	wire
xnor	xor		

虽然表 3-5 列了很多,但是实际经常使用的不是很多,实际经常使用的主要如表 3-6 所示。

表 3-6　Verilog 常用的关键字

关键字	含义	关键字	含义
module	模块开始定义	end	语句的结束标志
input	输入端口定义	posedge	时序电路信号上升沿的标志
output	输出端口定义	negedge	时序电路信号下降沿的标志
inout	双向端口定义	case	case 语句起始标记
parameter	信号的参数定义	default	case 语句的默认分支标志
wire	wire 信号定义	endcase	case 语句结束标记
reg	reg 信号定义	if	if/else 语句标记
always	产生 reg 信号语句的关键字	else	if/else 语句标记
assign	产生 wire 信号语句的关键字	for	for 语句标记
begin	语句的起始标志	endmodule	模块结束定义

注意只有小写的关键字才是保留字。例如，标识符 always(这是个关键字)与标识符 ALWAYS(非关键字)是不同的。

3.3.3　Verilog HDL 模块及端口

1. Verilog HDL 模块声明

Verilog 使用模块(module)的概念来代表一个基本的功能单元。一个模块可以是一个元件，也可以是低层次模块的组合。常用的设计方法是使用元件来构建在设计中多使用的功能模块，以便进行代码重用。模块通过接口(输入和输出)被高层次模块调用，但是隐藏了内部的实现细节，这样就使得设计者可以方便地对某个模块进行修改，而不影响涉及的其他部分。

模块声明由关键字 module 开始，关键字 endmodule 结束。每个模块必须具有一个模块名，由它唯一地标识这个模块，一般与实现的功能对应。模块的端口列表则描述这个模块的输入和输出端口。每个 Verilog 程序包括 4 个主要部分：端口定义、I/O 说明、内部信号声明和功能定义，其中功能定义可包括数据流语句、低层模块实例、行为语句块以及任务和函数中一种或多种。功能定义的各个部分可以在模块中的任意位置，以任意顺序出现。函数和任务的语法可参考其他资料。

在一个 Verilog 源文件中可以定义多个模块，Verilog 对模块的排列顺序没有要求。但我们建议一个 Verilog 源文件中只定义一个模块。

```
module 模块名(<模块端口列表>);
    <模块的内容>;
endmodule
```

下面以一个与门 Verilog 模块为例进行说明，代码如下：

```
module and_gate(a, b, c)
    input a,b;
```

```
    output c;
    wire a, b, c;//wire 表示 a, b, c 的数据类型,wire 是默认数据类型,可以缺省
    assign c = a & b;
endmodule
```

该实例中,模块名为 and_gate,模块中的第二、第三行定义了接口的信号流向,输入端口为 a 和 b,输出端口为 c。模块的第四行为数据类型的说明,第五行说明了模块的逻辑功能,实现了与门的输出。

模块声明类似于一个模板,相当于 C++程序中的类,使用这个模板就可以创建实际的对象。当一个模块被调用的时候,Verilog 会根据模板创建一个唯一的模块对象,每个对象都有其各自的名字、变量、参数和输入/输出接口。利用模板创建对象的过程称为实例化,创建的对象称为实例。在 Verilog 中,不允许在模块定义中嵌套模块,也就是在模块声明的 module 和 endmodule 关键字之间不能包含其他模块声明。这一点和 C 语言很相似,在函数中不能嵌套定义函数。模块之间的相互调用是通过实例引用来完成的。需要注意的是,不要将模块定义和模块调用相混淆。模块定义只是说明模块如何工作,其内部结构和外部接口,对模块的调用必须通过实例化来完成。

2. Verilog HDL 端口定义

端口是模块与外界环境交互的接口,类似于 C 语言中函数的参数。只有在模块有端口的情况下才需要有端口列表和端口声明。对于外部环境来说,模块内部是不可见的,对模块的调用只能通过端口进行。这种特点为设计者提供了很大的灵活性:要接口保持不变,模块内部的修改不会影响到外部环境。在模块定义中包含一个可选的端口列表。如果模块和外部环境没有任何信号交换,则可以没有端口列表,如仿真测试的顶层模块就不能有端口列表。

端口列表中所有端口必须在模块中进行声明,Verilog 中端口具有以下三种类型:

(1) input:模块从外界读取数据的接口,在模块内不可写;

(2) output:模块往外界发送数据的接口,在模块内不可读;

(3) inout:可读取数据,也可以送出数据,数据可双向流动。

端口声明指的是模块输入/输出说明,声明的格式为:

输入端口:input [信号位宽−1:0] 端口名;

输出端口:output [信号位宽−1:0] 端口名;

输入输出口:inout [信号位宽 1:0] 端口名;

数据类型说明格式:

变量类型 [信号位宽−1:0] 端口名;

也可以 I/O 及变量类型说明放在一起,如:

```
input wire [3:0] data_in;
```

I/O 说明也可以写在端口声明语句里,其格式为:

```
module 模块名    (input 变量类型 端口名 1,
                 input 变量类型 端口名 2,…
                 ouput 变量类型 端口名 1,
                 ouput 变量类型 端口名 2…);
```

这里以数据选择器为例，说明端口的声明，其代码如下：

```
//Dataflow description of 2-to-1-line multiplexer
module mux2x1_df (A, B, SEL, L);
    //端口声明的开始
    input A, B, SEL;
    output L;
    assign L = SEL ? A : B;
endmodule
```

端口的默认数据类型是 wire 型，如果希望输出端口能保存数据，则把它声明成 reg 型。不能将 input 类型的端口声明为 reg 数据类型，这是因为 reg 类型的变量是用于保存数据值的，而输入端口只是反映与其相连的外部信号的变化并不能保存这些信号值。

我们将一个端口看成是由相互连接的两个部分组成，一部分位于模块的内部，另一部分位于模块的外部。当在一部分中调用另一部分时，端口之间的连接必须遵守一些规则，如图 3－3 所示。

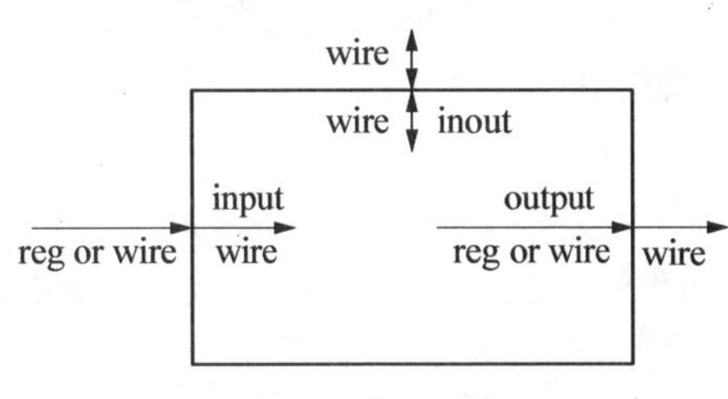

图 3－3　端口连接

(1) 输入端口

从模块内部看，输入端口必须为 wire 型；从模块外部来看，输入端口可以连接到 wire 或 reg 数据类型变量。

(2) 输出端口

从模块内部看，输出端口可以为 wire 型或 reg 型；从模块外部来看，输出端口必须连接到 wire 数据类型变量而不能连接到 reg 类型的变量。

(3) 输入/输出端口

从模块内部看，输入/输出端口必须为 wire 型；从模块外部来看，输入/输出端口必须连接到 wire 数据类型变量而不能连接到 reg 类型的变量。

3.3.4　内部信号说明

内部信号说明指的是模块内容使用到的信号的说明，类似与 C 语言函数内部定义的局部变量。

例如：reg[7:0] sel_not;//定义了 sel_not 的数据类型为寄存器类型

3.4　Verilog 编程规范

本节主要给大家介绍下编程规范，良好的编程规范是一位 FPGA 工程师必备的素质。

3.4.1　编程规范重要性

当前数字电路设计越来越复杂，一个项目需要的人越来越多，当几十位设计同事完成同一个项目时候，大家需要互相检视对方代码，如果没有一个统一的编程规范，那么是不可想象的。大家的风格都不一样，如果不统一的话，后续维护、重用等会有很大的困难，即使是自己写的代码，几个月后再看也会变得很陌生，也会看不懂，所以编程规范的重要性显而易见。另外养成良好的编程规范，对于个人的工作习惯、思路等都有非常大的好处。可以让新人尽快融入项目中，让大家更容易看懂你的代码。

编写规范的宗旨有以下几条：

(1) 缩小篇幅；

(2) 提高整洁度；

(3) 便于跟踪、分析和调试；

(4) 增强可读性，帮助阅读者理解；

(5) 便于整理文档、交流合作。

3.4.2 文件头声明

每一个 Verilog 文件的开头，都必须有一段声明的文字。包括文件的版权，作者，创建日期以及内容介绍等，如下所示。

```
//******************************Copyright (c)***************
*****************//
//Copyright(C) 公司名称 2018 - 2028
//All rights reserved
//------------------------------------------------------
//File name: xxx
//Last modified Date: 2009/7/19 14:00
//Last Version: v1.0
//Descriptions: 数码管动态显示
//------------------------------------------------------
//Created by: xxx
//Created date:
//Version: V1.0
//Descriptions: The original version
//
//------------------------------------------------------
//************************************************************
*****************//
```

我们建议一个.v 文件只包括一个 module，这样模块会比较清晰易懂。

3.4.3 输入输出定义

端口的输入输出有 Verilog—1995 和 Verilog—2001 两种格式，推荐大家采用 Verilog—2001 语法格式。下面是 Verilog—2001 语法的一个例子，包括 module 名字、输入输出、信号名字、输出类型、注释。

```
module led
(
```

```
    input sys_clk , //系统时钟
    input sys_rst_n, //系统复位,低电平有效
    output reg [3:0] led //4 位 LED 灯
);
```

我们建议如下几点：

(1) 一行只定义一个信号；

(2) 信号全部对齐；

(3) 同一组的信号放在一起。

3.4.4 parameter 定义

我们建议如下几点：

(1) module 中的 parameter 声明，不建议随处乱放；

(2) 将 parameter 定义放在紧跟着 module 的输入输出定义之后；

(3) parameter 等常量命名全部使用大写。

```
//parameter define
parameter WIDTH = 26 ;//位宽
//板载 100M 时钟 = 10ns,0.5s/10ns = 50 000 000,需要 26bit
parameter COUNT_MAX = 50_000_000;
```

3.4.5 wire/reg 定义

一个 module 中的 wire/reg 变量声明需要集中放在一起，不建议随处乱放。因此，我们建议如下：

(1) 将 reg 与 wire 的定义放在紧跟着 parameter 之后；

(2) 建议具有相同功能的信号集中放在一起；

(3) 信号需要对齐，reg 和位宽需要空 1 格，位宽和信号名字至少空 1 格；

(4) 位宽使用降序描述，[7:0]；

(5) 不能使用 Verilog 关键字作为信号名字；

(6) 一行只定义一个信号。

```
//reg define
reg [WIDTH-1:0] counter ;
reg [1:0] led_ctrl_cnt;
//wire define
wire counter_en;
```

3.4.6 信号命名

1. 系统级信号

系统级信号是指复位信号、置位信号及时钟信号等需要传输到各个模块的全局信号，时钟使用前缀 clk，系统信号用前缀 sys，复位使用后缀 rst，置位信号 st 或 set 后缀。典型的信号命名方式如下：

```
wire [7:0] sys_dout, sys_din;
wire clk_32p768 Hz;
```

2. 低电平有效的信号

信号后一律加下划线和字母 n,例如 SysRst_n,Dram_RdEn_n。

3. 经过锁存器锁存后的信号

信号后加下划线和字母加 r,与锁存前的信号加以区别。例如 data_out 信号,经所锁存后名为 data_out_r。

低电平有效的信号经过锁存器锁存后,其命名应在_n 后加 r。例如 data_out_n 信号,经过锁存后应命名为 data_out_nr。

多级锁存的信号,可多加 r 以标明。例如 data_out 信号,经两级触发器锁存后,为 data_out_rr。

4. 模块的命名的方法

在系统设计阶段应该为每个模块进行命名。命名的方法是,将模块英文名称的各个单词首字母组合起来,形成了 3~5 个字符的缩写。若模块的英文名只有一个单词,可取该单词的前 3 个字母,也可直接使用该单词作为模块名。

5. 模块之间的接口信号的命名

所有变量命名包括两个部分:第一部分表明数据方向其中数据发出方在前,数据接收方在后;第二部分为数据名称。两部分之间用下划线隔离开。第一部分全部大写,第二部分所有具有明确意义的英文名全部拼写或缩写的第一个字母大写,其余部分小写。例如:

```
CPUMMU_WrReq;
```

下划线左边是第一部分,代表数据方向是从 CPU 模块发向存储器管理单元模块(MMU)。下划线右边 Wr 为 Write 的缩写,Req 是 Request 的缩写。两个缩写的第一个字母都大写,便于理解。整个变量连起来的意思就是 CPU 发送给 MMU 的写请求信号。

模块上下层次间信号的命名也遵循本规定。若某个信号从一个模块传递到多个模块,其命名应视信号的主要路径而定。

6. 模块内部信号

模块内部的信号由几个单词连接而成,缩写要求能基本表明本单词的含义。

单词除常用的缩写方法外(例如 Clock:Clk,Write:Wr,Read:Rd 等),还可以取该单词的前几个字母,例如 Frequency:Freq,Variable:Var 等。

每个缩写单词的第一个字母要大写,或者用“_”连接,比如:

```
wire BtnOff;
wire btn_off
```

若遇到两个大写字件相邻,中间添加一个下划线,举例:

```
wire LCD_On;
```

7. 其他命名建议

大家对信号命名可能都有不同的喜好,我们建议如下:

(1) 信号命名需要体现其意义,比如 fifo_wr 代表 FIFO 读写使能;

(2) 异步信号,使用_a 作为信号后缀;

(3) 纯延迟打拍信号使用_dly 作为后缀。

3.4.7　always 块描述方式

always 块的编程规范，我们建议如下：

(1) if 需要空 1 格；

(2) 一个 always 需要配一个 begin 和 end；

(3) always 前面需要有注释；

(4) begin 建议和 always 放在同一行，也可以放另起一行，和对应的 end 对齐；

(5) 一个 always 和下一个 always 空一行即可，不要空多行；

(6) 时钟和复位触发描述使用 posedge sys_clk 和 negedge sys_rst_n；

(7) 一个 always 块只包含一个时钟和复位；

(8) 时序逻辑使用非阻塞赋值。

3.4.8　assign 块描述方式

assign 块的编程规范，我们建议如下：

(1) assign 的逻辑不能太复杂，否则易读性不好；

(2) assign 前面需要有注释；

(3) 组合逻辑使用阻塞赋值。

```
//计数到最大值时产生高电平使能信号
assign counter_en = (counter == (COUNT_MAX - 1'b1)) ? 1'b1 : 1'b0;
```

3.4.9　注释

添加注释可以增加代码的可读性，易于维护。我们建议规范如下：

(1) 注释描述需要清晰、简洁；

(2) 注释描述不要废话，冗余；

(3) 单行注释描述需要使用"//"，多行注释用"/*　　*/"；

(4) 注释描述应在代码行的上方或当前行的右侧，需要对齐；

(5) 核心代码和信号定义之间需要增加注释。

3.4.10　其他注意事项

其他注意事项如下：

(1) 代码写得越简单越好，方便他人阅读和理解；

(2) 不使用 repeat 等循环语句；

(3) RTL 级别代码里面不使用 initial 语句，仿真代码除外；

(4) 避免产生 Latch 锁存器，比如组合逻辑里面的 if 不带 else 分支、case 缺少 default 语句；

(5) 避免使用太复杂和少见的语法，可能造成语法综合器优化力度较低。

良好的编程规范是大家走向专业 FPGA 工程师的必备素质，希望大家都能养成良好的编程规范。

本章习题

1. 简述 Verilog HDL 硬件抽象级的模型类型。

2. 简述 HDL 行为描述和结构描述设计方法的区别。

3. 设 A = 1'b1, B = 2'b10, C = 2'b11，求{B, C}、{A, B[1], C[0]}、{A, B, C, 3'b101}、{4{B}}和{2{A}, {B}, 2C}。

第 4 章

组合逻辑电路设计基础

本章学习导言

组合逻辑电路在任一时刻的输出状态只取决于该时刻的输入状态的组合，而与电路以前的状态无关。即电路只是由门电路组成，没有记忆单元，也没有反馈电路。第 3 章介绍的简单逻辑运算符可用于描述基本逻辑单元构成的门级设计，实际已经是基本的组合逻辑电路设计内容。本章主要介绍由中等规模组件构成组合逻辑电路的 HDL 描述，例如编码器、译码器、比较器和数据选择器等。本章首先对典型组合电路的功能进行介绍，然后结合实例对 Verilog HDL 行为描述的常用语法进行介绍，包括 always 块、if 语句、case 语句、参数和常数等，并通过一些常见组合逻辑电路实例来介绍常用组合电路设计。

这些常用组合逻辑电路单元在逻辑系统中出现频率高，算得上搭建逻辑系统的最基本积木，熟练掌握这些单元对于复杂逻辑系统设计以及逻辑系统设计优化均有重要作用。

4.1　若干典型的组合逻辑集成电路

4.1.1　编码器

1. 编码器(encoder)的概念与分类

用一个二进制代码表示特定含义的信息称为编码。如：8421BCD 码中，把数字 8 编码成 1000；ASCII 码中，把字母 A 编码成 1000001 等。具有编码功能的逻辑电路称为编码器。

编码器可以分为普通编码器和优先编码器。

2. 二进制普通编码器

普通编码器任何时候只允许输入一个有效编码信号，否则输出就会发生混乱。若输入信号的个数 N 与输出变量的位数 n 满足 $N=2^n$，则此电路称为二进制编码器。常用的二进制编码器有 4 线- 2 线、8 线- 3 线、16 线- 4 线等。图 4 - 1 为 8 线- 3 线编码器的框图。表 4 - 1 为 8 线- 3 线普通编码器的真值表。

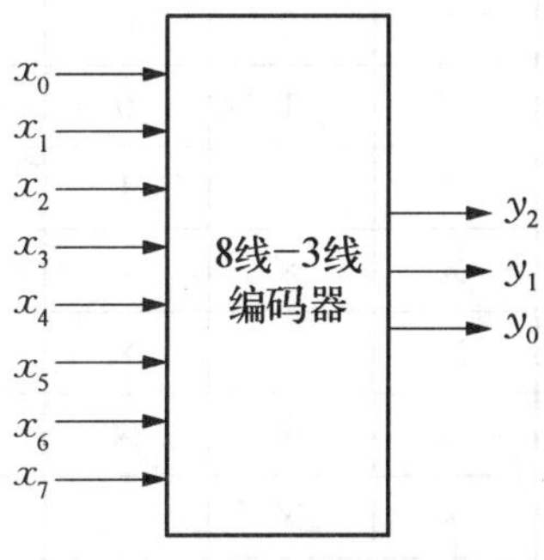

图 4 - 1　8 线- 3 线编码器框图

表 4-1　8 线-3 线普通编码器真值表

输入								输出		
x_0	x_1	x_2	x_3	x_4	x_5	x_6	x_7	y_2	y_1	y_0
1	0	0	0	0	0	0	0	0	0	0
0	1	0	0	0	0	0	0	0	0	1
0	0	1	0	0	0	0	0	0	1	0
0	0	0	1	0	0	0	0	0	1	1
0	0	0	0	1	0	0	0	1	0	0
0	0	0	0	0	1	0	0	1	0	1
0	0	0	0	0	0	1	0	1	1	0
0	0	0	0	0	0	0	1	1	1	1

由表 4-1 可以得到 8 线-3 线编码器的输出信号的最简表达式：

$$y_2 = x_7 + x_6 + x_5 + x_4;$$
$$y_1 = x_7 + x_6 + x_3 + x_2;$$
$$y_0 = x_7 + x_5 + x_3 + x_1; \tag{4-1}$$

3. 二进制优先编码器

表 4-1 中的编码器真值表是假设在任何时候都只有一个输入信号为逻辑 1 的情况下给出的。如果编码器的几个输入同时都为高电平怎么办呢？优先编码器就是用于解决这个问题的，它会对优先级别最高的信号进行编码。

表 4-2 给出了一个 8 输入优先编码器的真值表。注意：每行 1 的左边的输入全部用不确定值 x 代替。也就是说，无论 x 的值是 1 还是 0，都没有关系。因为输出编码对应的是真值表主对角线上的那个 1。其中，输入信号 x_7 的优先级最高。

表 4-2　8 线-3 线优先编码器的真值表

输入								输出		
x_0	x_1	x_2	x_3	x_4	x_5	x_6	x_7	y_2	y_1	y_0
1	0	0	0	0	0	0	0	0	0	0
×	1	0	0	0	0	0	0	0	0	1
×	×	1	0	0	0	0	0	0	1	0
×	×	×	1	0	0	0	0	0	1	1
×	×	×	×	1	0	0	0	1	0	0
×	×	×	×	×	1	0	0	1	0	1
×	×	×	×	×	×	1	0	1	1	0
×	×	×	×	×	×	×	1	1	1	1

4.1.2　译码器

译码是编码的逆过程，它能将二进制码翻译成代表某一特定含义的信号(即电路的某种状态)。具有译码功能的逻辑电路称为译码器。

译码器可分为变量译码器和显示译码器。变量译码器主要包括 $n-2^n$ 线译码器。显示译码器主要用来将二进制数转换成 7 段码驱动数码管。

1. 3 线- 8 线译码器

图 4 - 2 所示的是一个 3 线- 8 线译码器框图，它有 3 个输入和 8 个输出。每个输出与输入对应关系如表 4 - 3 所示。

图 4 - 2　3 线- 8 线编码器框图

表 4 - 3　3 线- 8 线译码器的真值表

输入			输出							
a_2	a_1	a_0	y_7	y_6	y_5	y_4	y_3	y_2	y_1	y_0
0	0	0	0	0	0	0	0	0	0	1
0	0	1	0	0	0	0	0	0	1	0
0	1	0	0	0	0	0	0	1	0	0
0	1	1	0	0	0	0	1	0	0	0
1	0	0	0	0	0	1	0	0	0	0
1	0	1	0	0	1	0	0	0	0	0
1	1	0	0	1	0	0	0	0	0	0
1	1	1	1	0	0	0	0	0	0	0

由表 4 - 3 可以得出 3 线- 8 线译码器的函数表达式：

$$\begin{aligned} &y_0=\overline{a_2 a_1 a_0},\ y_1=\overline{a_2 a_1}a_0,\ y_2=\overline{a_2}a_1\overline{a_0},\ y_3=\overline{a_2}a_1a_0, \\ &y_4=a_2\overline{a_1 a_0},\ y_5=a_2\overline{a_1}a_0,\ y_6=a_2a_1\overline{a_0},\ y_7=a_2a_1a_0 \end{aligned} \tag{4-2}$$

可见，3 线- 8 线译码器的函数表达式包含了所有三变量的最小项，因此加上一些门电路，可以用于设计任何三输入的逻辑函数。常用的芯片有 74LS138。

2. 显示译码器

数码管是一种常用的人机接口器件，由七个 LED 管和一个圆形 LED 小数点组成，其中的每一个发光二极管称为一个“段(segment)”，分别用 a、b、c、d、e、f、g、dp 表示，因此可称为七段数码管或八段数码管，八段数码管比七段数码管多一个小数点(dp)。当发光二极管的阳极为高电平，阴极为低电平时，发光二极管可以导通发光，通过点亮数码管不同的段，就可以显示不同的字型，数码管的结构如图 4 - 3(a)所示。

由于数码管的每一段都是一个发光二极管，那么就可以把所有发光二极管的阴极或阳极接到一起，称为公共(com)端，如图 4 - 3(b)(c)所示，这两种接法的数码管分别称为共阴极(common cathode)数码管和共阳极(common anode)数码管。

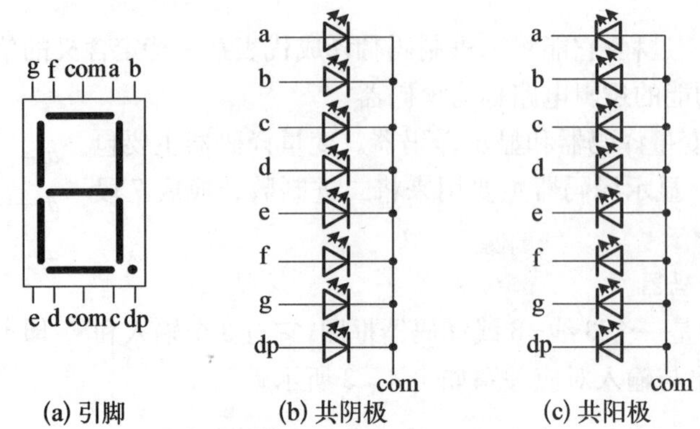

(a) 引脚　　(b) 共阴极　　(c) 共阳极

图 4-3　数码管示意图

如前所述,数码管分为共阴极和共阳极两种。对共阴极数码管,设计或使用时只要将公共端接地,a～dp 中的某些段加高电平,对应的段就会点亮。如要显示"0",将 a～f 接高电平即可。对共阳极数码管,公共端接高电平,a～dp 中为低电平的段即可点亮。因此共阴极和共阳极数码管的显示代码互反。表 4-4 为七段 LED 显示译码器功能表。

表 4-4　七段 LED 显示译码器功能表

hex[3:0]	abcdefg	显示字形	hex[3:0]	abcdefg	显示字形
0000	0000001	0	1000	0000000	8
0001	1001111	1	1001	0000100	9
0010	0010010	2	1010	0001000	A
0011	0000110	3	1011	1100000	B
0100	1001100	4	1100	0110001	C
0101	0100100	5	1101	1000010	D
0110	0100000	6	1110	0110000	E
0111	0001111	7	1111	0111000	F

显示译码器就是实现该表功能的译码器。常用的芯片有 74LS47、CD4511 等。

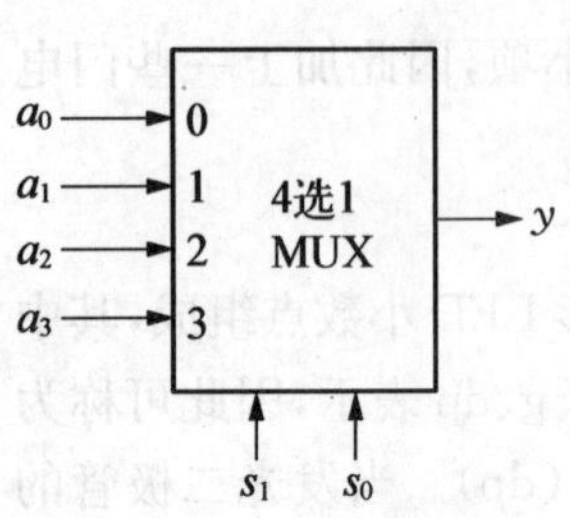

图 4-4　4 选 1 数据选择器的电路模型

4.1.3　数据选择器

数据选择器是一个多输入、单输出的组合逻辑电路。它的作用相当于多个输入的单刀多掷开关,又称"多路开关"或者"多路选择器"(multiplexer)。它可以根据通道选择控制信号的不同,从 2^n 个输入中选择一个输出到公共的输出端。被选数据源越多,所需选择输入端的位数也越多,若选择输入端为 n,可选输入通道数为 2^n。这里以 4 选 1 数据选择器为例介绍。

表 4-5　4 选 1 数据选择器的真值表

s_1	s_0	y
0	0	a_0
0	1	a_1
1	0	a_2
1	1	a_3

数据选择器的使用非常广泛，并且是构成 FPGA 器件内部查找表的基本单元。常用的数据选择器芯片有 8 选 1 数据选择器 74HC151。

常用的组合逻辑电路还有比较器、加法器等，我们会在后面设计实例中介绍。

4.2　组合电路中的 always 块

在进行较为复杂的逻辑电路设计时，为了提高设计效率，通常采用较为抽象的行为描述，Verilog HDL 使用一些顺序执行的过程语句来进行行为描述。这些语句封装在一个 always 块或 initial 块中，initial 块仅在仿真开始的时候执行一次；而 always 块能够进行综合，生成能够执行逻辑运算或控制的电路模块。在本部分中重点讨论 always 块。

always 块可以看成一个包含内部过程描述语句的黑盒子，过程语句包含多种结构，但是很多都没有对应的硬件。编码不佳的 always 块通常会导致不必要的复杂实施或者根本无法综合。本部分主要关注可综合的组合逻辑电路设计，讨论内容限制为三种类型的语句：块程序赋值、条件语句和循环语句。

4.2.1　基本语法格式

带敏感信号列表的 always 块的简化使用格式如下：

```
always @ (敏感信号列表)
begin 可选的模块名
    可选的本地变量声明;
    顺序执行语句;
    顺序执行语句;
    ……
end
```

敏感信号列表是 always 块响应的信号和事件列表，对于组合电路，应该包含所有的输入信号。当有两个或者两个以上的信号时，在 Verilog HDL 1995 中，它们之间可以用关键字 or 来连接，例如：

```
always @ (a or b or c)
```

Verilog HDL 2001 规范中，可以使用“,”来区分，例如：

```
always @ (a, b, c)
```

在本书中使用 Verilog HDL 2001 规范。

@（敏感信号列表）项实际上是一个时序控制结构，它是可综合 always 块中的唯一时序控制结构。模块体可包含任意数目的过程语句，当模块体只有一条语句时，定界符 begin 和 end 可以省略。

敏感信号可分为两种类型：电平敏感型和边沿敏感型。每个 always 过程一般只由一种类型的敏感信号来触发，而不能混合使用。对于组合电路，一般采用电平触发；对于时序电路，一般由时钟边沿触发。Verilog HDL 提供了 posedge 和 negedge 两个关键词来分别描述上升沿和下降沿。

always 块可以看作一个复杂的电路部分，可以被中止和激活。当敏感列表中的信号发生变化或某一事件发生时，该部分被激活并执行内部过程语句，由于没有其他时序控制结构，执行过程会一直持续到 end，模块才会终止，所以，always 块实际上是个"永远循环"的过程，每次的循环由敏感信号列表触发。

4.2.2 过程赋值

过程赋值只能用在 always 块或 initial 块中，有两种赋值方式：阻塞赋值和非阻塞赋值。其基本语法格式如下。

阻塞赋值：变量名 = 表达式；

非阻塞赋值：变量名 <= 表达式；

在阻塞赋值中，在执行下一条语句前，一个表达式只能赋给一个数据类型的值。可以理解为赋值阻断了其他语句的执行，与 C 语言中的正常变量赋值行为相似。在非阻塞赋值中，表达式的值在 always 块结束时进行赋值，这种情况下赋值没有阻断其他语句的执行。

Verilog 初学者经常会混淆阻塞赋值和非阻塞赋值，不能正确理解它们的区别。这样可能会导致意外的行为或竞争条件。它们的基本使用原则：

(1) 组合电路使用阻塞赋值；

(2) 时序电路使用非阻塞赋值。

本章关注的是组合电路，因此只使用阻塞赋值语句。

4.2.3 变量的数据类型

在过程赋值中，一个表达式只能赋给一种变量数据类型的输出，这些变量数据类型有 reg 型、integer 型、real 型、time 型和 realtime 型。reg 数据类型和 wire 数据类型类似，可以用于过程输出；integer 数据类型表示固定大小（通常是 32 位）有符号二进制补码格式，由于大小固定，在综合中通常不用该数据类型，其他几种数据类型用于建模和仿真，无法被综合。

4.2.4 简单实例

用两个简单例子来说明 always 模块和过程阻塞赋值的用法和行为。

1. 一位比较器

可以用 always 块来设计简单的一位比较器电路，代码如下。

程序 4.1 一位比较器的 always 块实现。

```
module eq1_always
(
```

```
    input i0, i1,
    output reg eq                //eq 声明为 reg 类型
);
    reg p0, p1;                  //p0 和 p1 声明为 reg 类型
    always @ (i0, i1)            //i0 和 i1 必须在敏感信号列表中
    begin
        //语句的顺序是很重要的
        p0 = ~i0 & ~i1;
        p1 = i0 & i1;
        eq = p0 | p1 ;
    end
endmodule
```

因为 eq、p0 和 p1 信号在 always 块内赋值，它们都声明为 reg 型数据类型；敏感列表包括 i0 和 i1，并由逗号隔开，当其中任何一个发生变化时，always 块则被激活三条阻塞赋值语句顺序执行，和 C 程序中的语句非常类似，语句的顺序十分重要，在第三条阻塞赋值语句执行前 p0 和 p1 必须赋值。当然，我们这里是为了说明阻塞赋值的执行顺序，分成了三条语句，也可以用一条语句完成，eq = ～i0 & ～i1 | i0 & i1，这条语句的含义是当 i0 和 i1 同时为 0 时或者同时为 1 时，比较结果就为相等。这个表达式也可以用比较器的真值表转换得到。

要正确建立所需的行为模型，组合电路的敏感列表必须包含所有的输入信号，忽略一个信号就可能导致综合和仿真结果不一致，在 Verilog HDL 2001 中，可以用下面的符号：

```
always @ *
```

来隐式地包含所有输入信号，在本书组合电路描述中使用这种结构。

2. 过程赋值语句和持续赋值语句的比较

其实，持续赋值语句和过程赋值语句的行为大不相同，下面以一个三输入与门来说明它们的区别。

程序 4.2 中的代码，使用的是过程赋值语句，它完成的功能是执行 a，b，c 的逻辑与运算，即(a & b & c)，综合的电路如图 4－5(a)所示。

程序 4.2　三输入的与电路。

```
module and_block_assign
(
    input a, b, c,
    output reg y
);
    always @ *
    begin
        y = a;
        y = y & b;
        y = y & c;
```

```
    end
endmodule
```

如果采用类似程序 4.3 中的持续赋值语句，则描述结果不正确。在程序 4.3 的代码中，每条程序赋值综合一部分电路，左端出现 3 次的 y 表明三个输出捆绑在一起，对应的电路如图 4－5(b)所示，这显然不是想要的设计结果。

程序 4.3　与电路的不正确代码。

```
module and_cont_assign
(
    input a, b, c,
    output y
);
    assign y = a;
    assign y = y & b;
    assign y = y & c;
endmodule
```

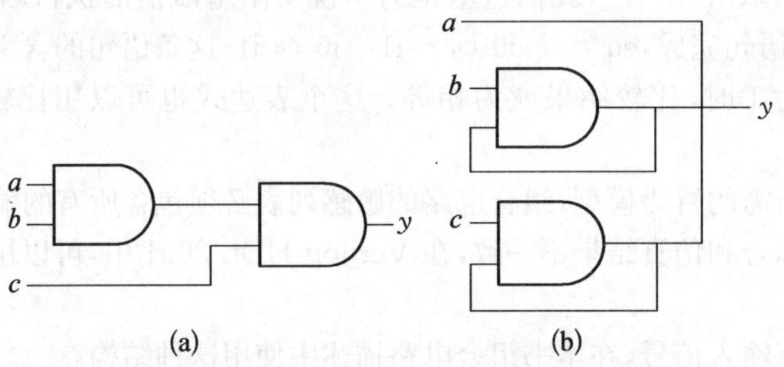

图 4－5　正确和不正确的代码段得到的电路

4.3　条件语句

条件语句有 if else 语句和 case 语句两种，它们都是顺序语句，应该放在 always 块内使用。下面分别结合实例对这两种语句进行介绍。

4.3.1　if else 语句

1. 语法

if else 语句的简化语法如下：

```
if (表达式)
begin
    顺序执行语句;
    顺序执行语句;
end
```

```
else
begin
    顺序执行语句;
    顺序执行语句;
end
```

[表达式]项一般为逻辑表达式或者关系表达式，也可以是一位的变量。语句先对表达式判断，如果表达式为真，则执行下面分支的语句，否则执行 else 分支的语句。else 分支具有选择性，可以省略。如果分支里只有一条语句，则定界符 begin 和 end 可以省略。

多条 if 语句可以“级联”，以执行多布尔条件并建立优先级，如下：

```
if (表达式 1)
……
else if (表达式 2)
……
else if (表达式 3)
……
else
```

2. 实例

用两个简单例子来说明 if else 语句的用法。

(1) 4 位优先编码器

4 位优先编码器有四个优先级，$x[3]$、$x[2]$、$x[1]$和 $x[0]$作为一组 4 位输入信号，$x[3]$优先级最高，输出是较高优先级的二进制代码，优先编码器的功能表如表 4 - 6 所示，HDL 代码见程序 4.4。

表 4 - 6　四输入优先编码器功能表

输入				输出		
$X[3]$	$x[2]$	$x[1]$	$x[0]$	$y[2]$	$y[1]$	$y[0]$
1	×	×	×	1	1	1
0	1	×	×	1	1	0
0	0	1	×	1	0	1
0	0	0	1	1	0	0
0	0	0	0	0	0	0

程序 4.4　使用 if else 语句的优先编码器的 HDL 代码。

```
module prio_encoder_if
(
    input [3:0] x,
    output reg [2:0] y
);
    always @ *
```

```
        if (x[3] = = 1'b1)              //可以写成(x[3])
            y = 3'b111;
        else if (x[2] = = 1'b1)         //可以写成(x[2])
            y = 3'b110;
        else if (x[1] = = 1'b1)         //可以写成(x[1])
            y = 3'b101;
        else if (x[0] = = 1'b1)         //可以写成(x[0])
            y = 3'b100;
        else
            y = 3'b000;
endmodule
```

代码首先检查信号 x[3]请求，如果为 1 则将 111 赋给 y，如果 x[3]为 0，则继续检查信号 x[2]请求并重复以上过程，直至所有请求信号检查完毕。注意当 x[3]为 1 时布尔表达式(x[3]==1'b1)为真，由于在 Verilog 中真值也可表示为 1'b1，表达式也可以写成(x[3])。其中 y[2]表示是否在编码，用于区分没有编码请求时和对 x[0]进行编码时的编码输出。

(2) 2 线-4 线译码器

2 线-4 线译码器的真值表如表 4-7 所示，该电路包括控制信号端 en 来使能译码功能，HDL 代码见程序 4.5。

表 4-7 带使能的 2 线-4 线译码器的真值表

输入			输出			
en	*x*[1]	*x*[0]	*y*[3]	*y*[2]	*y*[1]	*y*[0]
0	×	×	1	1	1	1
1	0	0	1	1	1	0
1	0	1	1	1	0	1
1	1	0	1	0	1	1
1	1	1	0	1	1	1

程序 4.5 使用 if else 语句实现的 2 线-4 线译码器。

```
module decoder_2_4_if
(
    input [1:0] a,
    input en,
    output reg[3:0] y
);
    always @ *
        if (en = = 1'b0)
            y = 4'b1111;
```

```
        else if (x = = 2'b00)
            y = 4'b1110;
        else if (x = = 2'b01)
            y = 4'b1101;
        else if (x = = 2'b10)
            y = 4'b1011;
        else
            y = 4'b0111;
endmodule
```

代码首先检查使能位 en 是否为 1，如果条件为假(即 en 为 0)，则设置输出 y 为无效状态；如果条件为真，则检测 4 个二进制数的组合顺序设置输出 y 的状态。注意布尔表达式(en == 1'b0)也可以写成～en。

4.3.2　case 语句

相对于 if else 语句只有两个分支而言，case 语句则是一种多分支语句，其可用于描述多条件分支电路，例如译码器、数据选择器、状态机及微处理器指令译码等。case 语句可有 case、casez 和 casex 三种表示方式，以下分别进行介绍。

1. case 语句语法

case 语句的简化语法如下。

```
case (表达式)
    分支项 1:
    begin
        顺序执行语句;
        顺序执行语句;
        ……
    end
    分支项 2:
    begin
        顺序执行语句;
        顺序执行语句;
        ……
    end
    分支项 3:
    begin
        顺序执行语句;
        顺序执行语句;
        ……
    end
    default:
```

```
    begin
        顺序执行语句;
        顺序执行语句;
        ……
    end
endcase
```

case语句是一条多路决策语句，其将case表达式的值和多个分支项进行比较，程序跳入与当前表达式的值相等的分支项对应的分支执行，如果有多个分支项匹配则执行第一条匹配的分支。最后一条分支为可选的，关键词是default，包含表达式未指定的所有值。如果一条分支中只有一条语句，则定界符begin和end可以省略。

2. case语句实例

采用和if else语句例子中相同的优先编码器和译码器来说明case语句的用法。

(1) 2线-4线译码器的case语句描述

2线-4线译码器的功能表如表4-7所示，使用case语句的HDL代码见程序4.6。

程序4.6 使用case语句实现的2-4译码器HDL代码。

```
module decoder_2_4_case
(
    input [1:0] a,
    input en,
    output reg [3:0] y
);
    always @ *
        case ({en, a})
            3'b000, 3'b001, 3'b010, 3'b011: y = 4'b1111;
            3'b100: y = 4'b1110;
            3'b101: y = 4'b1101;
            3'b110: y = 4'b1011;
            3'b111: y = 4'b0111;//也可以使用default语句
        endcase
endmodule
```

如果某些值有相同的执行语句，可以将这多个值放入组表达式中，如同程序4.6中的“3'b000, 3'b001, 3'b010, 3'b011:”语句，注意若项目表达式包含表达式{en,a}的所有可能值，default可省略。

(2) 4位优先编码器的case语句描述

4位优先编码器的功能表如表4-6所示，HDL代码见程序4.7。

程序4.7 使用case语句的优先编码器HDL代码。

```
module prio_encoder_case
(
    input [3:0] x,
```

```
    output reg [2:0] y
);
always @ *
  case (x)
    4'b1000, 4'b1001, 4'b1010, 4'b1011, 4'b1100, 4'b1101, 4'b1110, 4'b1111:
        y = 3'b111;
    4'b0100, 4'b0101, 4'b0110, 4'b0111:
        y = 3'b110;
    4'b0010, 4'b0011:
        y = 3'b101;
    4'b0001:
        y = 3'b100;
    4 'b0000:
        y = 3'b000;//也可以使用 default: y = 3'b000;
    endcase
endmodule
```

3. casex 和 casez 语句

除了常规的 case 语句，还有两种变体 casez 和 casex 语句。在 casez 语句中，默认为表达式中的 z 值和? 是无关值(即对应为无须匹配)；在 casex 语句中，默认为表达式中的 x 值和? 为无关值。由于 z 和 x 可能出现在仿真中，所以更倾向于采用?。

例如，之前的优先编码器可以用 casez 语句描述，见程序 4.8。

程序 4.8　使用 casez 语句描述的 4 位优先编码器 HDL 代码。

```
module prio_encoder_casez
(
    input [3:0] x,
    output reg [2:0] y
);
    always @ *
        casez (x)
            4'b1???: y = 3'b111;
            4'b01??: y = 3'b110;
            4'b001?: y = 3b101;
            4'b0001: y = 3b100;
            4'b0000: y = 3'b000;//这里可以使用 default
        endcase
    endmodule
```

4. full case 和 parallel case

在 Verilog HDL 中，项目表达式有时不需要包括 case 表达式的所有值，而且一些值也可以匹配不止一次，观察下面的 casez 语句：

```
reg[2:0] s ;
......
casez (s)
    3'b111: y = 1'b1;
    3'b1??: y = 1'b0;
    3'b000: y = 1'b1;
endcase
```

上述语句中 3'b111 在分支项表达式中匹配了两次（一次在 3'b111 中，一次在 3'b1?? 中），由于第一次匹配先生效，如果 s 是 3'b111，y 的值是 1'b1。如果 s 是 3'b001、3'b010 或 3'b011，则没有匹配，y 保持之前的值。

当分支项表达式包括 case 表达式的所有二进制值，则语句称为 full case，对于组合电路，由于每一个输入组合对应一个输出值，因此必须采用 full case 语句，未匹配的值可以用 default 表示，例如，之前的语句也可以改为

```
casez (s)
    3'b111: y= 1'bl;
    3'b1??: y =1'b0;
    default: y = 1'bl;
endcase
```

或者为

```
casez (s)
    3'b111: y = 1'b1;
    3'b1??: y = 1'b0;
    3'b000: y = 1'b1;
    default: y = 1'bx;
endcase
```

如果分支项表达式中的值互斥（即一个值只出现在一个项目表达式中），语句则称为 parallel case 语句。例如，上述的 casez 语句不是 parallel case 语句，因为 3'b111 出现了两次。程序 4.6 和程序 4.7 中的 case 语句是 parallel case 语句。

很多综合软件工具都有 full case 指令和 parallel case 指令，使用这些指令时，所有 case 语句都被当成 full case 语句和 parallel case 语句并进行相应综合，Verilog HDL 2001 也有相同的属性，使用这些指令会本质上覆盖原来的语义并使仿真和综合产生差异。在本书中，用代码来表达这些条件而不是运用这些指令或属性。

4.4 循环语句

在 Verilog HDL 中共有 4 种类型的循环语句，用来控制语句的执行次数。它们分别是：

(1) forever：连续执行语句，多用在 initial 块中，用来生成时钟等周期性波形；

(2) repeat：连续执行一条语句 n 次；

(3) while：执行一条语句直到某个条件不满足，如果开始条件就不满足，则语句一次也不执行；

(4) for：有条件的循环语句。

4.4.1 for 语句

1. 语法

for 语句的一般形式为

```
for (表达式 1; 表达式 2; 表达式 3)
begin
    顺序执行语句;
    顺序执行语句;
    ……
end
```

当顺序执行语句只有条时，定界符 begin 和 end 可以省略。它的执行过程和 C 语言的 for 循环完全一致，步骤如下：

(1) 求解表达式 1；

(2) 求解表达式 2，如果其值为真(非 0)，则执行下面的第(3)步；如果为假(0)，则结束循环，转到第(5)步；

(3) 如果表达式 2 为真，执行 begin/end 块中的顺序执行语句后，求解表达式(3)；

(4) 转回第(2)步继续执行；

(5) 执行 for 语句下面的语句。

2. 实例

用 for 循环实现两个 8 位二进制数的乘法操作，实现代码见程序 4.9。

程序 4.9　两个 8 位二进制数相乘的 for 语句 HDL 描述。

```
module mult_for
(
    input [8:1] op0,
    input [8:1] op1,
    output reg [16:1] result
);
    integer i;                          //integer 常用于定义循环变量的类型
    always @ *
    begin
        result = 0;
        for (i = 1; i <= 8; i = i + 1)
            if (op1[i])
                result = result + (op0 << (i - 1));
    end
endmodule
```

4.4.2 repeat 语句

1. 语法

repeat 语句的使用格式如下：

```
repeat (表达式)
begin
    顺序执行语句;
    顺序执行语句;
    ……
end
```

当顺序执行语句只有一条时,定界符 begin 和 end 可以省略。

在 repeat 语句中,其表达式通常为常量表达式,用来指定循环执行的次数。

2. 实例

用 repeat 循环实现两个 8 位二进制数的乘法操作,实现代码见程序 4.10。

程序 4.10 两个 8 位二进制数相乘的 repeat 语句 HDL 描述。

```
module mult_repeat
(
    input [8:1] op0,
    input [8:1] op1,
    output reg [16:1] result
);
    reg [16:1] tempa;
    reg [8:1] tempb;
    always @ *
    begin
        result = 0;
        tempa = op0;
        tempb = op1;
        repeat (8)
        begin
            if (tempb[1])
            result = result + tempa;
            tempa = tempa << 1;
            tempb = tempb >> 1;
        end
    end
endmodule
```

4.4.3　while 语句

1. 语法

while 语句的使用格式如下：

```
while (表达式)
begin
    顺序执行语句;
    顺序执行语句;
    ......
end
```

当顺序执行语句只有一条时，定界符 begin 和 end 可以省略。

while 语句在执行时，首先判断表达式是否为真，如果为真，则执行后面的语句或语句块，然后再回头判断表达式是否为真，若为真，再执行一遍后面的语句，如此不断，直到表达式为假。因此，在执行语句中，必须有一条改变表达式值的语句。

2. 实例

用 while 循环实现两个 8 位二进制数的乘法操作，实现代码见程序 4.11。

程序 4.11　两个 8 位二进制数相乘的 while 语句 HDL 描述。

```
module mult_while
(
    input[8:1] op0,
    input[8:1] opl,
    output reg [16:1] result
);
    integer i = 1;
    reg [16:1] temp;
    always @ *
    begin
        result = 0;
        temp = {8'h00,op0};
        while (i <= 8)
        begin
            if (op1[i])
                result = result + (temp << (i - 1));
            i = i + 1;
        end
    end
endmodule
```

4.4.4 forever 语句

forever 语句的使用格式如下：

```
forever
begin
    顺序执行语句;
    顺序执行语句;
    ……
end
```

当顺序执行语句只有一条时，定界符 begin 和 end 可以省略。

forever 循环语句连续不断地执行后面的语句或语句块，常用来产生周期性的波形。作为仿真激励信号。forever 语句一般用在 initial 过程语句中，如果用它来进行模块描述，可以使用 disable 语句进行中断。

4.5 always 块的一般编码原则

Verilog 可以用于建模和综合，当编写可综合代码时，需要知道不同的语言结构如何与硬件匹配，尤其是 always 块，因为变量和过程语句可以在模块内使用，我们要谨记编写代码的目的是综合为硬件电路而不是用 C 语言描述顺序算法，做不到这些会经常导致一些无法综合的代码，会造成不必要的复杂实施，或者在仿真和综合之间产生差异。本节主要讨论一些常见错误并提出一些编码原则。

4.5.1 组合电路代码中常见的错误

组合电路代码中常见的错误主要包括：变量在多个 always 块中赋值、不完整的敏感信号列表、不完整分支和不完整输出赋值等。以下分别讨论。

1. 变量在多个 always 块中赋值

在 Verilog 中，变量（出现在左端部分）在多个 always 块中赋值例如，以下代码段中两个 always 块都含 y 变量：

```
reg y;
reg a, b, reset;
……
always @ *
    if (reset)
        y= 1'b0 ;
always @ *
    y = a & b;
```

尽管该代码作为异步电路是正确的，也可以仿真，但是无法综合，考虑到每个 always 块可以认为是电路的一部分，以上代码表示 y 是两个电路的输出，并可以通过每个部分进行更新，没有物理电路可以表示这种行为，因此代码不能综合，必须把赋值语句写入一个 always

块中，例如：

```
always @ *
    if (reset)
        y = 1'b0;
    else
        y = a & b;
```

2. 不完整的敏感信号列表

对于组合电路，输出是输入的函数，因此任何输入信号的变化都会激活电路，这要求所有的输入信号都应该包含在敏感信号列表中，例如二输入与门可以写成：

```
always @ (a, b)      //a 和 b 都在敏感列表中
    y = a & b;
```

如果忘记包含 b，代码则变成：

```
always @ (a)         //b 不在敏感列表中
    y= a & b;
```

尽管代码仍然可以正确综合，但是行为改变了，当 a 发生变化时，always 块被激活，a&b 的值赋给 y，而当 b 发生变化时，由于 always 块对 b“不敏感”，仍然处于中止状态，y 仍保持之前的值不变，没有物理电路表示这种行为。大部分综合软件会给出警告信息并综合成与门电路。而仿真软件仍按语句表达的行为建模，因此会产生仿真与综合的结果不一致。

在 Verilog HDL 2001 中，采用了特殊符号@ * 表示包含所有相关的输入信号，因此不会出现这种问题，所以最好在组合电路中使用这个符号。

3. 不完整分支和不完整输出赋值

组合电路的输出是输入的函数，不应该包括任何内部状态（即存储器），always 模块的一种常见错误就是综合出组合电路的意外存储器。Verilog 标准指定在 always 块中，变量如果没有赋值则保持原来的值，在综合时，这将导致内部状态（通过闭合反馈回路）或存储元件（锁存器）的产生。

为了防止 always 块中意外的存储器，所有输出信号在任何时候都应该赋予恰当值。不完整分支和不完整输出赋值是两种常见的导致意外存储器产生的错误，例如，当表达式 a>b 为真时，若 eq 没有赋值，则会保持之前的值，从而综合出相应的锁存器。

有两种方法来解决不完整分支和不完整输出赋值错误，第一种是加上 else 分支，明确给所有输出变量赋值，代码变成：

```
always @ *
    if (a > b)
    begin
        gt = 1'b1;
        eq = 1'b0;
    end
    else if (a = = b)
    begin
        gt = 1'b0;
```

```
        eq = 1'b1;
    end
    else
    begin
        gt = 1'b0;
        eq = 1'b0;
    end
```

另一种方法是在 always 块的起始部分，给每个变量赋默认值，以包含所有未指定的分支和未赋值的变量。代码则变成：

```
always @ *
    begin
        gt = 1'b0;          //gt 的默认赋值
        eq = 1'b0;          //eq 的默认赋值
        if (a > b)
            gt = 1'b1;
        else if (a == b)
            eq = 1'b1;
    end
```

如果 gt 和 eq 之后未赋值，则默认是 0。

如果 case 语句表达式的某些值未被分项表达式包含(即不是 full case 语句)，case 语句也会产生相同的错误，例如以下代码：

```
reg [1:0] x;
case (x)
    2'b00: y = 1'b1;
    2'b10: y = 1'b0;
    2'b11: y = 1'b1;
endcase
```

没有任何分支包含 2'b01，如果 x 出现这种组合时，y 会保持之前的值。这会综合出意外的锁存器。为了解决这种问题，必须保证任何时候 y 都被赋值，一种方法是在末尾采用关键字 default 以包含所有未指定值，例如可以用以下代码替代最后一条分支项表达式：

```
case (x)
    2'b00: y = 1'b1;
    2'b10: y = 1'b0;
    default: y = 1'b1;
endcase
```

或者用无关值增加一条项目表达式：

```
case (x)
    2'b00: y = 1'b1;
    2'b10: y = 1'b0;
```

```
        2'b11: y = 1'bl;
        default: y = 1'bx;
    endcase
```

另外，也可以在 always 块的开始部分赋给一个默认值：

```
    y = 1'b0;
    case (x)
        2'b00: y = 1'bl;
        2'b10: y = 1'b0;
        2'b11: y = 1'bl;
    endcase
```

4.5.2　组合电路中 always 块的使用原则

always 块是一种灵活强大的语言结构，但必须谨慎使用，设计正确高效的电路并避免任何综合和仿真的差异性。以下是描述组合电路的编码原则：

(1) 只在一个 always 模块中对变量赋值；
(2) 组合电路采用阻塞赋值；
(3) 在敏感列表中使用@ * 自动包含所有输入信号；
(4) 确保包含 if else 和 case 语句的所有分支；
(5) 确保所有分支的输出都被赋值；
(6) 一种同时满足(4)和(5)原则的方法是在 always 块开始时给输出赋默认值；
(7) 用代码描述 full case 和 parallel case，而不用软件指令和属性；
(8) 了解不同控制结构综合出电路的类型；
(9) 思考生成的硬件电路。

4.6　常数和参数

4.6.1　常数

HDL 代码经常在表达式和数组边界中使用常数值，这些值在模块内是固定不变的。好的设计是用符号常量代替“固定文本”，这使得代码清晰并有助于以后的维护和修改。在 Verilog HDL 中，可以用关键词 localparam(局部参数)声明常量，例如，声明数据总线的位宽和范围如下：

```
    localparam  DATA_WIDITH = 8,
                DATA_RANGE = 2**DATA_WTDTH - 1;
```

或定义符号端口名称：

```
    localparam  UART_PORT = 4'b0001,
                SPI_PORT = 4'b0010,
                USB_PORT = 4'b0100;
```

声明中的表达式如 2**DATA_WIDTH-1，在处理前已经执行，因此不会综合出其他物理电路，在本书中，用大写字母表示常数。

以下例子可以很好地说明常数的使用，考虑带有进位的加法器，一种方法是手工扩展输入 1 位，执行常规加法，截取和的最高位作为进位，代码见程序 4.12。

程序 4.12 固定位宽的加法器 HDL 描述。

```
module adder_carry_hard_lbit
(
    input wire [3:0] a, b,      //wire 可以省略
    output wire [3:0] sum,
    output wire cout            //进位
);
    wire [4:0] sum_ext ;
    assign sum_ext = {1'b0, a} + {1'b0, b};
    assign sum = sum_ext[3:0];
    assign cout = sum_ext[4];
endmodule
```

代码描述的是 4 位加法器，其中固定文本如用来表示数据范围的 3 和 4，例如 wire[3:0]、sum_ext[4:0]及最高位 sum_ext[4]。如果想改成 8 位加法器，这些数字都要手工修改，如果代码很复杂而且这些文字出现在很多地方，将是一个繁琐而且容易出错的过程。

为了增强可读性，可以采用符号常数 N 来表示加法器的位数，修改后代码见程序 4.13。常数使代码更容易理解和维护。

程序 4.13 使用常数的加法器 HDL 描述。

```
module adder_carry_local_par
(
    input [3:0] a, b,
    output [3:0] sum,
    output cout
);
    //常数声明
    localparam N = 4,
    N1 = N-1;
    wire [N:0] sum_ext;
    assign sum_ext = {1'b0, a} + {1'b0, b};
    assign sum = sum_ext[N1:0];
    assign cout = sum_ext[N] ;
endmudule
```

4.6.2 参数

Verilog 模块可以实例化为组件并成为更大设计模块的一部分。Verilog 提供一种结构称为 parameter，向模块传递信息，这种机制使模块多功能化并能重复使用。参数在模块内

不能改变，因此功能与常数类似。

在 Verilog HDL 2001 中，参数声明部分可以在模块的开头即端口声明之前。其简单语法如下：

```
module 模块名
#(parameter 参数名 = 默认值, 参数名 = 默认值)
(
    ......
);
```

例如，上述的加法器可以改成采用参数的加法器，见程序 4.14。

程序 4.14　使用参数的加法器 HDL 描述。

```
module adder_carry_para
# (parameter N = 4)
(
    input [N - 1:0] a, b,
    output [N - 1:0] sum,
    output cout
);
    //常数声明
    localparam N1 = N - 1;
    wire [N:0] sum_ext;
    assign sum_ext = {1'b0, a} + {1'b0, b};
    assign sum = sum_ext[N1:0];
    assign cout = sum_ext[N];
endmodule
```

参数 N 被声明为默认值 4，当 N 被声明之后，就可以像常数一样在端口声明和模块体中使用。

如果之后加法器在其他代码中作为组件使用，那么就可以在组件实例化中给参数指定所需的值并将原来的默认值覆盖。如果省略了参数赋值，则采用默认参数，组件实例化的用法见程序 4.15。

程序 4.15　加法器实例化代码。

```
module adder_insta
(
    input [3:0] a4, b4,
    output [3:0] sum4,
    output c4,
    input [7:0] a8, b8,
    output [7:0] sum8,
    output c8
);
```

```
    //实例化 8 位加法器
    adder_carry_para #(.N(8)) unit1
    (.a(a8), .b(b8), .sum(sum8), .cout(c8));
    //实例化 4 位加法器
    adder_carry_para unit2
    (.a(a4), .b(b4), .sum(sum4), .cout(c4));
endmodule
```

参数提供了一种创建可扩展代码机制,可调整电路的位宽以适应特定的需求,这使代码移植性更好,有利于设计重用。

4.7 设计实例

本节给出一些常用的组合电路的设计实例,包括数据选择器、比较器、译码器、编码器和编码转换器。

4.7.1 数据选择器

4 选 1 多路选择器的电路模型和真值表分别见 4.1 节中图 4-4 和表 4-5。其中 a_0、a_1、a_2和 a_3是 4 个输入端口,s_1和 s_0是通道选择控制信号端口,y 是输出端口。当 s1 和 s0 取值分别为 00、01、10 和 11 时,输出端 y 将分别输出 a0、al、a2 和 a3 的数据。程序 4.16 和程序 4.17 分别是 4 选 1 多路选择器的 if else 语句描述和 case 语句描述。4 选 1 数据选择器的仿真波形如图 4-6 所示。

程序 4.16 4 选 1 数据选择器的 if else 语句描述。

```
module mux4_1_if
(
    input [1:0] a0, a1, a2, a3,
    input s0,s1,
    output reg [1:0] y              //y 声明为 reg 类型
);
    always @ *
    begin
        if ({s1,s0} == 2'b00)          y = a0;
        else if ({s1,s0} == 2'b01)     y = a1;
        else if ({s1,s0} == 2'b10)     y = a2;
        else                           y = a3;
    end
endmodule
```

程序 4.17 4 选 1 数据选择器的 case 语句描述。

```
module mux4_1_case
(
```

```
    input [1:0] a0, a1, a2, a3,
    input s0,s1,
    output reg [1:0] y            //y 声明为 reg 类型
);
    always@ *
    begin
        case ({s1,s0})
            2'b00:    y = a0;
            2'b01:    y = a1;
            2'b10:    y = a2;
            default:    y = a3;
        endcase
    end
endmodule
```

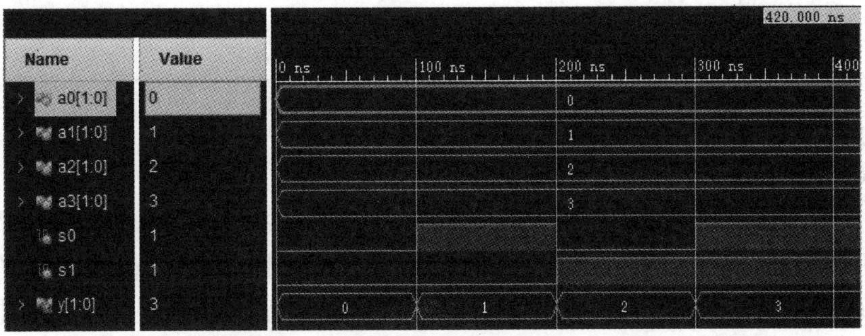

图 4-6　4 选 1 数据选择器的仿真波形图

4.7.2　比较器

1. 1 位二进制数比较器

数值大小比较在计算逻辑中是常用的一种方法，比较器就是用来完成这种数值大小比较逻辑的组合电路。1 位二进制数比较器是它的基础，其电路真值表如表 4-8 所示。其中，*in*0 和 *in*1 是 1 位输入比较信号，*lt*、*eq* 和 *gt* 分别是两个输入信号大小的比较结果。程序 4.18 是其 Verilog HDL 描述。

表 4-8　1 位比较器的真值表

*in*0　*in*1	*gt*(*in*0 > *in*1)	*eq*(*in*0 = *in*1)	*lt*(*in*0 < *in*1)
0　0	0	1	0
0　1	0	0	1
1　0	1	0	0
1　1	0	1	0

程序 4.18 1 位二进制比较器的 Verilog HDL 描述。

```
module comp_1
(
    input in0, in1,
    output reg gt, eq, lt
);
    always @ *
    begin
        gt = 0;
        eq = 0;
        lt = 0;
        if ( in0 > in1)
            gt = 1;
        if (in0 = = in1)
            eq = 1;
        if (in0 < in1)
            lt = 1;
    end
endmodule
```

注意：在程序 4.18 的程序中，在 always 块内的 if 语句之前，对 *gt*、*eg* 和 *lt* 都赋值为 0。这样做是为了保证每个输出都被分配一个值。如果没有这样做，Verilog 会认为你不想让它们的值改变，系统将会自动生成一个锁存器，那么得到的电路就不再是一个组合电路了。其仿真波形如图 4-7 所示。

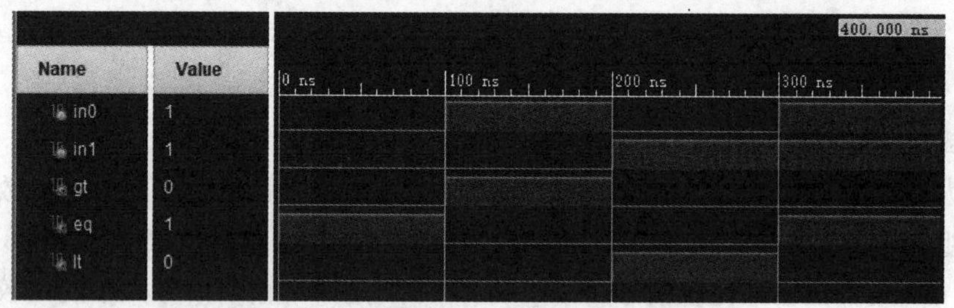

图 4-7 1 位二进制比较器的仿真波形图

2. N 位二进制数比较器

为了使用方便，可以使用参数来实现一个输入数据位数可变的 N 位二进制数比较器，其 Verilog HDL 描述见程序 4.19，这段代码在仿真时，默认 N=8。

程序 4.19 N 位二进制比较器的 Verilog HDL 描述。

```
module comp_N
#(parameter N = 8)
(
```

```
        input [N-1:0] in0,in1,
        output reg gt, eq, lt
);
        always@ *
        begin
            gt = 0;
            eq = 0;
            lt = 0;
            if (in0 > in1)
                gt = 1;
            if (in0 == in1)
                eq = 1;
            if (in0 < in1)
                lt = 1;
        end
endmodule
```

3. 74LS85 的 IP 核设计

74LS85 是 4 位数值比较器芯片，可对两个 4 位二进制码和 BCD 码进行比较，引脚图如图 4-8 所示。$A_3A_2A_1A_0$、$B_3B_2B_1B_0$ 为两个比较信号；$F_{A>B}$、$F_{A<B}$、$F_{A=B}$ 为数值表示比较器的输出（$F_{A>B}$ 表示 $A>B$，$F_{A<B}$ 表示 $A<B$，$F_{A=B}$ 表示 $A=B$）；$I_{A>B}$、$I_{A<B}$、$I_{A=B}$ 为级联信号输入。74LS85 功能表如表 4-9 所示，其 Verilog HDL 描述见程序 4.20。

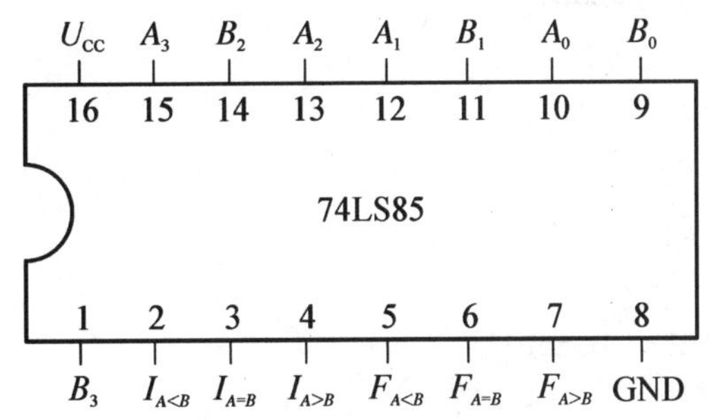

图 4-8　74LS85 引脚图

表 4-9　74LS85 功能表

比较信号输入				级联信号输入	输出
A_3,B_3	A_2,B_2	A_1,B_1	A_0,B_0	$I_{A>B}$　$I_{A<B}$　$I_{A=B}$	$F_{A>B}$　$F_{A<B}$　$F_{A=B}$
$A_3>B_3$	×	×	×	×　×　×	H　L　L
$A_3<B_3$	×	×	×	×　×　×	L　H　L
$A_3=B_3$	$A_2>B_2$	×	×	×　×　×	H　L　L
$A_3=B_3$	$A_2<B_2$	×	×	×　×　×	L　H　L
$A_3=B_3$	$A_2=B_2$	$A_1>B_1$	×	×　×　×	H　L　L
$A_3=B_3$	$A_2=B_2$	$A_1<B_1$	×	×　×　×	L　H　L

续表

比较信号输入				级联信号输入	输出
$A_3=B_3$	$A_2=B_2$	$A_1=B_1$	$A_0>B_0$	× × ×	H L L
$A_3=B_3$	$A_2=B_2$	$A_1=B_1$	$A_0<B_0$	× × ×	L H L
$A_3=B_3$	$A_2=B_2$	$A_1=B_1$	$A_0=B_0$	H L L	H L L
$A_3=B_3$	$A_2=B_2$	$A_1=B_1$	$A_0=B_0$	L H L	L H L
$A_3=B_3$	$A_2=B_2$	$A_1=B_1$	$A_0=B_0$	× × H	L L H
$A_3=B_3$	$A_2=B_2$	$A_1=B_1$	$A_0=B_0$	H H L	L L L
$A_3=B_3$	$A_2=B_2$	$A_1=B_1$	$A_0=B_0$	L L L	H H L

程序 4.20 74LS85 的 IP 核设计。

```
module compare_74LS85
(
    input A3, A2, A1, A0, B3, B2, B1, B0, IAGB, IALB, IAEB,
    output reg FAGB, FALB, FAEB
);
    wire [3:0] DataA, DataB;
    assign DataA = {A3, A2, A1, A0};
    assign DataB = {B3, B2, B1, B0};
    always @ ( * )
    begin
        if (DataA > DataB)
      begin
          FAGB = 1;
          FALB = 0;
          FAEB = 0;
      end
      else if (DataA< DataB)
      begin
          FAGB = 0;
          FALB = 1;
          FAEB = 0;
      end
      else if (IAGB & ! IALB & ! IAEB)
      begin
          FAGB = 1;
          FALB = 0;
          FAEB = 0;
      end
```

```
        else if (! IAGB & IALB & ! IAEB)
        begin
            FAGB = 0;
            FALB = 1;
            FAEB = 0;
        end
        else if (IAEB)
        begin
            FAGB = 0;
            FALB = 0;
            FAEB= 1;
        end
        else if (IAGB & IALB & ! IAEB)
        begin
            FAGB = 0;
            FALB = 0;
            FAEB = 0;
        end
        else if (! IAGB & ! IALB & ! IAEB)
        begin
            FAGB = 1;
            FALB = 1;
            FAEB = 0;
        end
    end
endmodule
```

74LS85 的仿真结果如图 4－9 所示。

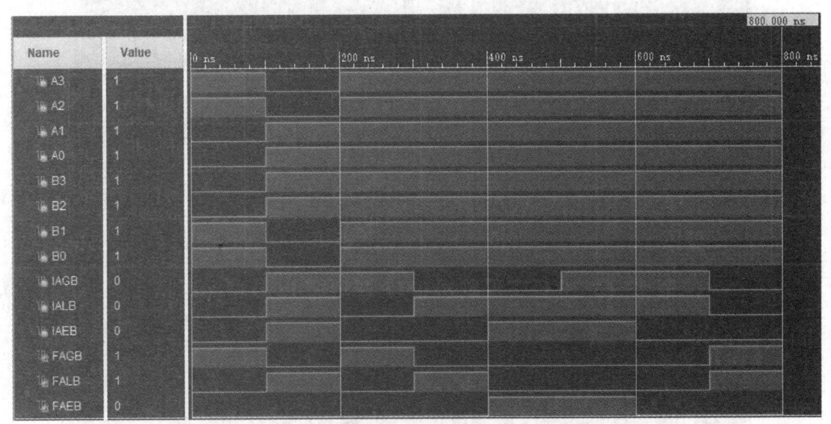

图 4－9　74LS85 的仿真波形图

4. 74LS85 的 IP 核应用

利用 74LS85 设计 8 位数值比较器，其电路图如图 4－10 所示。74LS85 为 4 位数值比较器，我们需要将两片 74LS585 级联起来构建 8 位数值比较器。在图 4－10 中，D_0 为 0，D_1 为 1。8 位数值比较器的仿真结果如图 4－11 所示。

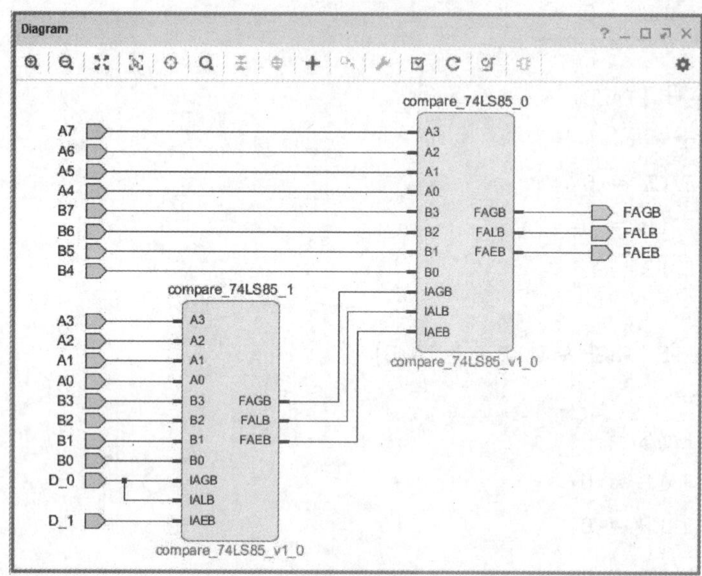

图 4－10　8 位数值比较器电路图

Name	Value
A0	1
A1	1
A2	1
A3	1
A4	0
A5	0
A6	0
A7	0
B0	0
B1	0
B2	0
B3	0
B4	1
B5	1
B6	1
B7	1
D_0	0
D_1	1
FAEB	0
FAGB	0
FALB	1

300.000 ns　0 ns　100 ns　200 ns

图 4－11　8 位数值比较器的仿真波形图

4.7.3　译码器

1. 74LS138 译码器的 IP 核设计

74LS138 为 3 位的二进制译码器，其引脚图如图 4-12 所示。其中$\overline{G_3}$、$\overline{G_2}$、G_1 为片选信号，当$\overline{G_3}=0$、$\overline{G_2}=0$、$G_1=1$ 时，译码器工作。A_2、A_1、A_0 译码地址输入端，$\overline{Y_7}\sim\overline{Y_0}$ 为译码输出。74LS138 的功能表如表 4-10。

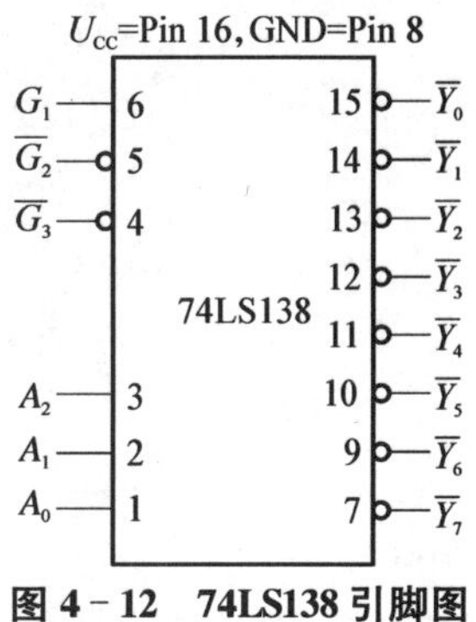

图 4-12　74LS138 引脚图

表 4-10　74LS138 译码器功能表

片选信号			译码地址输入			译码输出							
$\overline{G_3}$	$\overline{G_2}$	G_1	A_2	A_1	A_0	$\overline{Y_0}$	$\overline{Y_1}$	$\overline{Y_2}$	$\overline{Y_3}$	$\overline{Y_4}$	$\overline{Y_5}$	$\overline{Y_6}$	$\overline{Y_7}$
H	×	×	×	×	×	H	H	H	H	H	H	H	H
×	H	×	×	×	×	H	H	H	H	H	H	H	H
×	×	L	×	×	×	H	H	H	H	H	H	H	H
L	L	H	L	L	L	L	H	H	H	H	H	H	H
L	L	H	L	L	H	H	L	H	H	H	H	H	H
L	L	H	L	H	L	H	H	L	H	H	H	H	H
L	L	H	L	H	H	H	H	H	L	H	H	H	H
L	L	H	H	L	L	H	H	H	H	L	H	H	H
L	L	H	H	L	H	H	H	H	H	H	L	H	H
L	L	H	H	H	L	H	H	H	H	H	H	L	H
L	L	H	H	H	H	H	H	H	H	H	H	H	L

根据 74LS138 译码功能表编写 74LS138 的 Verilog HDL 程序如下：

程序 4.21　74LS138 的 IP 核设计。

```
module decode74LS138
(
    input A0, A1, A2, G1, G2, G3,
    output Y0, Y1, Y2, Y3, Y4, Y5, Y6, Y7
);
    reg [7:0] y;
    integer i;
    always @ ( * )
    begin
        if ({G1, G2, G3} = = 3'b100)
```

```
            for(i = 0;i <= 7;i = i + 1)
                if ({A2, A1, A0} = = i)
                    y[i] = 0;
                else
                    y[i] = 1;
        else
            y = 8'hff;
    end
    assign Y0 = y[0];
    assign Y1 = y[1];
    assign Y2 = y[2];
    assign Y3 = y[3];
    assign Y4 = y[4];
    assign Y5 = y[5];
    assign Y6 = y[6];
    assign Y7 = y[7];
endmodule
```

74LS138 的仿真结果如图 4 - 13 所示。

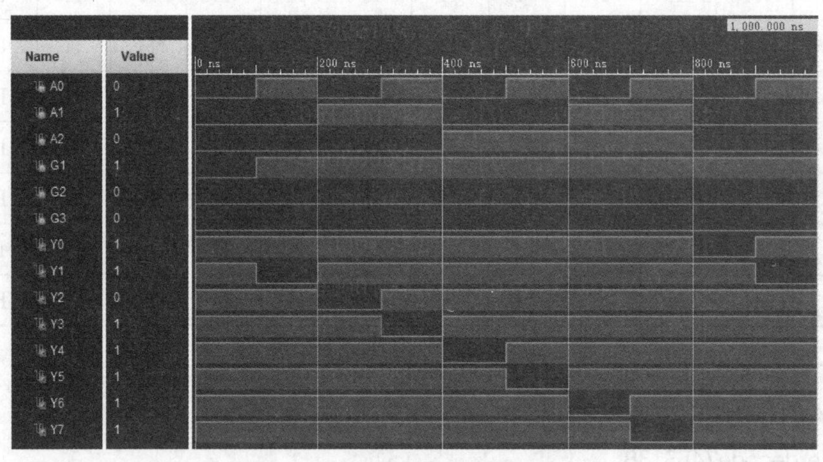

图 4 - 13　74LS138 的仿真波形图

2. 显示译码器

这里设计的十六进制数七段 LED 显示译码器为共阳驱动数码管，是把一个 4 位二进制数即十六进制数输入，转换为驱动 7 段 LED 显示管的控制逻辑，为了完整，把 1 位小数点的控制 dp 也列出，其功能表见 4.1 节的表 4 - 4。

程序 4.22　七段译码器显示部分的 Verilog HDL 程序。

```
module hex_7seg
(
    input [3:0] hex,                //7 段数码管 4 位输入
```

```
    output dp,                    //小数点,需在 always 前赋值
    output reg [6:0] a_to_g,      //7 段数码管输出 ABCDEFG,最高位为 A
    output reg [3:0] an           //4 线-1 线选择器,用于使能 7 段数码管
);
    assign dp = 1;                //小数点,dp = 1 无小数点,dp = 0 有小数点
    always@ ( * )
    begin
        an = 4'b1110;             //默认第一个 7 段数码管点亮
        case(hex)
            4'h0 : a_to_g [6:0] = 7'b0000001;
            4'h1 : a_to_g [6:0] = 7'b1001111;
            4'h2 : a_to_g [6:0] = 7'b0010010;
            4'h3 : a_to_g [6:0] = 7'b0000110;
            4'h4 : a_to_g [6:0] = 7'b1001100;
            4'h5 : a_to_g [6:0] = 7'b0100100;
            4'h6 : a_to_g [6:0] = 7'b0100000;
            4'h7 : a_to_g [6:0] = 7'b0001111;
            4'h8 : a_to_g [6:0] = 7'b0000000;
            4'h9 : a_to_g [6:0] = 7'b0000100;
            4'ha : a_to_g [6:0] = 7'b0001000;
            4'hb : a_to_g [6:0] = 7'b1100000;
            4'hc : a_to_g [6:0] = 7'b0110001;
            4'hd : a_to_g [6:0] = 7'b1000010;
            4'he : a_to_g [6:0] = 7'b0110000;
            4'hf : a_to_g [6:0] = 7'b0111000;
            default : a_to_g [6:0] = 7'b0000001;    //默认为 0
        endcase
    end
endmodule
```

4.7.4　编码器 74LS148 IP 核的设计

74LS148 为中规模集成 8 线- 3 线编码器,其功能见表 4 - 11。74LS148 的输入信号 I_7～I_0和输出信号 Q_c、Q_b、Q_a均为低电平有效,EI 为使能输入端,低电平有效;EO 为使能输出端,当 EI = 0 时,并且所有数据输入均为高电平时,EO = 0,它可与另一片相同器件的 EI 相连,以组成更多输入端的优先编码器。GS 的功能是,当 EI = 0 时,并且至少有一个输入端为低电平时,GS 为 0,表明编码器处于工作状态,否则 GS 为 1,由此区分当电路所有输入端均无低电平输入,或者只有 I_0输入端为低电平时,$Q_cQ_bQ_a$均为 111 的情况。其 Verilog HDL 描述见程序 4.23。

表 4-11 74LS148 的功能表

EI	I_0	I_1	I_2	I_3	I_4	I_5	I_6	I_7	GS	Q_c	Q_b	Q_a	EO
1	×	×	×	×	×	×	×	×	1	1	1	1	1
0	1	1	1	1	1	1	1	1	1	1	1	1	0
0	×	×	×	×	×	×	×	0	0	0	0	0	1
0	×	×	×	×	×	×	0	1	0	0	0	1	1
0	×	×	×	×	×	0	1	1	0	0	1	0	1
0	×	×	×	×	0	1	1	1	0	0	1	1	1
0	×	×	×	0	1	1	1	1	0	1	0	0	1
0	×	×	0	1	1	1	1	1	0	1	0	1	1
0	×	0	1	1	1	1	1	1	0	1	1	0	1
0	0	1	1	1	1	1	1	1	0	1	1	1	1

程序 4.23 74LS148 的 IP 核设计。

```
module encode74LS148
(
    input I7, I6, I5, I4, I3, I2, I1, I0,
    input EI,
    output Qc, Qb, Qa,
    output reg GS, EO
);
    wire [7:0] v;
    reg [2:0] y;
    integer i;
    assign v = {I7, I6, I5, I4, I3, I2, I1, I0};
    always @ ( * )
        if (EI)
        begin
            y= 3'b111;
            GS= 1'b1;
            EO= 1'b1;
        end
        else
        if (&v)                              //无编码请求
        begin
            y = 3'b111;
            GS = 1'b1;
            EO = 1'b0;
```

```
        end
        else
        begin
            GS = 1'b0;
            EO = 1'b1;
            for (i = 0; i < 8; i = i + 1)
                if(v[i] = = 0) y = ~i;
        end
    assign Qa = y[0];
    assign Qb = y[1];
    assign Qc = y[2];
endmodule
```

74LS148 的仿真结果如图 4－14 所示。

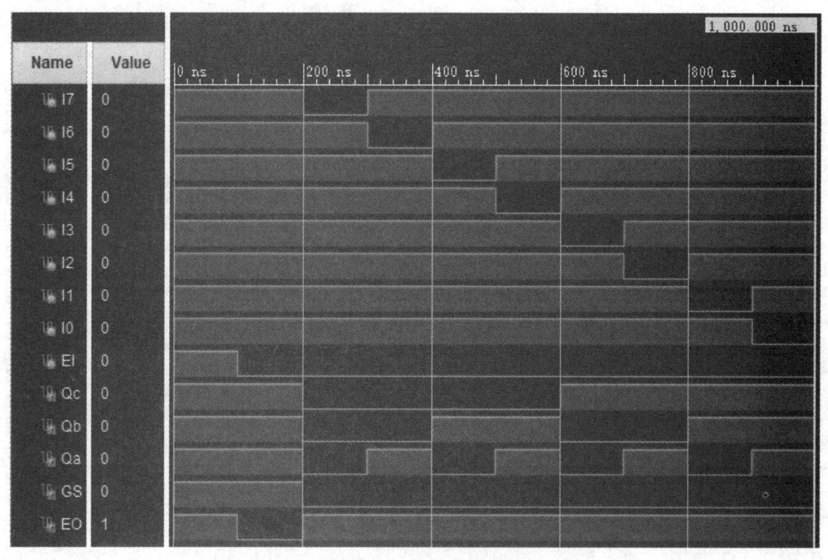

图 4－14　74LS148 的仿真波形图

4.7.5　编码转换器

1. 二进制－BCD 码转换器

设计任意位数的二进制－BCD 码转换器的方法就是所谓的移位加 3 算法(shift and add 3 algorithm)，程序 4.24 实现了移位加 3 算法的 8 位二进制－BCD 码转换器。二进制数转换成 BCD 码后可直接用十进制数进行显示。

为了说明移位加 3 算法是怎么工作的，我们先看表 4－12 所示的例子。表 4－12 描述了一个将十六进制数 FF 转换为 BCD 码 255 的转换过程。在表格最右边的两列是将要被转换为 BCD 码的两位十六进制数 FF，我们将 FF 写成 8 位二进制数的形式(8'b11111111)。从右边起，紧跟着二进制数列的 3 列分别为 BCD 码的百位、十位和个位。

移位加 3 算法包括以下 4 个步骤：

(1) 把二进制数左移一位；

(2) 如果一共移了 8 位，表示已得到 BCD 码的百位、十位和个位，则转换完成；

(3) 如果在 BCD 码的十位、个位两列中，任何一个二进制数大于或等于 5，就将该列的数值加 3；

(4) 返回步骤(1)。

表 4-12　8 位二进制码 0xFF 转换成 BCD 码的过程

操作	百位	十位	个位	二进制数	
十六进制数				F	F
开始				1111	1111
左移 1			1	1111	111
左移 2			11	1111	11
左移 3			111	1111	1
加 3			1010	1111	1
左移 4		1	0101	1111	
加 3		1	1000	1111	
左移 5		11	0001	111	
左移 6		110	0011	11	
加 3		1001	0011	11	
左移 7	1	0010	0111	1	
加 3	1	0010	1010	1	
左移 8	10	0101	0101		
BCD 码	2	5	5		

程序 4.24　8 位二进制- BCD 码转换器程序。

```
module bin_to_bcd
(
    input [7:0] bin,
    output reg [9:0] bcd
);
    reg [17:0] z;           //中间变量
    integer i;
    always @ ( * )
    begin
        for(i = 0; i <= 17; i = i + 1)
            z[i] = 0;
        z[10:3] = bin;                          //左移 3 次
        repeat (5)                              //重复 5 次
```

```
        begin
            if (z[11:8] > 4)                //如果个位大于 4
                z[11:8] = z[11:8] + 3;      //加 3
            if (z[15:12] > 4)               //如果十位大于 4
                z[15:12] = z[15:12] + 3;    //加 3
            z[17:1] = z[16:0];              //左移一位
        end
        bcd = z[17:8];
    end
endmodule
```

程序 4.24 实现了移位加 3 算法的 8 位二进制- BCD 码转换。在程序中定义了输入变量 bin[7:0]和输出变量 bcd[9:0]，以及一个由 bcd 和 bin 拼接的变量 z[17:0]。在 always 块中，首先将 z[17:0]清零，然后把输入变量 bin 放到 z 中并左移 3 位。然后，通过 repeat 循环语句循环 5 次，每次把 z 左移一位，包括开始的 3 位，总共左移 8 位。每次循环时，都要检查一下个位或十位是否大于等于 5。如果是的话，则要加 3。当退出循环时，输出的 BCD 码 bcd 将存储在 z[17:8]中。程序的仿真结果如图 4 - 15 所示。

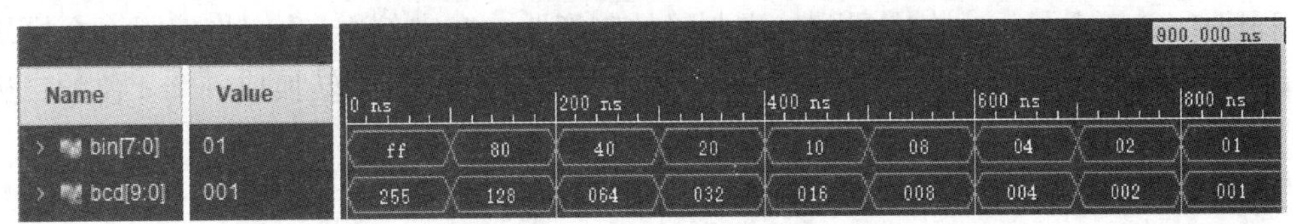

图 4 - 15　8 位二进制- BCD 码转换器的仿真波形图

2. 格雷码转换器

格雷码(Gray code)由贝尔实验室的 Frank Gray 在 1940 年提出，用于在 PCM(脉冲编码调变)方法传送信号时防止出错，并于 1953 年 3 月 17 日取得美国专利。格雷码是一个数列集合，相邻两数间只有一个位元改变，它与奇偶校验码同属可靠性编码。格雷码为无权数码，且格雷码的顺序不是唯一的。

格雷码是一个有序的 2^n 个二进制码，其特点是两个相邻的码之间只有一位不同。例如，3 位的格雷码 000 - 001 - 011 - 010 - 110 - 111 - 101 - 100。

二进制码($b[i]$, $i=n-1, n-2, \cdots, 1, 0$)与格雷码($g[i]$, $i=n-1, n-2, \cdots, 1, 0$)之间的转换并不是唯一的。本节中我们介绍一种二进制码与格雷码相互转换的方法，步骤如下。

(1) 二进制码转换成格雷码

① 保留最高位 $g[i]=b[i]$ ($i=n-1$)；

② 其余各位 $g[i]=b[i+1]$ ^$b[i]$ ($i=n-2, n-3, \cdots, 1, 0$)。

(2) 格雷码转换成二进制码

① 保留最高位 $b[i]=g[i]$ ($i=n-1$)；

② 其余各位 $b[i]=b[i+1]$ ^$g[i]$ ($i=n-2, n-3, \cdots, 1, 0$)。

程序 4.25 实现了 4 位二进制码到格雷码的转换。在本例中，我们将编写一个模块名为

bin_gray 的 Verilog HDL 程序，它把一个 4 位的二进制数 b[3:0]转换成一个 4 位的格雷码 g[3:0]，该程序的仿真结果如图 4-16 所示。

程序 4.25 4 位二进制码到格雷码的转换器。

```
module bin_gray
(
    input [3:0] b,
    output [3:0] g
);
    assign g[3] = b[3];
    assign g[2:0] = b[3:1] ^ b[2:0];
endmodule
```

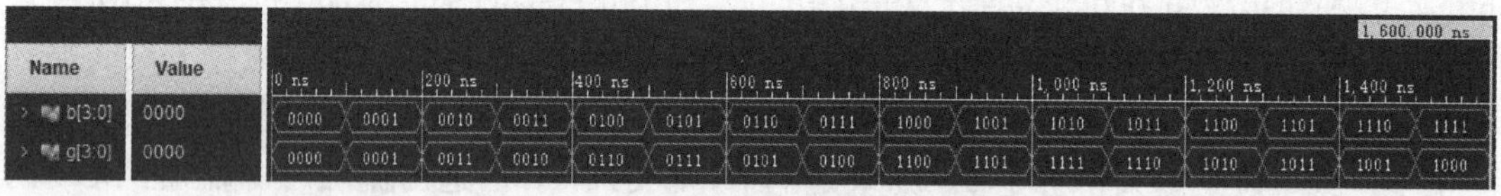

图 4-16 4 位二进制码到格雷码的转换器的仿真波形图

程序 4.26 实现了 4 位格雷码到二进制码的转换器。在本例中，我们将编写一个模块名为 gray_bin 的 Verilog HDL 程序，它把一个 4 位的格雷码 g[3:0]转换成一个 4 位的二进制数 b[3:0]，该程序的仿真结果如图 4-17 所示。

程序 4.26 4 位格雷码到二进制码的转换器程序。

```
module gray_bin
(
    input [3:0] g,
    output reg [3:0] b
);
    integer i;
    always @ (*)
    begin
        b[3] = g[3];
        for(i = 2; i >= 0; i = i-1)
            b[i] = b[i+1] ^ g[i];
        end
endmodule
```

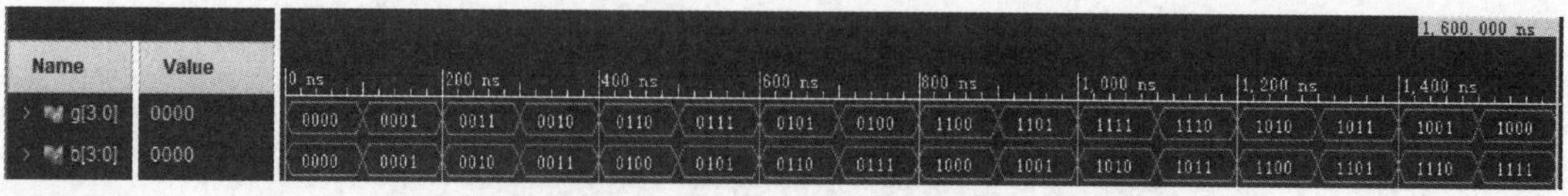

图 4-17 4 位格雷码到二进制码的转换器的仿真波形图

本章习题

1. 4 线- 16 线译码器。

利用 74LS138 译码器的 IP 核，设计 4 线- 16 线译码器。

(1) 设计电路并编写代码；

(2) 仿真验证代码的正确性；

(3) 设计测试电路并编写代码，在开发板上用 LED 显示 16 个输出信号；

(4) 综合电路，编程 FPGA 并验证。

2. ALU(算术逻辑单元)。

ALU 可实现基本的算术和逻辑运算，包含了所希望实现的功能集的电路，因此很容易替换/扩展以包含不同的操作。功能表见表 4 - 13，4 位 ALU 的符号描述如图 4 - 18 所示。图中 cf 为进位标志位，ovf 为溢出标志位(最高位向 cf 进位 xor 次高位向最高位进位＝1 时，该位有效)，zf 为 0 标志(当输出为 0 时，该标志有效)，nf 为负数标志(当输出的最高位为 1 时，该标志有效)。

表 4 - 13　ALU 功能表

alusel	功能	输出
000	传递 a	a
001	加法	a ＋ b
010	减法 1	a － b
011	减法 2	b － a
100	逻辑取反	～ a
101	逻辑与	a & b
110	逻辑或	a | b
111	逻辑异或	a ^ b

(1) 设计电路并编写代码；

(2) 仿真验证代码的正确性；

(3) 设计测试电路并编写代码，在开发板上用用拨码开关和 LED 表示输入和输出信号；

(4) 综合电路，编程 FPGA 并验证。

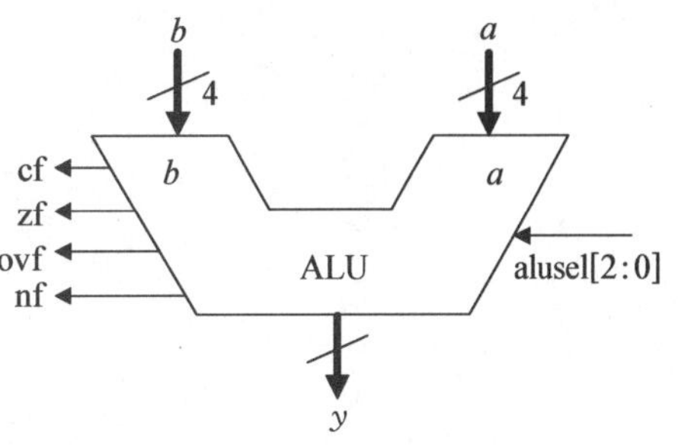

图 4 - 18　4 位 ALU 符号描述

3. 显示译码器。

利用 FPGA 开发板的 4 位拨码开关，拨出 1 个十六进制数，用 1 位数码管显示该十六进制数。

(1) 设计电路并编写代码；

(2) 仿真验证代码的正确性；

(3) 设计测试电路并编写代码，在开发板上用数码管显示拨码结果；

(4) 综合电路,编程 FPGA 并验证。

4. 二进制- BCD 码转换器。

设计完成一个 16 位二进制码转 BCD 码的转换器。

(1) 设计电路并编写代码;

(2) 仿真验证代码的正确性;

(3) 设计测试电路并编写代码,在开发板上用 16 个拨码开关拨出 16 位二进制码,用 4 位数码管显示转换结果(数码管动态显示参照第 5 章内容);

(4) 综合电路,编程 FPGA 并验证。

5. 加法器。

查找 4 位加法器 74HC181 的资料,设计并实现 74x181 功能的 4 位加法器。

(1) 设计电路并编写代码;

(2) 仿真验证代码的正确性;

(3) 设计测试电路并编写代码,在开发板上用拨码开关和 LED 表示输入和输出信号;

(4) 综合电路,编程 FPGA 并验证。

第5章

时序电路设计基础

本章学习导言

在第4章中，我们讨论了组合逻辑电路的设计，其输出只跟当前的输入有关。然而，最常用逻辑电路的输出不仅跟当前的输入有关，而且跟过去的状态也有关。这就要求在电路中必须包含一些存储元件来记住这些输入的过去状态值。这种包括锁存器和触发器的电路，称为时序电路。时序电路是一种能够记忆电路内部状态的电路。与组合逻辑电路不同，时序逻辑电路的输出不仅取决于当前输入，还与其当前内部状态有关。本章的目的是介绍一些常用的时序电路元件模块的 Verilog HDL 描述，并对其设计进行分析，由此给出时序电路设计的一般方法。

不同结构、不同功能和不同用途的锁存器和触发器，是基本的时序电路元件，是时序逻辑电路设计的基础，掌握这些基础时序逻辑单元的 Verilog HDL 描述方法，有助于深入了解和掌握时序数字系统的设计方法。

锁存器和触发器的共同点：具有0和1两个稳定状态，一旦状态被确定，就能自行保持。一个锁存器或触发器能存储一位二进制码。

不同点：锁存器——对脉冲电平敏感的存储电路，在特定输入脉冲电平作用下改变状态。触发器——对脉冲边沿敏感的存储电路，在时钟脉冲的上升沿或下降沿的变化瞬间改变状态。

5.1 锁存器

锁存器(latch)是一种具有存储、记忆二进制码的器件，对脉冲电平敏感。锁存器主要分为RS锁存器和D锁存器。

5.1.1 RS锁存器

1. 基本RS锁存器

如图5-1所示为基本RS锁存器电路图，它由一对与非门构成。基本RS锁存器有两个输入端 $\overline{R}$ 和 $\overline{S}$，两个输出端 Q 和 $\overline{Q}$，其中 $\overline{R}$(Reset)为置0端，$\overline{S}$(Set)为置1端，Q 和 $\overline{Q}$ 为互补输出端，表5-1为基本RS锁存器真值表。其中 Q^n 表示初态，即 $\overline{R}$、$\overline{S}$ 信号作用前 Q 端的状态，Q^{n+1} 表示次态，即 $\overline{R}$、$\overline{S}$ 信号作用后 Q 端的状态。

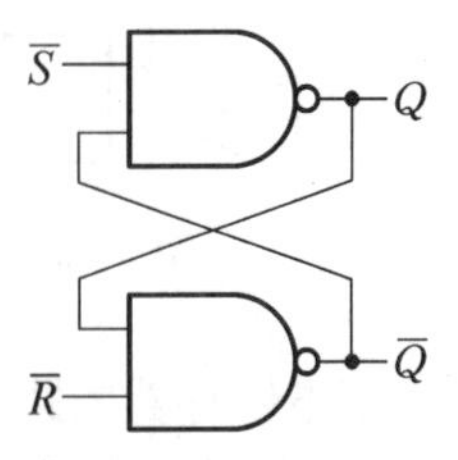

图5-1 基本RS锁存器

表 5-1　基本 RS 锁存器真值表

$\overline{R}$	$\overline{S}$	Q^{n+1}	功能说明
0	0	不定	不允许
0	1	0	置 0
1	0	1	置 1
1	1	Q^n	保持

2. 带时钟触发的 RS 锁存器

如图 5-2 所示的 RS 锁存器电路，是在图 5-1 所示的电路的基础上增加两个与非门。在这个电路中，当 clk=0 时，锁存器保持原来的状态。当 clk=1 时，锁存器的状态由 R、S 决定。表 5-2 中给出了带时钟触发的 RS 锁存器真值表。

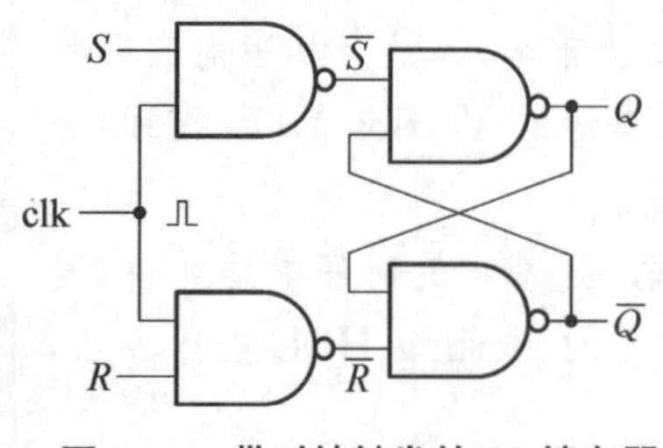

图 5-2　带时钟触发的 RS 锁存器

表 5-2　带时钟触发的 RS 锁存器真值表

clk	R	S	Q^{n+1}	功能说明
1	0	0	Q^n	保持
1	0	1	1	置 1
1	1	0	0	置 0
1	1	1	不定	不允许
0	×	×	Q^n	保持

5.1.2　D 锁存器

1. 基本 D 锁存器

要消除图 5-2 中的不定状态就必须保证 R 和 S 的逻辑值总是相反的。我们可以通过加一反相器实现此功能，如图 5-3 所示。这个电路被称为 D 锁存器。在此电路中，D 就相当于图 5-2 的 S，而 $\overline{D}$ 就相当于 R。因此，当 D 和 clk 都为 1 时，输出 Q^{n+1} 为 1(置位)。同样地，当 D 为 0，clk 为 1 时，输出 Q^{n+1} 为 0(复位)；只有当时钟 clk 为 0 时，才能进入存储状态。D 锁存器的真值表如图 5-3 所示。程序 5.1 和程序 5.2 分别是其数据流描述和行为描述。

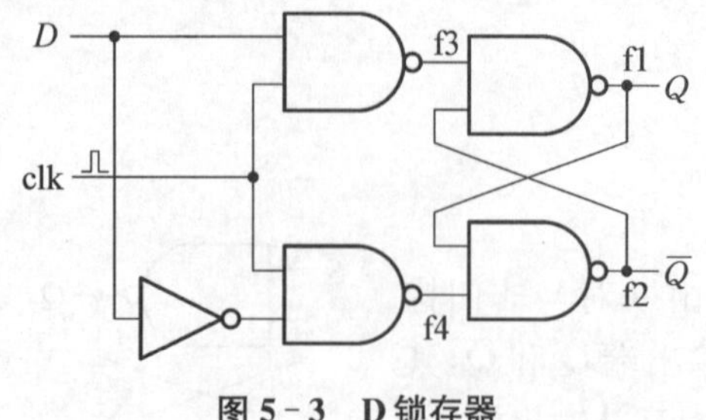

图 5-3　D 锁存器

表 5-3　D 锁存器真值表

clk	D	Q^{n+1}	功能说明
1	1	1	置 1
1	0	0	置 0
0	×	Q^n	保持

基本锁存器电路模块如图 5-4 所示，这是一个电平触发型锁存器。它的工作时序如图 5-5 所示，从波形显示可以看出，当时钟 clk 为高电平时，其输出 Q 的值才会随输入 D 的数据变化而更新。当clk为低电平时，锁存器将保持原来clk为高电平时锁存的值。

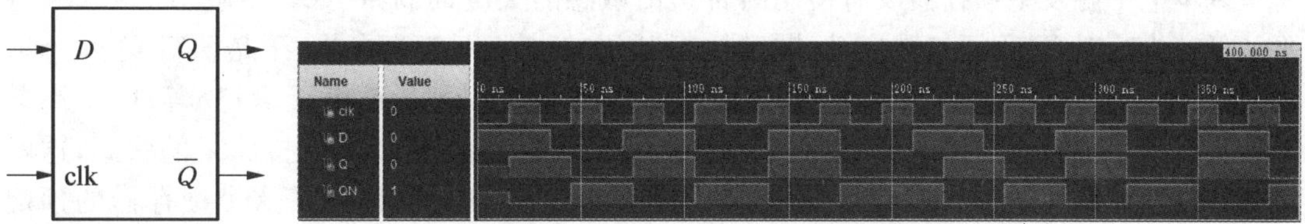

图 5-4　基本 D 锁存器框图

图 5-5　基本 D 锁存器的时序波形图

程序 5.1　D 锁存器数据流描述程序。

```
module D_latch
(
    input clk,
    input D,
    output Q,
    output QN
);
    wire f1, f2, f3, f4;
    assign f1 = ~(f3 & f2);
    assign f2 = ~(f1 & f4);
    assign f3 = ~(D & clk);
    assign f4 = ~(~D & clk);
    assign Q = f1;
    assign QN = f2;
endmodule
```

程序 5.2　基本电平触发型锁存器的另外一种 Verilog HDL 描述。

```
module D_latch_1
(
    input clk,
    input D,
    output reg Q,
    output QN
);
    always @ (clk, D)              //也可以是 always @ *
        if (clk)
        begin
            Q <= D;
            QN <= ~D;
        end
endmodule
```

基本电平触发型锁存器没有使用时钟边沿敏感的关键词 posedge。当敏感信号 clk 电平从低变为高时，过程语句被启动，顺序执行 if 语句，此 clk 为高电平，于是执行 Q <= D 和 QN <= ~D，把 D 和~D 的数据分别更新至 Q 和 QN，然后结束 if 语句；当 clk 从高电平变为低电平或者保持低电平时都不会触发过程，锁存器的输出 Q 保持原来的状态，这就意味着在设计模块中引入了存储元件，而此处省略的 else 分支描述了这个锁存器的预期行为。

2. 含清 0 控制的锁存器

含异步清 0 控制的锁存器电路模块如图 5－6 所示，它的工作时序如图 5－7 所示。程序 5.3 和程序 5.4 分别是它的两种不同风格的 Verilog HDL 描述。

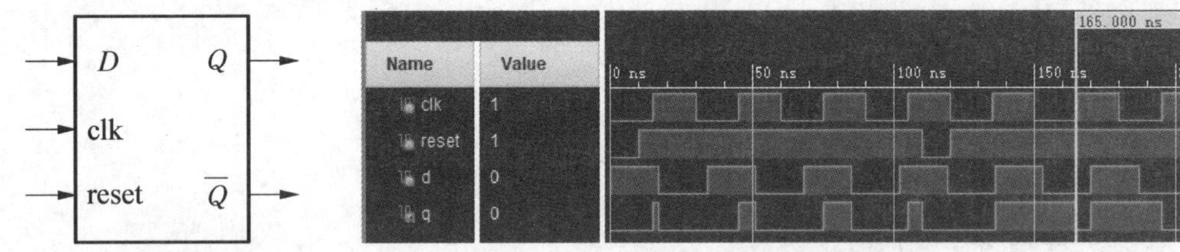

图 5－6　含异步清 0 控制的锁存器模块图

图 5－7　含异步清 0 控制的锁存器的时序波形图

程序 5.3　含异步清 0 控制锁存器的一种 Verilog HDL 描述。

```
module latch_reset_1
(
    input clk, reset,
    input d,
    output q
);
    assign q = (! reset)? 0:(clk? d:q);
endmodule
```

程序 5.4　含异步清 0 控制锁存器的另外一种 Verilog HDL 描述。

```
module latch_reset_2
(
    input clk, reset,
    input d,
    output reg q
);
    always @ (clk, d, reset)
    if (! reset)
        q <= 0;
    else if (clk)
        q <= d;
endmodule
```

程序5.3中的描述使用了具有并行语句特色的连续赋值语句，其中使用了条件运算操作。程序5.4使用的是过程语句，把数据信号d、复位信号reset和时钟信号clk都列在敏感信号列表中，从而实现reset的异步特性和clk的电平触发特性。

5.2　触发器

触发器(flip-flop)是一种具有存储、记忆二进制码功能的器件，对脉冲边沿敏感。触发器分为D触发器、T触发器、T'触发器和JK触发器等。D触发器是逻辑电路中最基本的存储元件，上升沿触发的D触发器是最简单的D触发器。下面主要学习D触发器的结构、原理以及用Verilog HDL语言编写D触发器的程序。

5.2.1　实现上升沿触发的D触发器

如图5-8所示的电路是一个上升沿触发的D触发器，即在时钟clk的上升沿，D的值被锁存在Q^n中。

下面分析如图5-8所示电路的原理。与非门1和与非门2形成一个如图5-1所示的RS锁存器。当$\bar{R}$和$\bar{S}$(即图5-8中的反馈信号f5和f4)都为1时，该锁存器处于存储状态。假设，时钟信号clk为0，D为1，那么信号f5和f4都将为1，RS锁存器处于存储状态。同时f6将变为0，f3为1。如果时钟信号clk为1，这将会使f4($\bar{S}$)变为0，输出Q被置为1。如果现在输入D为0，而时钟信号clk仍然为1，那么f6将变为1。只要时钟信号clk为1，f3也将保持为1。这就意味着f4仍然为0，因此输出Q保持状态1不变。也就是说，一旦输出Q在时钟信号上升沿被置为1，那么即使输入D变为0，输出Q仍然保持为1。而当时钟信号变为0时，f5和f4都将为1，那么输出锁存器处于存储状态，输出Q保持为1。

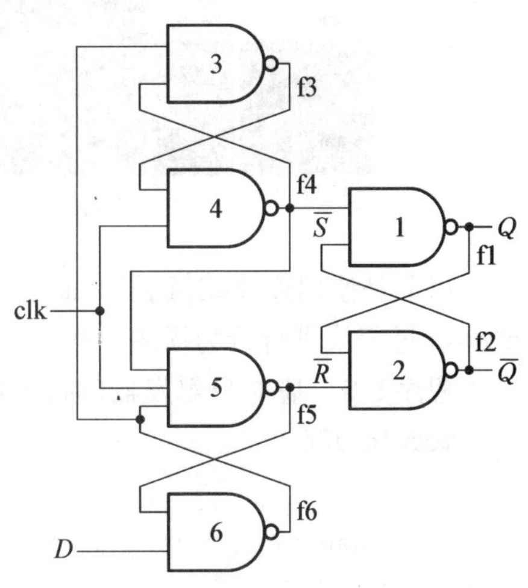

图5-8　正边沿触发的D触发器

现在让时钟信号clk和D都为0，那么f5和f4都将为1，RS锁存器处于存储状态。此时，信号f3和f6将分别为0和1。假设，时钟信号clk变为1，则f5为0，输出Q被清零。如果现在输入D为1，时钟信号clk仍为1，因为f5为0，所以f6将保持为1，则输出Q保持为0不变。而当时钟信号变为0时，f5和f4都将为1，那么输出锁存器处于存储状态，输出Q保持为0。

程序5.5　上升边沿触发的D触发器程序。

```
module D_flip_flop
(
    input clk,
    input D,
    output Q,
```

```
    output QN
);
    wire f1, f2, f3, f4, f5, f6;
    assign f1 = ~(f4 & f2);
    assign f2 = ~(f1 & f5);
    assign f3 = ~(f6 & f4);
    assign f4 = ~(f3 & clk);
    assign f5 = ~ (f4 & clk & f6);
    assign f6 = ~(f5 & D);
    assign Q = f1;
    assign QN = f2;
endmodule
```

如图 5-9 所示为程序的仿真结果。

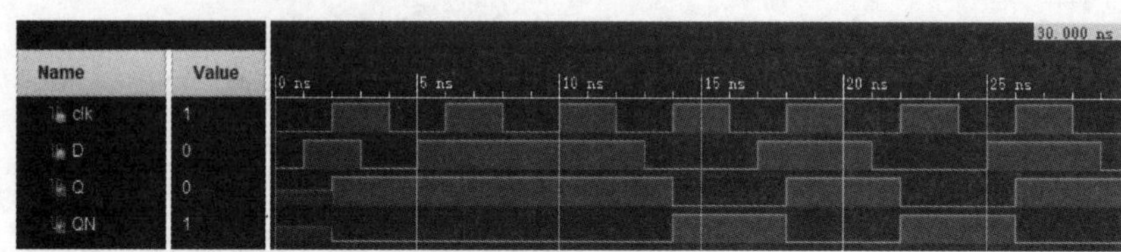

图 5-9　基本 D 触发器的时序波形

以上是使用连续赋值语句(assign)对电路进行了数据流描述,对时序电路更多地使用 always 过程块进行行为描述。程序 5.6 给出了基本 D 触发器行为描述的代码。

程序 5.6　基本 D 触发器的行为描述。

```
module dff
(
    input clk,
    input d,
    output reg q
);
    always @ (posedge clk)
        q <= d;
endmodule
```

程序 5.6 使用了过程语句,时序电路通常都是用过程语句来进行描述。在过程语句的敏感列表中的 posedge clk 是时钟的上升沿检测函数,posedge(positive edge)指定时钟信号的变化方向为由 0 变为 1。这表明状态变化总是在 clk 信号的上升沿触发,反映出触发器边沿触发的特性。注意,输入信号 d 不包含在敏感列表中。这就验证了输入信号 d 只在时钟信号的上升沿进行采样,其值的改变并不会立即改变输出信号。与 posedge clk 对应的还有 negedge clk,它是时钟下降沿敏感的描述。

5.2.2　带异步置位和复位的正边沿触发的 D 触发器

如图 5－10 所示，我们可以在 D 触发器电路的基础上增加一个异步的置位和复位信号。当输入 S 为 1 时，输出 Q 立即变为 1，而不用等到下一个时钟上升沿的到来。同样地，当 R 为 1 时，不用等到下一个时钟上升沿的到来，输出 Q 立即变为 0。

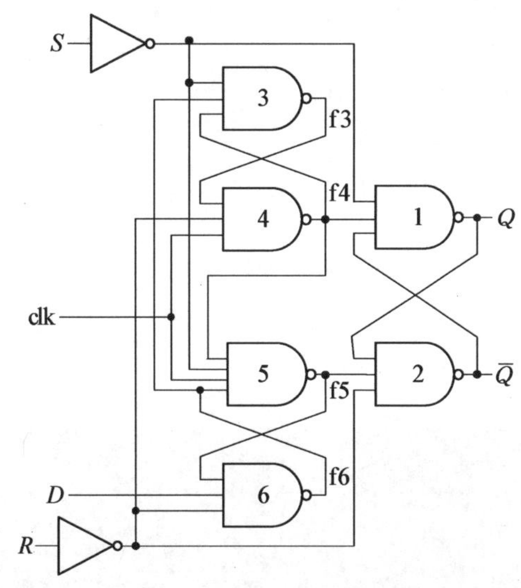

图 5－10　带异步置位和复位的正边沿触发的 D 触发器

带异步置位和复位的正边沿触发的 D 触发器符号如图 5－11 所示，其功能表见表 5－4，其实现代码见程序 5.7，其仿真波形图见图 5－12。

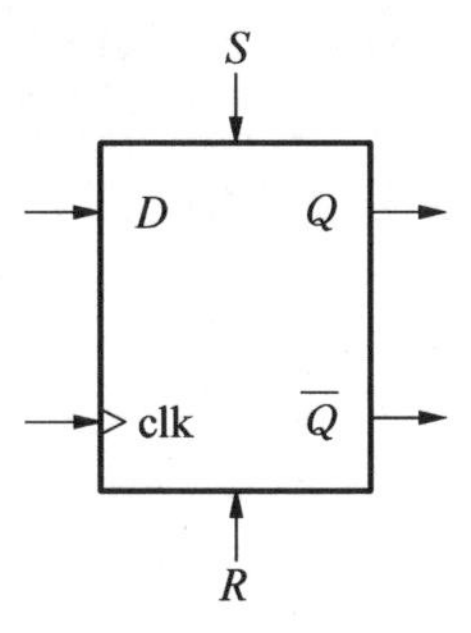

图 5－11　带异步置位和复位的正边沿触发的 D 触发器符号

表 5－4　带异步置位和复位的正边沿触发 D 触发器功能表

clk	R	S	D	Q^{n+1}
↑	0	0	0	0
↑	0	0	1	1
×	0	1	×	1
×	1	0	×	0
×	1	1	×	不允许
0	0	0	×	Q^n

程序 5.7　带异步置位和复位的正边沿触发的 D 触发器程序。

```
module D_flipflopcs
(
    input clk,
    imput D,
    input S,
```

```
    input R,
    output Q,
    output QN
);
    wire f1, f2,f3, f4, f5, f6;
    assign f1 = ~(f4 & f2 & ~S);
    assign f2 = ~(f1 & f5 & ~R);
    assign f3 = ~(f6 & f4 & ~S);
    assign f4 = ~(f3 & clk & ~R);
    assign f5 = ~(f4 & clk & f6&~S);
    assign f6 = ~(f5 & D & ~R);
    assign Q = f1;
    assign QN = f2;
endmodule
```

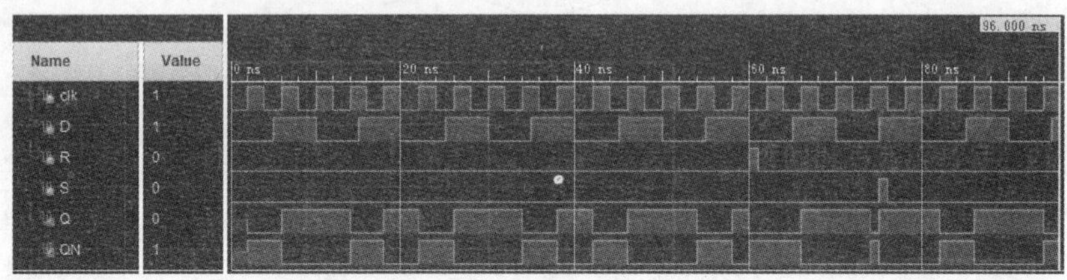

图 5-12　带异步置位和复位的正边沿触发的 D 仿真波形图

含异步复位的 D 触发器也可以用 always 描述，reset 脚的高电平能够在任意时刻复位 D 触发器，而不受时钟信号控制，它实际上比定期采样输入优先级更高。使用异步复位信号违反了同步设计方法，因此应该在正常操作中避免，其主要应用于执行系统初始化。例如，在打开系统电源之后，可以生成一个短的复位脉冲迫使系统进入初始状态。其实现代码见程序 5.8。

程序 5.8　含异步复位 D 触发器 always 描述。

```
module dff_ reset
(
    input clk, reset,
    input d,
    output reg q
);
    always @ (posedge clk, posedge reset)
    begin
        if (reset)
            q <= 1'b0;
        else
            q < = d;
```

```
    end
endmodule
```

注意,reset 信号的上升沿也包括在敏感列表中,同时在 if else 语句中要首先检查其值。如果 reset 信号为 1,则将 q 信号置为 0。这里所谓的“异步”是指独立于时钟控制器。即在任何时刻,只要 reset 是高电平,触发器输出端 q 的输出即为低电平。

5.2.3　含异步复位和同步使能的 D 触发器

更加实用的 D 触发器包含一个额外的控制信号 en,能够控制触发器进行输入值采样,如图 5-13 所示,其功能表见表 5-5,其时序波形如图 5-14 所示。注意,使能信号 en 只有在时钟上升沿来临时才会生效,所以它是同步信号。如果 en 没有置 1,触发器将保持先前的值。实现代码见程序 5.9。

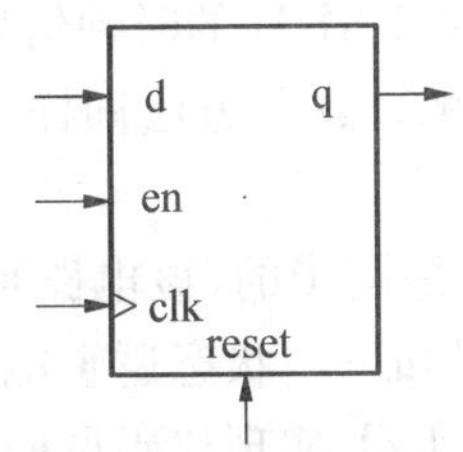

图 5-13　含异步复位和同步使能的 D 触发器的符号

表 5-5　含异步复位和同步使能的 D 触发器功能表

clk	reset	en	q
×	1	×	0
0	0	×	q
1	0	×	q
↑	0	0	q
↑	0	1	d

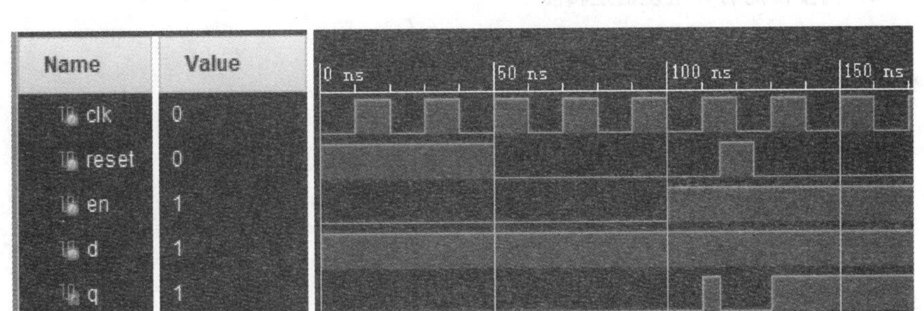

图 5-14　含异步复位和同步使能的 D 触发器的时序波形

程序 5.9　含异步复位和同步使能的 D 触发器的实现代码。

```
module dff_reset_en_1seg
(
    input clk, reset,
    input en,
    input d,
    output reg q
);
    always @ (posedge clk, posedge reset)
    begin
```

```
        if (reset)
            q <= 1'b0;
        else if (en)
            q <= d;
    end
endmodule
```

注意,第二个 if 语句后没有 else 分支。根据 Verilog HDL 语法,变量如果没有被赋新值则保持其先前的值。如果 en 等于 0,q 将保持原值。因此,省略的 else 分支描述了这个触发器的预期行为。

D 触发器的使能特性在同步快子系统和慢子系统时是非常有用的。例如,假设快子系统和慢子系统的时钟频率分别为 50 MHz 和 1 MHz。我们可以生成一个周期性的使能信号,每 50 个时钟周期使能一个时钟周期,而不是另外派生出一个 1 MHz 的时钟信号来驱动慢子系统。慢子系统在其余 49 个时钟周期中是保持原来状态的。这种方法同样可应用于消除门控时钟信号。

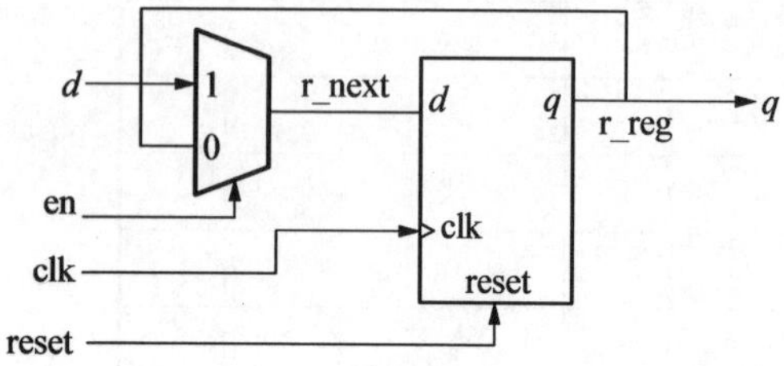

图 5-15 同步使能的 D 触发器逻辑图

由于使能信号是同步的,该电路可以由一个常规的 D 触发器和下一状态逻辑电路构成。其框图如图 5-15 所示,实现代码见程序 5.10。

程序 5.10 两段式含异步复位和同步使能的 D 触发器实现代码。

```
module dff_reset_en_2seg
(
    input clk, reset,
    input en,
    input d,
    output reg q
);
    reg r_reg, r_next;
    always @ (posedge clk, posedge reset)
    begin
        if (reset)
            r_reg <= 1'b0;
        else
            r_reg <= r_next;
    end
    //next-state logic
    always @ *
    begin
        if (en)
            r_next = d;
```

```
        else
            r_next = r_reg;
    end
    //output logic
    always @ *
    q = r_reg;
endmodule
```

为了清晰起见,代码使用了后缀 next 和 reg 强调下一状态输入值和触发器的输出,它们分别与 D 触发器的 d 和 q 信号连接。

5.3　寄存器

寄存器是用来暂时存储二进制数据的电路,由具有存储功能的锁存器或触发器构成。寄存器按功能不同可分为基本寄存器和移位寄存器。基本寄存器主要实现数据的并行输入、并行输出。移位寄存器主要实现数据的串行输入、串行输出。

5.3.1　1 位寄存器

在 5.2 节的讨论中。我们知道 D 触发器可以用于位信号的存储。如果 D 为 1,那么在时钟的上升沿,D 触发器的输出 Q 将变为 1;如果 D 为 0,那么在时钟的上升沿,D 触发器的输出 Q 将为 0。在实际的数字系统中,一般 D 触发器的时钟输入端始终都有时钟信号输入。这就意味着在每个时钟的上升沿,当前的 D 值都将被锁存在 Q 中,而时钟的变化频率通常是几百万次每秒。为了设计一个 1 位寄存器,它可以在需要时从输入线 in_data 加载一个值,给 D 触发器增加一根输入线 load,当想要从 in_data 加载一个值时,就把 load 设置为 1,那么在下一个时钟上升沿 in_data 的值将被存储在 Q 中。1 位寄存器的电路如图 5-16 所示,框图如图 5-17 所示,其 Verilog HDL 描述见程序 5.11 和 5.12,图 5-18 是其信号仿真结果。

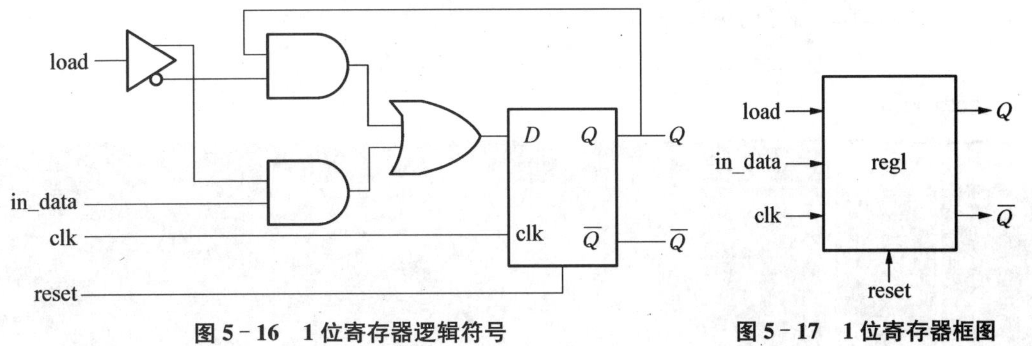

图 5-16　1 位寄存器逻辑符号　　图 5-17　1 位寄存器框图

程序 5.11　1 位寄存器程序 1。

```
module reg1bit_1
(
    input load,
```

```
    input clk,
    input reset,
    input in_data,
    output reg Q
);
    wire D;
    assign D = Q & ~load | in_data & load;
    //D 触发器
    always @ (posedge clk or posedge reset)
        if (reset = = 1)
            Q <= 0;
        else
            Q <= D;
endmodule
```

程序 5.12 1 位寄存器程序 2。

```
module reg1bit_2
(
    input clk, reset,
    input in_data,
    input load,
    output reg Q
);
    //带 load 信号的 1 位寄存器
    always @ ( posedge clk, posedge reset)
        if (reset)
            Q <= 0;
        else if (load = = 1)
            Q <= in_data;
endmodule
```

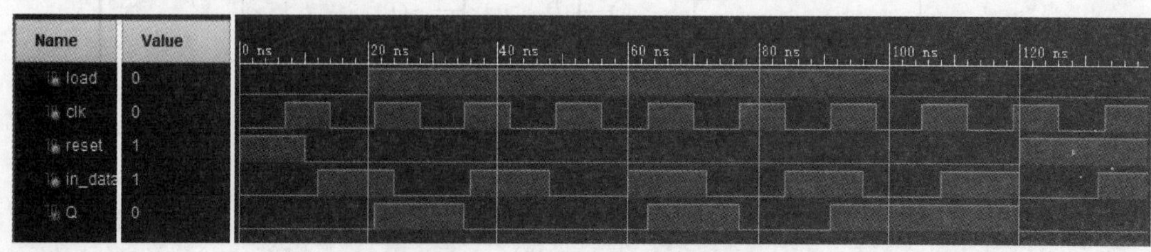

图 5 - 18　1 位寄存器的仿真时序图

从图 5 - 18 中可以看出，当 load 信号为 0 时，输入线上的数据 in_data 不会在每个时钟 clk 的上升沿被不断地重新加载到 Q，寄存器的输出 Q 保持不变；当 load 信号为 1 时，在下一个时钟 clk 的上升沿，Q 就变为 in_data 的值。

5.3.2　4 位寄存器

我们将 4 个如图 5－15 所示的带有 load 和 clk 信号的 1 位寄存器模块组合到一起，构成如图 5－19 所示的 4 位寄存器(图中省略了公共的 reset 信号)框图。程序 5.13 实现了 4 位寄存器。

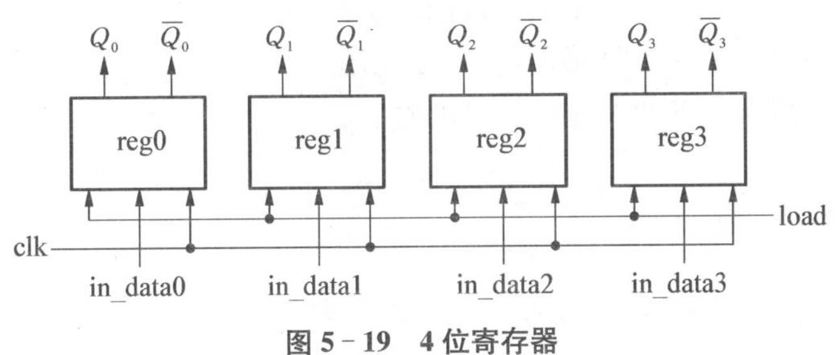

图 5－19　4 位寄存器

程序 5.13　4 位寄存器程序。

```
module reg4bit
(
    input load,
    input clk,
    input reset,
    input [3:0] in_data,
    output reg [3:0] Q
);
    //带 load 信号的 4 位寄存器
    always @ (posedge clk or posedge reset)
        if (reset)
            Q <= 0;
        else if (load == 1)
            Q <= in_data;
endmodule
```

4 位寄存器的仿真波形图如图 5－20 所示。

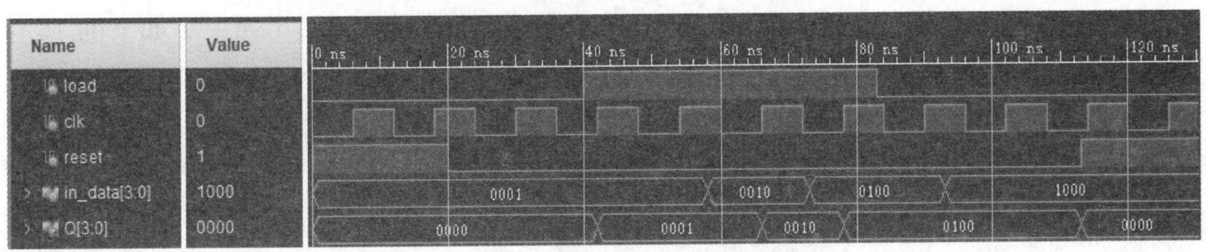

图 5－20　4 位寄存器的仿真时序图

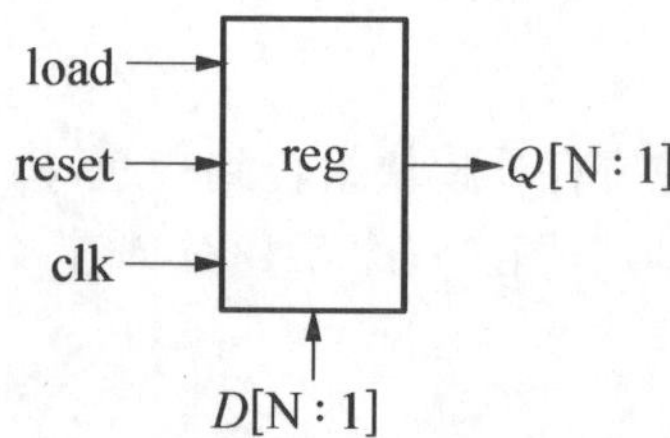

图 5-21　N 位寄存器逻辑符号

5.3.3　N 位寄存器

如果把 N 个 1 位寄存器模块组合起来，就可以构成一个 N 位寄存器，和 1 位寄存器不同之处在于，把输入 D 和输出 Q 定义为一个 N 位的数组。N 位寄存器的逻辑如图 5-21 所示，其 Verilog HDL 描述见程序 5.14，当 $N=8$ 时，其仿真结果如图 5-22 所示。

程序 5.14　N 位寄存器的 Verilog HDL 描述。

```
module reg_N
#(parameter N= 8)
(
    input clk,
    input reset,
    input[N - 1:0] D,
    input load,
    output reg[N - 1:0] Q
);
    always @ (posedge clk, posedge reset)
        if (reset)
            Q <= 0;
        else if (load = = 1)
            Q <= D;
endmodule
```

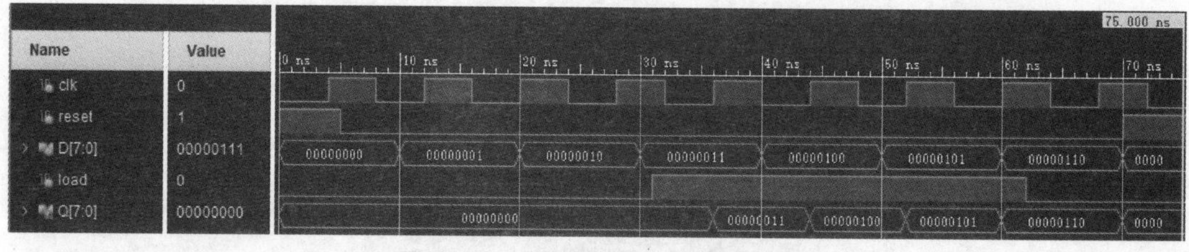

图 5-22　8 位寄存器的仿真时序图

在程序 5.14 中使用 parameter 语句，是为了使总线宽度可调。默认状态下，总线宽度为 8。如果想修改寄存器的位宽，可以使用 Verilog 的实例化语句，例如实现一个如下的 16 位寄存器，名称为 fReg：

```
reg_N #(.N(16))
fReg (.clk(clk),
    .reset(reset),
    .load(load),
    .D(D),
    .Q(Q)
);
```

5.3.4 寄存器组

寄存器组是由一组拥有同一个输入端口和一个或多个输出端口的寄存器组成。写地址信号 w_addr 指定了数据存储位置，读取地址信号 r_addr 指定数据检索位置。寄存器组通常用于快速、临时存储。程序 5.15 给出了一个参数化的寄存器组的实现代码。参数 W 指定了地址线的位数，表明在这个寄存器组中有 2^W 个字。参数 N 指定了一个字的位数。

程序 5.15 参数化的寄存器组 Verilog HDL 描述。

```
module reg_file
#(parameter  N = 8,              //位数
             W = 2)              //地址位数
(
    input clk,
    input wr_en,
    input [W - 1:0] w_addr, r_addr,
    input [N - 1:0] w_data,
    output [N - 1:0] r_data
);
    reg[N-1:0] array_reg[2**W-1:0];
    always @ (posedge clk)
        if (wr_en)
            array_reg[w_addr] <= w_data;
    assign r_data= array_reg[r_addr];
endmodule
```

这段代码包含了几个新的特性，首先，定义了一个二维数组的数据类型：reg [N−1:0] array_reg[2 ** W−1:0]；表示 array_reg 变量是一个含有[2 ** W−1:0]个元素的数组，每个元素的数据类型是 reg [N−1:0]。其次，一信号被用作索引来访问数组中元素，例如数组 array_reg[w_addr]。虽然描述非常抽象，但是 Xilinx 公司的软件能够识别出这种语言构造，并正确地执行。array_reg[…] = …和… = array_reg[…]语句分别表明解码和多路复用的逻辑。

一些应用程序可能需要同时检索多路数据，这可以通过添加额外的读取端口来解决。例如：

```
r_data2 = array reg[r_addr_2];
```

5.4 移位寄存器

移位寄存器不仅具有存储数据的功能，还具有移位的功能。一个 N 位的移位寄存器包含 N 个触发器。在每个时钟脉冲作用下，数据从一个触发器转移到另一个触发器。本节介绍移位寄存器的几种不同的 Verilog HDL 描述和设计方法。

5.4.1 右移寄存器

如图 5-23 所示是由 4 个 D 触发器组成的 4 位右移寄存器框图。其中 clk 为时钟信号，reset 为清零端，D_{in}为串行输入端，Q_{out}为串行输出端，Q_3～Q_0为并行输出端。程序 5.16 实现了 4 位右移寄存器。

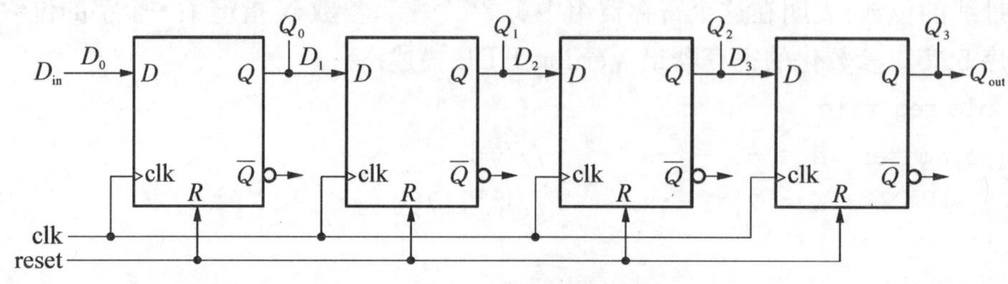

图 5-23　4 位右移寄存器框图

本小节中将用 Verilog HDL 程序实现具有右移功能的 4 位寄存器。注意：在 always 块中，要使用非阻塞赋值运算符"<="，而不能使用阻塞赋值运算符"="。前面我们已经讲过，当使用非阻塞赋值运算符"<="时，变量的值为进入 always 块时所拥有的值，即 always 块中赋值操作之前的值。在寄存器正常工作时，我们希望将 Q[0]的原值赋给 Q[1]，即在 always 块开始时所拥有的值，而非在 always 块中来自 D_{in}的值，所以要使用非阻塞赋值运算符"<="完成这一功能。如果使用阻塞赋值运算符"="，就不能有移位的功能，而仅仅是一个寄存器，即在时钟的上升沿所有的输出都获得 D_{in}的值。图 5-24 为 4 位右移寄存器仿真波形图。

程序 5.16　4 位右移寄存器程序。

```
module right_shift_reg
(
    input clk,
    input clr,
    input Din,
    output reg [3.0] Q
);
    //4 位移位寄存器
    always @ (posedge clk or posedge reset)
    begin
        if (reset = = 1)
            Q <= 0;
        else
        begin
            Q[0] <= Din;
            Q[3:1] <= Q[2:0];
        end
```

```
    end
endmodule
```

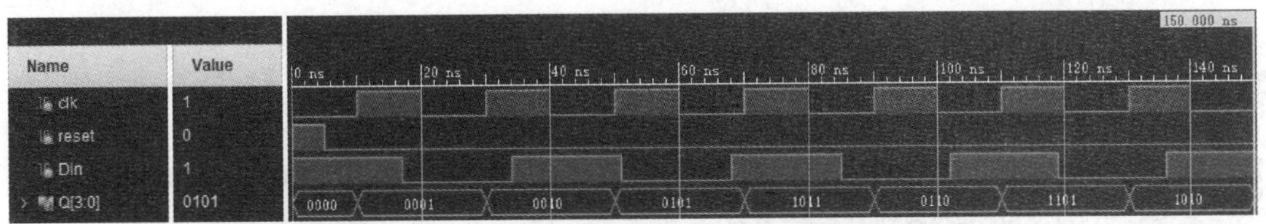

图 5 - 24　4 位右移寄存器仿真波形图

5.4.2　左移寄存器

如图 5 - 25 所示是由 4 个 D 触发器组成的 4 位左移寄存器框图。其中，clk 为时钟信号，reset 为清零端，D_{in}为串行输入端，Q_{out}为串行输出端，Q_3～Q_0为并行输出端。程序 5.17 实现了 4 位左移寄存器。

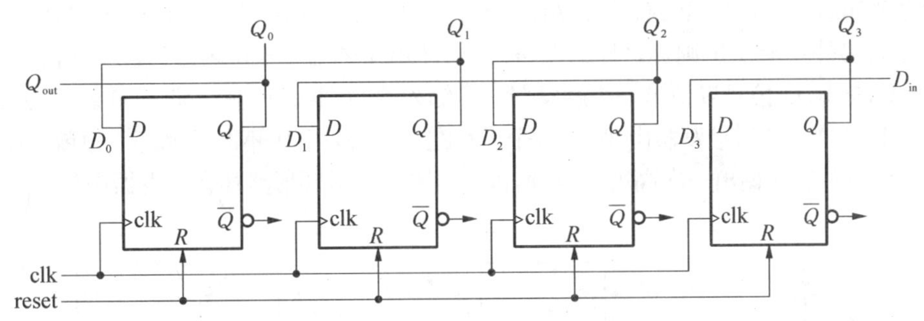

图 5 - 25　4 位左移寄存器框图

程序 5.17　4 位左移寄存器程序。

```
module left_shift_reg
(
    input clk,
    input reset,
    input Din,
    output reg [3:0] Q
);
    //4 位移位寄存器
    always @ (posedge clk or posedge reset)
    begin
        if (reset = = 1)
            Q <= 0;
        else
        begin
            Q[3] <= Din;
```

```
            Q[2:0] <= Q[3:1];
        end
    end
endmodule
```

图 5-26 为 4 位左移寄存器仿真波形图。

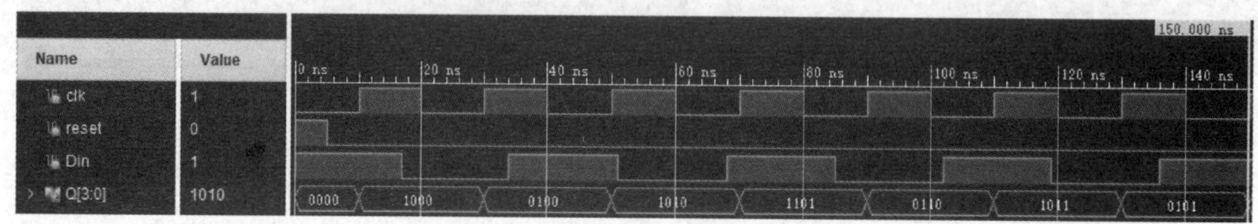

图 5-26　4 位左移寄存器仿真波形图

5.4.3　环形移位寄存器

如果把如图 5-25 所示的右移寄存器的 Q_3 与 D_0 相连，并且在这 4 个 D 触发器中只有一个输出为 1，另外 3 个为 0，则称这样的电路为环形移位寄存器。4 位环形移位寄存器框图如图 5-27 所示，把 reset 信号接到第一个触发器的 S 输入端，而不是 R 输入端，这样就把 Q_0 的值初始化设为 1，在这个环形触发器中，唯一一个 1 将在 4 个触发器中不断地循环。也就是说，各触发器每 4 个时钟周期输出一次高电平脉冲，该高电平脉冲沿环形路径在触发器中传递。

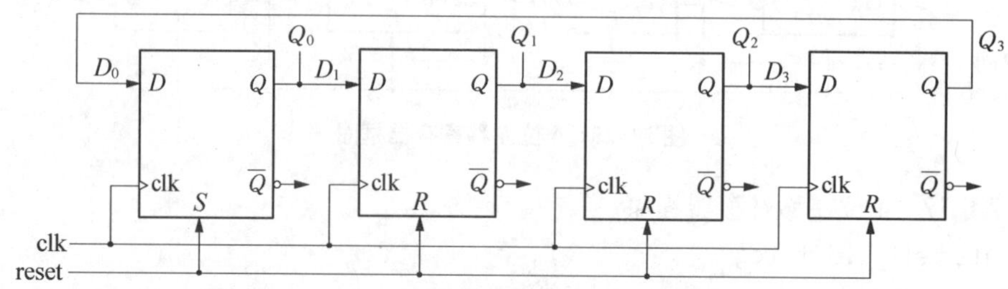

图 5-27　4 位环形移位寄存器框图

程序 5.18 给出了如图 5-27 所示环形移位寄存器的 Verilog HDL 程序。其中 reset 的值被置为 1，即 Q_3、Q_2、Q_1 都为 0，Q_0 为 1，仿真结果如图 5-28 所示。

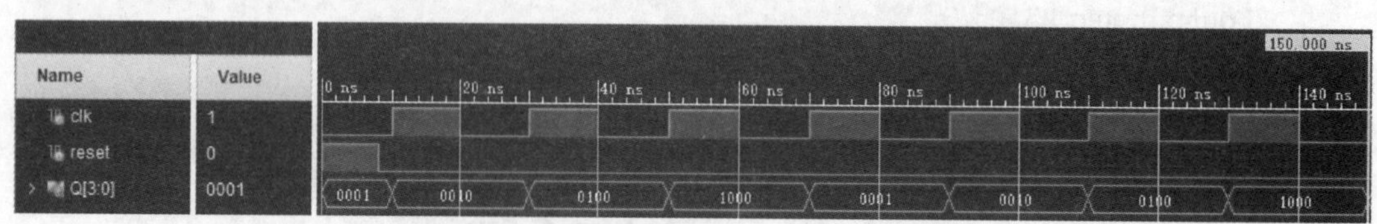

图 5-28　4 位环形移位寄存器仿真波形图

程序 5.18　4 位环形移位寄存器程序。

```
module ring_reg4
(
    input clk,
```

```
    input reset,
    output reg [3:0] Q
);
    //4 位环形移位寄存器
    always @ (posedge clk or posedge reset)
    begin
        if (reset == 1)
            Q <= 1;
        else
        begin
            Q[0] <= Q[3];
            Q[3:1] <= Q[2:0];
        end
    end
endmodule
```

5.4.4　按键消抖电路

当按下 FPGA 实验板卡上的任何一个按键时,在它们稳定下来之前都会有几毫秒的轻微抖动。这就意味着输入 FPGA 中的并不是清晰的从 0 到 1 的变化,而可能在几毫秒的时间里有从 0 到 1 的来回抖动。在时序电路中,如果在一个时钟信号上升沿到来时发生这种抖动,可能产生严重的错误。因为时钟信号改变的速度要比按键抖动的速度快,这可能把错误的值锁存到寄存器中。所以,在时序电路中使用按键时,消除它们的抖动是非常重要的。

如图 5－29 所示的电路可以用于消除按键输入信号 inp 产生的抖动。输入时钟信号 clk 的频率必须足够低,这样才能够使按键抖动在 3 个时钟周期结束之前消除。一般会使用频率为 190 Hz 的时钟 cclk。

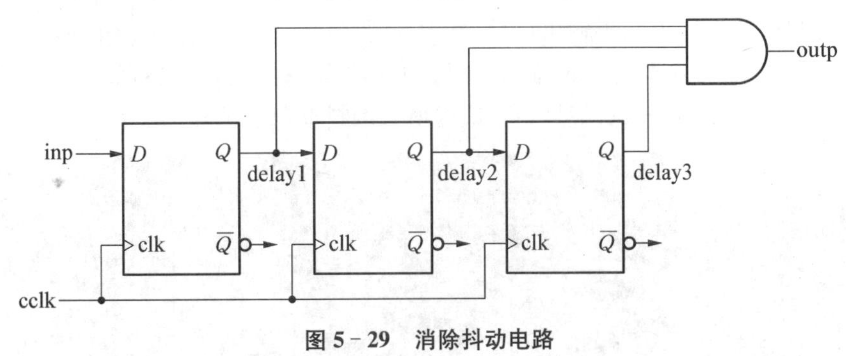

图 5－29　消除抖动电路

程序 5.19　消除抖动程序。

```
module debounce4
(
    input [3:0] inp,
    input cclk,
```

```
    input reset,
    output [3:0] outp
);
    reg [3:0] delay1;
    reg [3:0] delay2;
    reg [3:0] delay3;
    always @ (posedge cclk, posedge reset)
    begin
        if (reset == 1)
        begin
            delay1 <= 4'b0000;
            delay2 <= 4'b0000;
            delay3 <= 4'b0000;
        end
        else
        begin
            delay1 <= inp;
            delay2 <= delay1;
            delay3 <= delay2;
        end
    end
    assign outp = delay1 & delay2 & delay3;
endmodule
```

图 5 - 30 为消除抖动电路的仿真波形图，可通过观察仿真结果来理解这个电路是如何消除抖动的。测试程序中，把 inp[0]作为抖动输入信号，从图中可以看到，在按下按键和释放按键时都出现了抖动，但结果输出信号 outp[0]是一个没有抖动的干净信号。这是因为，只有输入信号在连续 3 个时钟周期都为 1 时，输出才为 1；反之，输出将保持为 0。因此，使用一个低频率的时钟信号 cclk，就是为了确保所有的抖动都被消除。

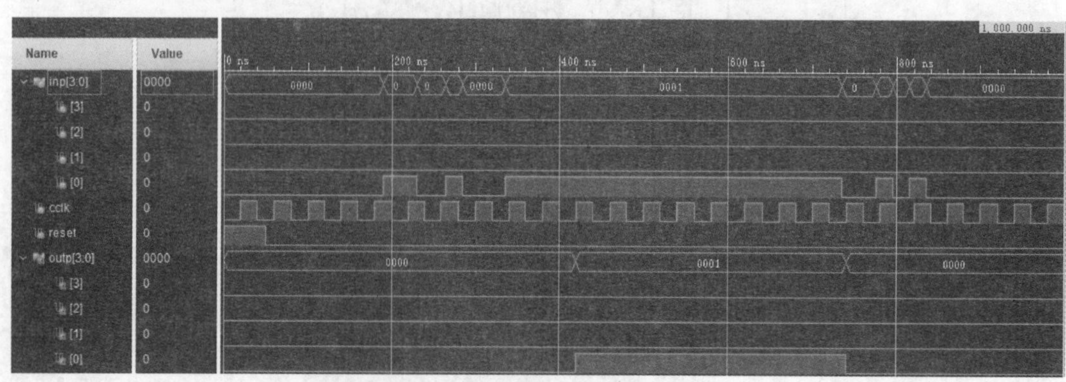

图 5 - 30　消除抖动电路仿真波形图

在实验中经常要利用按键产生脉冲，比如在移位寄存器实验用按键产生移位脉冲，这样以便手动控制移位的节奏，其电路如图 5－31。与图 5－29 的按键消除抖动电路唯一不同的是，其与门最后一个输入的是 $\overline{\text{delay3}}$。程序 5.20 实现了该功能，其仿真结果如图 5－32 所示。

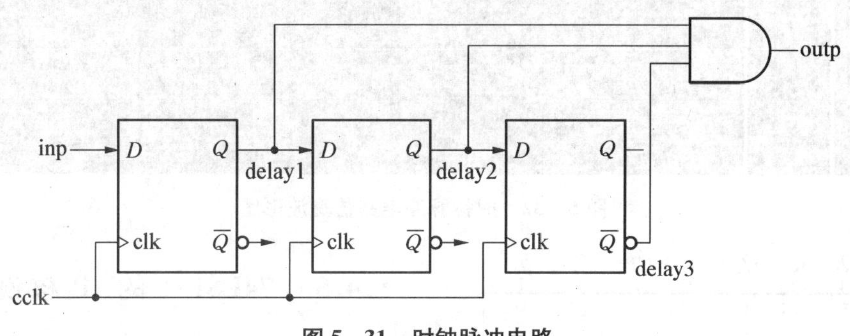

图 5－31　时钟脉冲电路

程序 5.20　按键产生时钟脉冲。

```
module clock_pulse
(
    input inp,
    input cclk,
    input reset,
    output outp
);
    reg delay1;
    reg delay2;
    reg delay3;
    always @ (posedge cclk, posedge reset)
    begin
        if (reset = = 1)
        begin
            delay1 <= 0;
            delay2 <= 0;
            delay3 <= 0;
        end
        else
        begin
            delay1 <= inp;
            delay2 <= delay1;
            delay3 <= delay2;
        end
    end
```

```
    assign outp = delay1 & delay2 & ~delay3;
endmodule
```

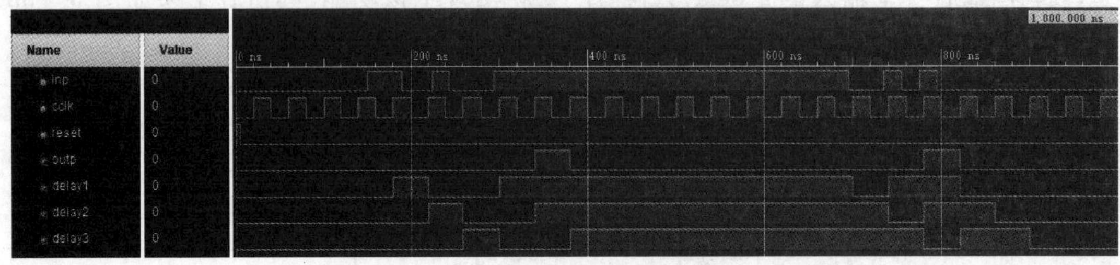

图 5-32　时钟脉冲电路仿真波形图

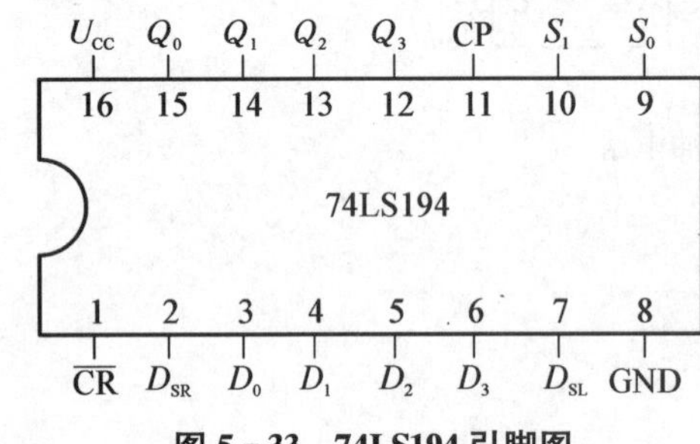

图 5-33　74LS194 引脚图

5.4.5　74LS194 的 IP 核设计及其应用

74LS194 是 4 位同步双向移位寄存器。其输入有串行左移输入、串行右移输入和 4 位并行输入三种方式。其引脚如图 5-33 所示，其功能表见表 5-6。

表 5-6　74LS194 功能表

功能	输入										输出			
	$\overline{CR}$	S_1	S_0.	CP	D_{SL}	D_{SR}	D_0	D_1	D_2	D_3	Q_0^{n+1}	Q_1^{n+1}	Q_2^{n+1}	Q_3^{n+1}
复位	0	×	×	×	×	×	×	×	×	×	0	0	0	0
保持	1	×	×	0	×	×	×	×	×	×	Q_0^n	Q_1^n	Q_2^n	Q_3^n
置数	1	1	1	↑	×	×	D_0	D_1	D_2	D_3	D_0	D_1	D_2	D_3
左移	1	1	0	↑	1	×	×	×	×	×	Q_1^n	Q_2^n	Q_3^n	1
左移	1	1	0	↑	0	×	×	×	×	×	Q_1^n	Q_2^n	Q_3^n	0
右移	1	0	1	↑	×	1	×	×	×	×	1	Q_0^n	Q_1^n	Q_2^n
右移	1	0	1	↑	×	0	×	×	×	×	0	Q_0^n	Q_1^n	Q_2^n
保持	1	0	0	×	×	×	×	×	×	×	Q_0^n	Q_1^n	Q_2^n	Q_3^n

1. 74LS194 的 IP 核设计

程序 5.21　移位寄存器 74LS194。

```
module Reg_74LS194
(
    input CR_n,
    input CP,
    input S0, S1,
    input Dsl, Dsr,
```

```
    input D0, D1, D2, D3,
    output Q0, Q1, Q2, Q3
);
    reg [0:3] q_reg = 4'b0000;
    wire[1:0] S;
    assign S = {S1, S0};
    always @ (posedge CP , negedge CR_n)
    begin
        if (! CR_n)
             q_reg <= 4'b0000;
        else
             case (S)
                 2'b00: q_reg <= q_reg;                //保持
                 2'b01: q_reg <= {Dsr, q_reg[0:2]}; //右移,向高位移
                 2'b10: q_reg <= {q_reg[1:3], Dsl}; //左移,向低位移
                 2'b11: q_reg <= {D0, D1, D2, D3};  //置数
                 default: q_reg <= 4'b0000;
             endcase
    end
    assign Q0 = q_reg[0];
    assign Q1 = q_reg[1];
    assign Q2 = q_reg[2];
    assign Q3 = q_reg[3];
endmodule
```

其仿真结果如图 5 - 34 所示。

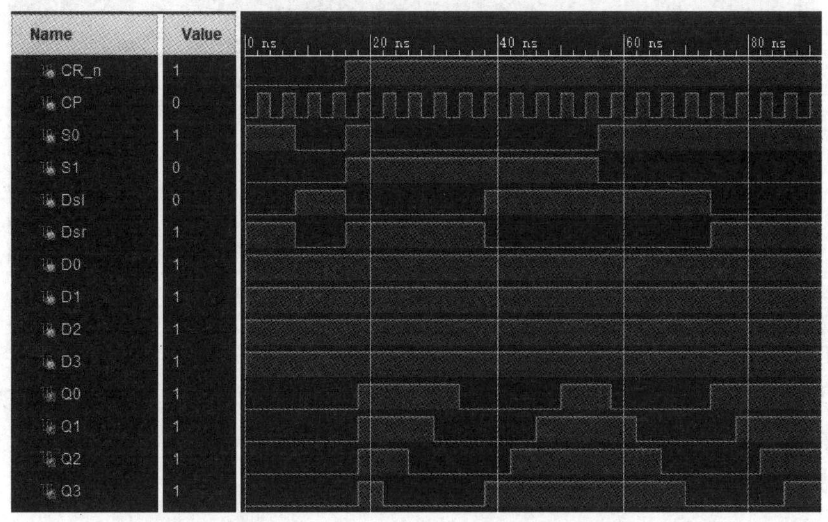

图 5 - 34　74LS194 IP 核仿真波形图

2. 74LS194 的简单应用

利用 74LS194 构成 8 位双向移位寄存器的电路如图 5-35 所示，其中，当 G=0 时，数据右移；当 G=1 时，数据左移。8 位双向移位寄存器的仿真结果如图 5-36 所示。

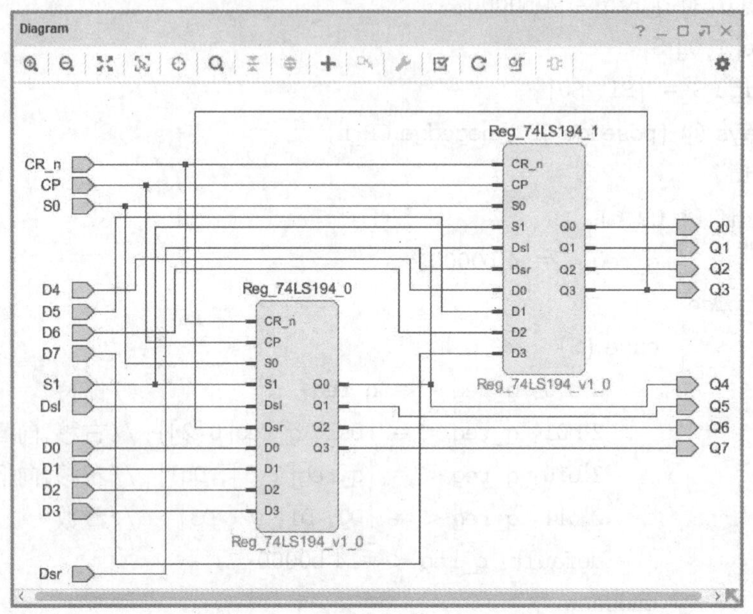

图 5-35 8 位双向移位寄存器的电路

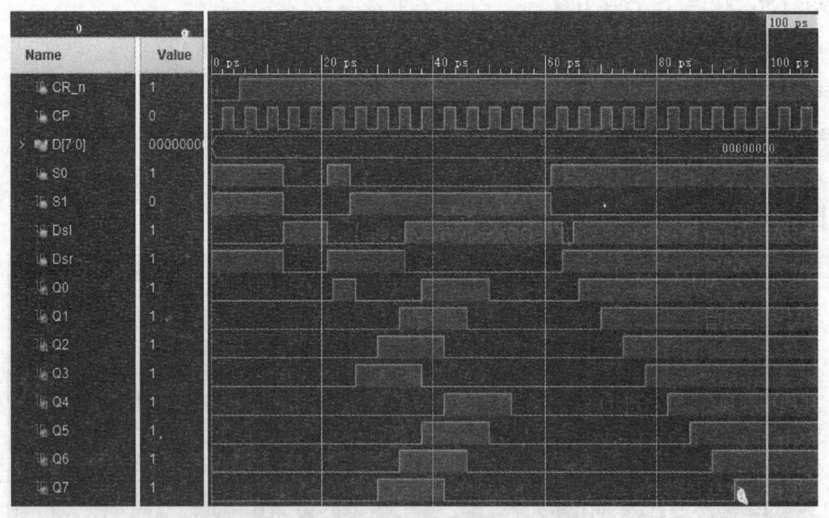

图 5-36 8 位双向移位寄存器仿真波形图

除了用 2 片 74LS194 实现 8 位双向移位寄存器，我们充分发挥编程的灵活性，可以用更加方便的方法实现 8 位或者 N 位双向移位寄存器。程序 5.22 用代码设计法实现了 8 位通用移位寄存器，两位控制信号为 S。

程序 5.22 8 位通用移位寄存器代码法实现。

```
module Univ_shift_reg
```

```
# (parameterN = 8)
(
    input clk, reset;
    input [1:0] S;
    input [N - 1:0] D;
    output [N - 1:0] Q
);
    //信号声明:
    reg[N-1:0] r_reg, r_next;                        //寄存器
    always @ (posegde clk, posedge reset)
    if (reset)
        r_reg<= 0;
    else
        r_reg<= r_next;                              //next-state logic
    always @ *
    case (S)
        2'b00: r_next = r_reg;
        2'b01: r_next = {r_reg([N-2:0], D[0])};      //左移
        2'b10: r_next = {D[N-1], r_reg([N-1:1])};    //右移
        default: r_next = D;                         //载入
    endcase
    assign Q = r_reg;                                //输出逻辑
endmodule
```

程序 5.22 中,把通用移位寄存器分为组合逻辑和时序逻辑两部分,各用一个 always 块来进行描述。使用 4 选 1 的多路选择器来选择寄存器所需下一状态逻辑的值。注意,D 的最低位和最高位被用来作为串行输入的左移和右移操作,有的移位寄存器有单独的串行右移和左移输入端,如 74LS194。

5.5 计数器

计数器在数字系统中主要作用是记录脉冲的个数,以实现计数、定时、产生节拍脉冲、脉冲序列等功能。计数器由基本的计数单元和一些控制门组成,计数单元则由一系列具有存储信息功能的 D 触发器构成。计数器的种类繁多,按数的进制不同,计数器可分为二进制、十进制、N 进制计数器。

5.5.1 二进制计数器

二进制计数器就是按照二进制规律进行计数的计数器。

1. 3 位二进制计数器

3 位二进制计数器(加法),从“000”“001”…至“111”然后反复循环。图 5 - 37 为 3 位二

进制计数器的状态转换图。在每一个时钟上升沿，计数器就会从一个状态转移到另一个状态。如图 5－37 所示的状态转换真值表见表 5－7。

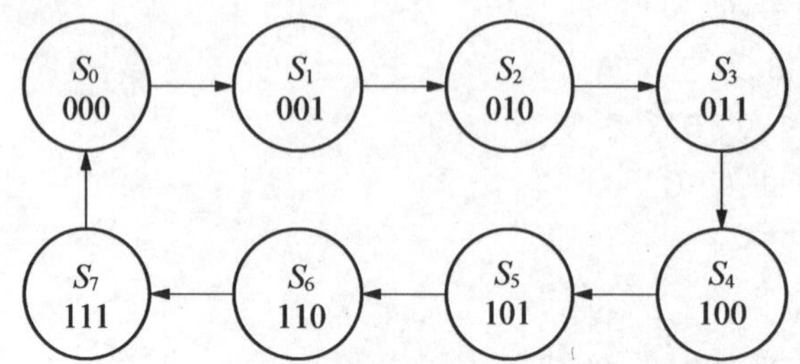

图 5－37　3 位二进制计数器的状态转换图

表 5－7　3 位二进制计数器的状态转换真值表

状态编号	现态	次态
	$Q_2Q_1Q_0$	$Q_2^{n+1}Q_1^{n+1}Q_0^{n+1}$
S0	000	001
S1	001	010
S2	010	011
S3	011	100
S4	100	101
S5	101	110
S6	110	111
S7	111	000

根据状态转换真值表，可以得到状态方程如下：

$$
\begin{aligned}
Q_2^{n+1} &= \overline{Q_2}Q_1Q_0 + Q_2\overline{Q_1} + Q_2\overline{Q_0} \\
Q_1^{n+1} &= \overline{Q_1}Q_0 + Q_1\overline{Q_0} \\
Q_0^{n+1} &= \overline{Q_0}
\end{aligned}
\tag{5-1}
$$

由于 D 触发器的特性方程为 $Q^{n+1}=D$，可以得到触发器的激励方程（也称激励函数），其结果如下：

$$
\begin{aligned}
D_2 &= \overline{Q_2}Q_1Q_0 + Q_2\overline{Q_1} + Q_2\overline{Q_0} \\
D_1 &= \overline{Q_1}Q_0 + Q_1\overline{Q_0} \\
D_0 &= \overline{Q_0}
\end{aligned}
\tag{5-2}
$$

计数器中的计数单元是由 D 触发器构成的，D 触发器的个数决定了计数的位数。3 位二进制计数器由 3 个 D 触发器构成，结合得到的激励方程，就可以画出如图 5－37 所示的 3 位二进制计数器逻辑电路图。这种设计方式也是传统的设计方法，较繁琐。

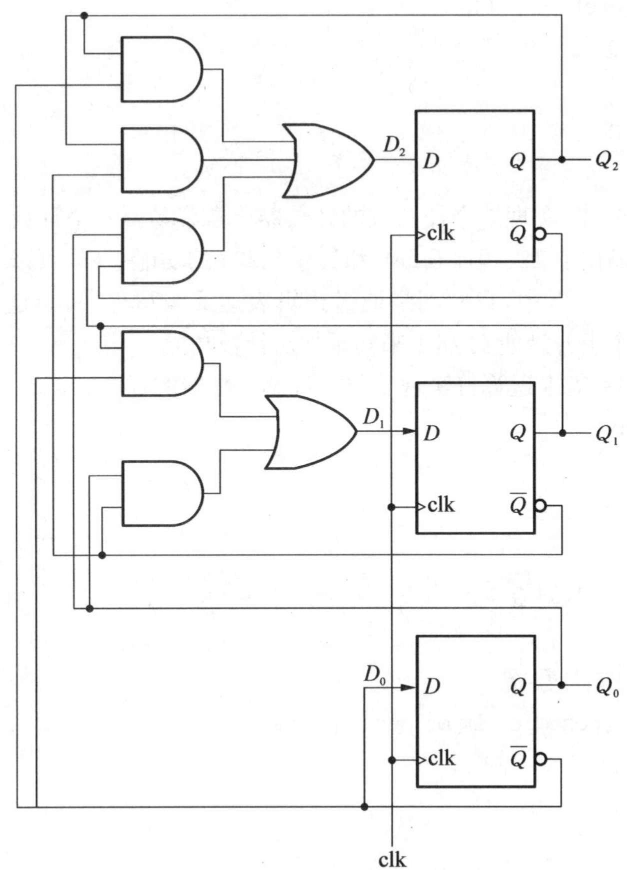

图 5-38　3 位二进制计数器的逻辑电路图

根据式(5-2)编写 3 位二进制计数器的程序见程序 5.23a。

注意:程序中输入的只有时钟和清零信号。在不清零的情况下,只要时钟连续输入,输出就不断地从 000 至 111 循环计数。

程序 5.23a　利用逻辑表达式设计 3 位二进制计数器的程序。

```
module count3a
(
    input reset,
    input clk,
    output reg [2:0] Q
);
    wire [2:0] D;
    assign D[2] = ~Q[2] & Q[1] & Q[0] | Q[2] & ~Q[1] | Q[2] & ~Q[0];
    assign D[1] = ~Q[1] & Q[0] | Q[1] & ~Q[0];
    assign D[0] = ~Q[0];
    //3 个 D 触发器
    always @ (posedge clk or posedge reset)
```

```
        if (reset = = 1)
            Q <= 0;
        else
            Q <= D;
endmodule
```

在 Verilog HDL 中，实现一个任意位的计数器非常容易。一个计数器的行为就是在每个时钟的上升沿使输出加 1。程序 5.23b 和程序 5.23a 的功能一样，可以实现一个 3 位的计数器。注意：在程序 5.23b 中，我们不是通过逻辑表达式编写程序，而是在 always 块中，利用算术运算符在每个上升沿使 Q 加 1 来实现加法计数功能。

程序 5.23b 利用算术运算符实现 3 位二进制计数器的程序。

```
module count3b
(
    input reset,
    input clk,
    output reg [2:0] Q
);
    //3 位二进制计数器
    always @ (posedge clk or posedge reset)
        if(reset = = 1)
            Q <= 0;
        else
            Q <= Q+1;
endmodule
```

程序 5.23a 和程序 5.23b 所得的仿真结果是一样的，如图 5－39 所示。观察图 5－38 可以发现，Q[0]的波形频率是时钟频率的一半，Q[1]的波形频率是 Q[0]频率的一半，Q[2]的波形频率是 Q[1]频率的一半。这样，信号 Q[2]的频率就是时钟频率的 1/8。所以，我们称这种 3 位计数器为 8 分频计数器。

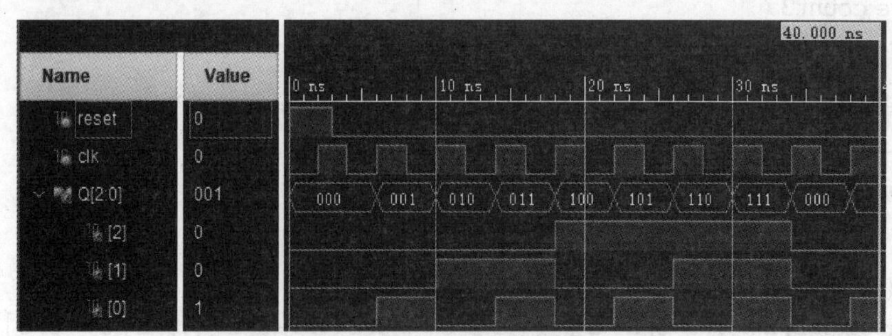

图 5－39 3 位二进制计数器仿真波形图

2. N 位二进制计数器

程序 5.24 使用 parameter 语句，实现了一个通用的 N 位计数器。这里取 N 的值为 8。8 位计数器将从 00000000 计数到 11111111，它的仿真结果如图 5－39 所示。

程序 5.24　N 位二进制计数器。

```
module countN
#(parameter N = 8)
(
    input reset,
    input clk,
    output reg [N-1:0] Q,
    output cout           //进位输出
);
    //N 位二进制计数器
    always @ (posedge clk or posedge reset)
    begin
        if (reset == 1)
            Q <= 0;
        else
            Q <= Q+1;
    end
    assign cout = (regN == 2**N - 1)? 1'b1:1'b0;
endmodule
```

从图 5-40 中可以看出此计数器的工作过程：当复位端 reset 为高电平时，在时钟 clk 的上升沿，完成对计数器的复位；在复位端为低电平时，计数器在下一个时钟上升沿从 00000000 开始计数，直至计满 11111111 后，再溢出为 00000000，此时计数器的进位端 cout 输出一个 clk 周期的高电平，同时计数器从并行输出端口 Q 同步输出当前计数器的值。

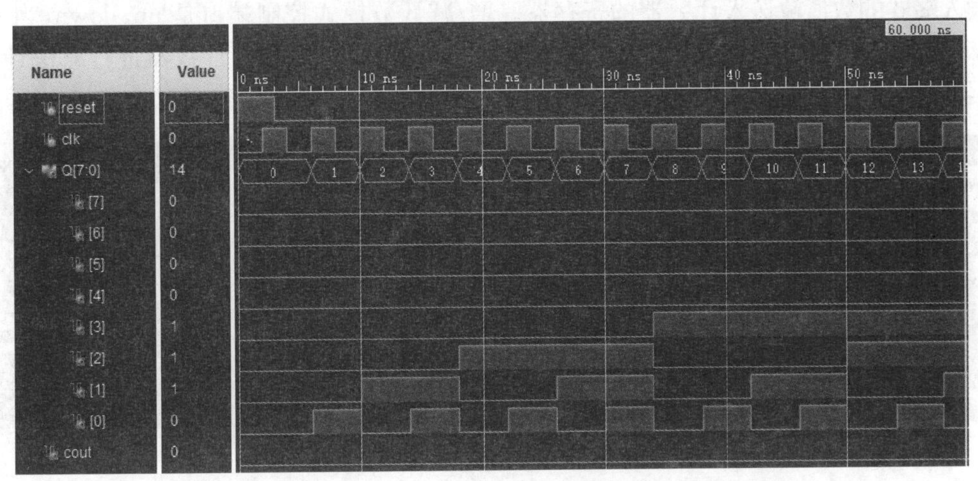

图 5-40　8 位二进制计数器仿真波形图

3. 通用二进制计数器

通用二进制计数器具有更多功能，例如可以实现增/减计数、暂停、预置初值、同时还具有同步清 0 等功能。参数化的通用二进制计数器实现代码见程序 5.25。

程序 5.25 通用 N 位二进制计数器。

```
module counter_univ_bin_N
#(parameter N = 8)
(
    input clk, reset, load, up_down,
    input [N - 1:0] d,
    output [N - 1:0] qd
);
    reg [N - 1:0] regN;
    always @ ( posedge clk)
        if (reset)
            regN <= 0;
        else if (load)
            regN <= d;
        else if (up_down)
            regN <= regN + 1;
        else
            regN <= regN - 1;
    assign qd = regN;
endmodule
```

当采用默认参数 N=8 时，程序 5.26 描述的 8 位二进制计数器的仿真波形如图 5-41 所示。计数器采用同步工作方式，同步时钟输入端口是 clk。复位端口 reset 为高电平时，计数器在 clk 时钟上升沿进行计数器清 0。预置控制端口是 load，当 load 为高电平时，预置数据输入端 d 的数值被送入计数器的寄存器。增/减计数模式控制端口是 up_down，当 up_down 为高电平时，计数器进行加法计数，当 up_down 为低电平时，计数器进行减法计数。数据输出端口实时输出计数器的计数值。

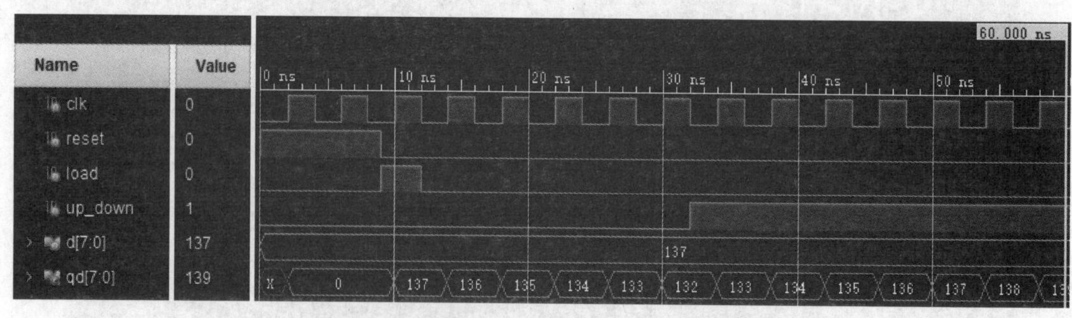

图 5-41 通用 8 位二进制计数器仿真波形图

5.5.2 模 m 计数器

模 m 计数器的计数值从 0 增加到 m-1，然后循环。参数化的模 m 计数器实现代码见程序 5.26。它有两个参数：参数 M，它指定了计数模值 m；参数 N，它指定了计数器所需的位数，应该是大于等于 $\log_2 M$ 的最小整数。程序 5.26 中计数器的默认值是模 10，它的仿真工作波形如图 5－42 所示。

程序 5.26　模 m 计数器。

```
module counter_mod_m
    # (parameter N = 4,           //计数器位数
    parameter M = 10)             //模 M 默认为 10
(
    input clk, reset,
    output [N- 1:0] qd,
    output cout
);
    reg[N - 1:0] regN;
    always @ ( posedge clk)
    if(reset)
        regN <= 0;
    else if (regN < (M - 1))
        regN <= regN + 1;
    else
        regN <= 0;
    assign qd = regN;
    assign cout = (regN == (M - 1)) ? 1'b1:1'b0;
endmodule
```

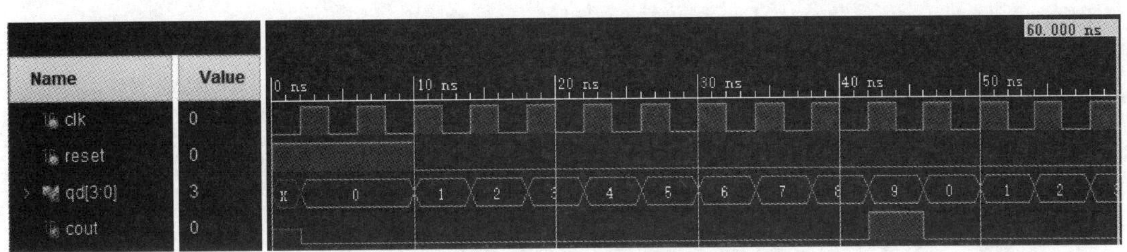

图 5－42　模 10 计数器仿真波形图

5.5.3　74LS161 的 IP 核设计

74LS161 是可预置 4 位二进制数的同步加法计数器。74LS161 的引脚图如图 5－43 所示，其功能表如表 5－8 所示。其中 $\overline{CR}$ 为异步复位端，低电平有效；CP 为时钟脉冲输入端；$\overline{LD}$ 为并行输入控制端。

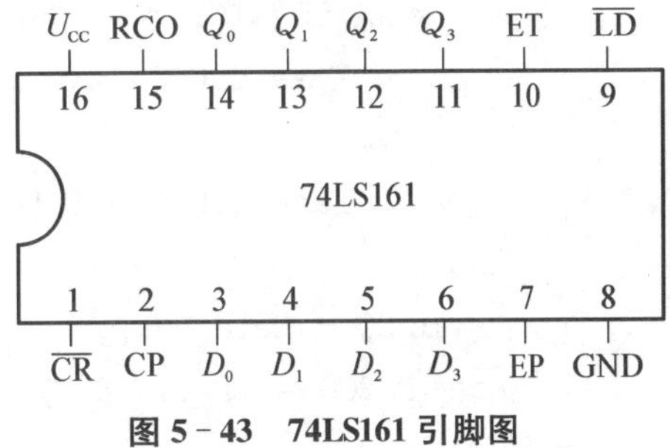

图 5－43　74LS161 引脚图

表 5-8 74LS161 功能表

工作方式	输入						输出
	$\overline{CR}$	CP	EP	ET	$\overline{LD}$	D_n	Q_n
复位	0	×	×	×	×	×	0
置数	1	↑	×	×	0	1/0	1/0
保持	1	×	0	0	1	×	保持
	1	×	0	1	1	×	保持
	1	×	1	0	1	×	保持
计数	1	↑	1	1	1	×	计数

程序 5.27 计数器 74LS161。

```
module ls161
(
    input CR_n,
    input CP,
    input [3:0] D,
    input LD_n,
    input EP,
    input ET,
    output [3:0] Q,
    output RCO
);
    reg [3:0] Data_out;
    always @(posedge CP , negedge CR_n)
    begin
        if (CR_n = = 0)
            Data_out <= 0;
        else if (LD_n = = 0)
            Data_out <= D;
        else if (LD_n = = 1 && EP = = 1 && ET = = 1)
            Data_out<= Data_out + 1;
        else
            Data_out <= Data_out;
    end
    assign Q = Data_out;
    assign RCO = EP & ET & (Q = = 4'b1111);
endmodule
```

其仿真结果如图 5-44 所示。

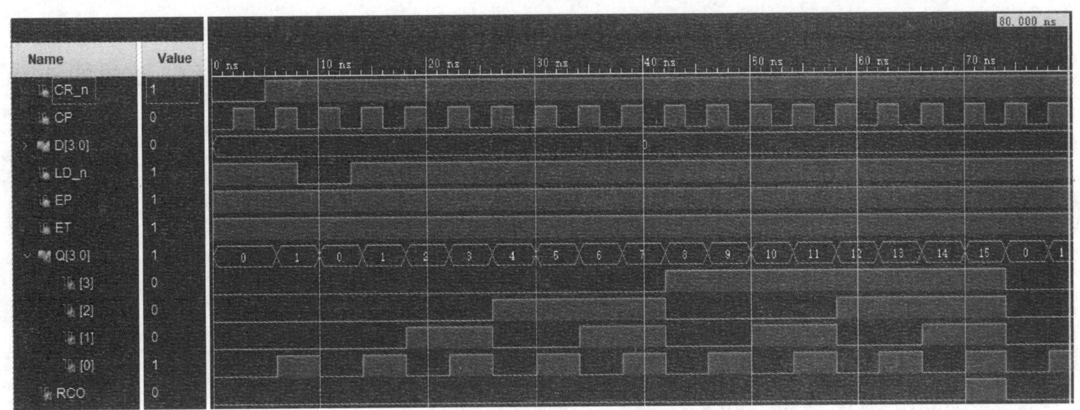

图 5-44　74LS161 仿真波形图

5.6　设计实例

在学习了以上一些简单的时序电路之后，在本节中，我们将讨论几个更为复杂的时序电路设计。

5.6.1　脉冲宽度调制

脉冲宽度调制(pulse width modulation，PWM)是利用微处理器的数字输出来对模拟电路进行控制的一种非常有效的技术。广泛应用于测量、通信、功率控制与变换的许多领域。本节将介绍如何产生 PWM 信号。

1. PWM 原理

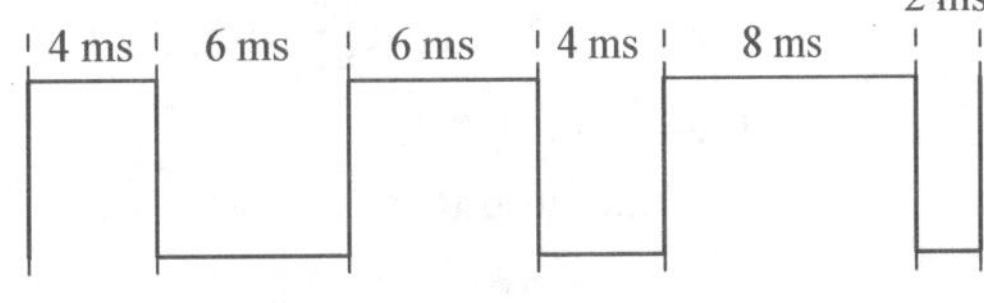

图 5-45　PWM 波形

图 5-45 所示的是 1 个周期是 10 ms，即频率是 100 Hz 的波形，但是每个周期内，高低电平脉冲宽度各不相同，这就是 PWM 的本质。在这里大家要记住一个概念，叫作“占空比”。占空比是指高电平的时间占整个周期的比例。比如第一部分波形的占空比是 40%，第二部分波形占空比是 60%，第三部分波形占空比是 80%，这就是 PWM 的解释。

那为何它能对模拟电路进行控制呢？大家想一想，我们数字电路里，只有 0 和 1 两种状态，比如我们 FPGA 的引脚控制 LED，当引脚为高电平时，小灯就会长亮；当引脚为低电平时，小灯就会灭掉。当我们让小灯亮和灭间隔运行的时候，小灯是闪烁。

如果我们把这个间隔不断的减小，减小到我们的肉眼分辨不出来，也就是 100 Hz 以上的频率，这个时候小灯表现出来的现象就是既保持亮的状态，但亮度又没有引脚一直是高电平时的亮度高。那我们不断改变时间参数，让引脚高电平的时间大于或者小于引脚低电平的时间，会发现亮度都不一样，这就是模拟电路的感觉了，不再是纯粹的 0 和 1，还有亮度不断变化。大家会发现，如果我们用 100 Hz 的信号，如图 5-45 所示，第一部分波形点亮4 ms，熄灭 6 ms，亮度最低，第二部分点亮 6 ms，熄灭 4 ms，亮度次之，第三部分点亮 8 ms，熄灭 2 ms，亮度最高。

2.设计实例

【例 5-1】　实现脉冲宽度调制器。

本例中，我们将介绍如何使用 Verilog HDL 程序产生脉冲宽度调制信号。它的基本思想是，使用一个计数器，当计数值 count 小于 duty 时，让 pwm 信号为 1；而当 count 大于等于 duty 时，让 pwm 信号为 0。当 count 的值等于 period-1 时，计数器将复位。这里的 duty 控制占空比，period 控制周期。

程序 5.28 实现脉冲宽度调制器的程序。

```
module pwmN
 #(parameter N = 4)
(
    input clk,
    input clr,
    input [N - 1:0] duty,
    input wire [N - 1:0] period,
    output reg pwm
);
    reg [N - 1:0] count;
    always @ (posedge clk or posedge clr)
        if (clr == 1)
            count <= 0;
        else if (count == period - 1)
            count <= 0;
        else
            count <= count + 1;
    always @ (*)
        if (count < duty)
            pwm <= 1;
        else
            pwm <= 0;
endmodule
```

图 5 - 46 为例 5 - 1 的仿真波形图。图中 duty 从 1 开始增加。当计数值 count 小于 duty 时，pwm 信号为 1，否则 pwm 信号为 0。period 为十六进制数 F，当 count 值等于十六进制数 E(period－1)时，在下一个时钟上升沿到来时，count 清零。

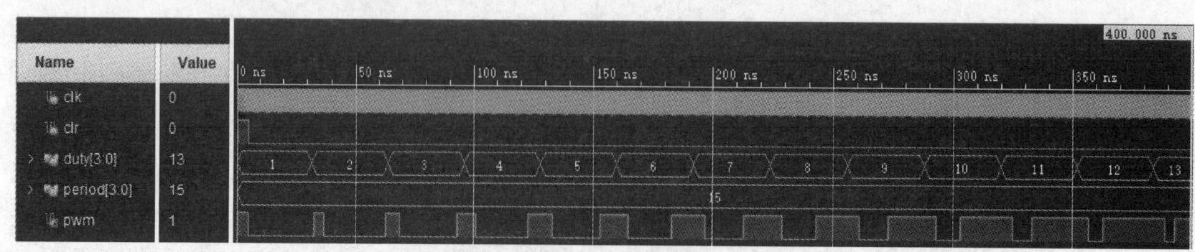

图 5 - 46 例 5 - 1 的仿真波形图

【例 5 - 2】 产生频率为 2 kHz 的 PWM 信号。

假设我们希望产生一个频率为 2 kHz 的 PWM 信号，那么它的周期就为 0.5 ms。

FPGA 实验板卡提供 100 MHz 的时钟频率。

程序 5.29　产生频率为 2 kHz 的 PWM 信号的程序。

```
module PWM2k
(
    input clk,
    input reset,
    input [15:0] duty,
    output reg pwm
);
    localparam PERIOD = 50000;          //100M/2K = 50000
    reg [15:0] q;                       //16 位计数器最大值超过 50000
    always @ (posedge clk or posedge reset)
    begin
        if (reset == 1)
            q <= 0;
        else
            if (q == PERIOD - 1)
                q <= 0;
            else
                q <= q + 1;
    end
    always @ ( * )
        if (q < duty)
            pwm <= 1;
        else
            pwm <= 0;
endmodule
```

如图 5 - 47 所示的仿真结果使用的是 duty 为 20 000、频率为 2 kHz 的 PWM 信号。

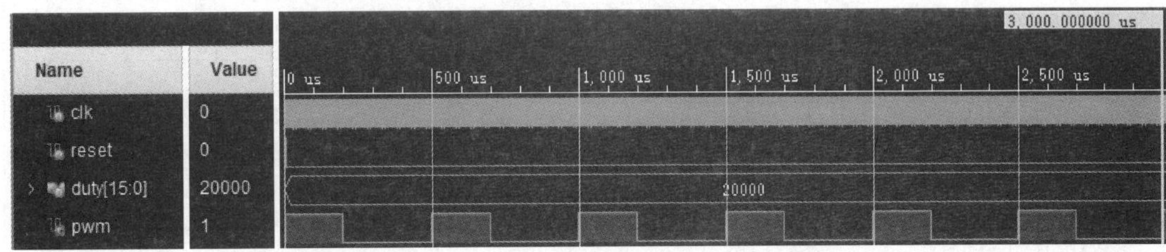

图 5 - 47　频率为 2 kHz 的 PWM 信号的仿真波形图

5.6.2　数码管扫描显示电路

在第 4 章的组合电路设计中，介绍了单个数码管显示电路的设计。每个数码管包括 7

个 LED 管和 1 个小圆点，需要 8 个 I/O 口来进行控制。采用这种控制方式，当使用多个数码管进行显示时，每个数码管都将需要 8 个 I/O 口。在实际应用中，为了减少 FPGA 芯片 I/O 口的使用数量，一般会采用分时复用的扫描显示方案进行数码管驱动。以四个数码管显示为例，采用扫描显示方案进行驱动时，四个数码管的 8 个段码并接在一起，再用 4 个I/O 口分别控制每个数码管的公共端，动态点亮数码管。这样只用 12 个 I/O 口就可以实现 4 个数码管的显示控制，比静态显示方式的 32 个 I/O 口数量大大减少。

如图 5－48 所示，在最右端的数码管上显示“3”时，并接的段码信号为“00001101”，4 个公共端的控制信号为“1110”。这种控制方式采用分时复用的模式轮流点亮数码管，在同一时间只会点亮一个数码管，数码管扫描显示电路时序如图 5－49 所示。分时复用的扫描显示利用了人眼的视觉暂留特性，如果公共端控制信号的刷新速度足够快，人眼就不会区分出 LED 的闪烁，认为 4 个数码管是同时点亮。

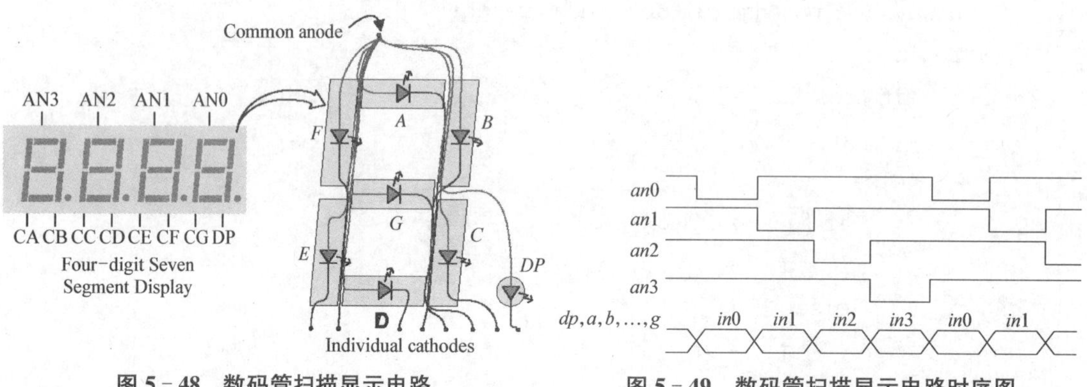

图 5－48 数码管扫描显示电路

图 5－49 数码管扫描显示电路时序图

FPGA 开发板上引脚 W5 的时钟频率为 100 MHz，我们可以参照表 5－9 得到不同频率的时钟分频器。

表 5－9 时钟分频器

q[i]	频率(Hz)	周期(ms)	q[i]	频率(Hz)	周期(ms)
I	100 000 000.00	0.000 01	12	12 207.03	0.081 92
0	50 000 000.00	0.000 02	13	6 103.52	0.163 84
1	25 000 000.00	0.000 04	14	3 051.76	0.327 68
2	12 500 000.00	0.000 08	15	1 525.88	0.655 36
3	6 250 000.00	0.000 16	16	762.94	1.310 72
4	3 125 000.00	0.000 32	17	381.47	2.621 44
5	1 562 000.00	0.000 64	18	190.73	5.242 88
6	718 250.00	0.001 28	19	95.37	10.485 76
7	390 625.00	0.002 56	20	47.68	20.971 52
8	195 312.50	0.005 12	21	23.84	41.943 04
9	97 656.25	0.010 24	22	11.92	83.886 08
10	48 828.13	0.020 48	23	5.96	167.772 16
11	24 414.06	0.040 96	24	2.98	355.544 32

分时复用的数码管显示电路模块含有四个控制信号 an3、an2、anl 和 an0，以及与控制信号一致的输出段码信号 sseg。控制信号的刷新频率必须足够快才能避免闪烁感，但也不能太快，以免影响数码管的开关切换。最佳工作频率为 100 Hz 左右，在我们的设计中，利用了一个 19 位二进制计数器对系统输入时钟进行分频得到所需工作频率，分频器最高两位即 q[18]位和 q[17]位用来作为控制信号，由表 5-8 可知，q[17]位的频率为 381.47Hz，因为有 4 个数码管，an[0]的刷新频率为 381.47Hz 除以 4，约等于 95Hz。四位数数码管动态扫描显示电路的 Verilog 实现代码见程序 5.30。

程序 5.30　四位数码管动态扫描显示电路。

```
module scan_led_disp
(
    input clk, reset,
    input [7:0] in3, in2, in1, in0,
    output reg [3:0] an,
    output reg [7:0] seg
);
    localparam N = 19;
    reg [ N- 1:0] regN;
    always @ (posedge clk, posedge reset)
        if (reset)
            regN <= 0;
        else
            regN <= regN + 1;
    always @ *
        case (regN[N-1:N-2])
            2'b00:
                begin
                    an = 4'b1110;
                    sseg = in0;
                end
            2'b01:
                begin
                    an = 4'b1101;
                    sseg = in1;
                end
            2'b10:
                begin
                    an = 4'b1011;
                    sseg = in2;
                end
```

```
            default:
                begin
                    an = 4'b0111;
                    sseg = in3;
                end
        endcase
endmodule
```

当利用程序 5.30 介绍的分时复用电路，在七段式数码管上显示十六进制数时，还需要四个译码电路，另外一个更好的选择是首先输出多路十六进制数据，然后将其译码。这种方案只需要一个译码电路，使 4 选 1 数据选择器的位宽从 8 位降为了 5 位(4 位 16 进制数和 1 位小数点)。实现代码见程序 5.31。除 clk 和 reset 信号之外，输入信号包括 4 个 4 位十六进制数据 hex3、hex2、hexl、hex0 和 dp_in 中的 4 位小数点。

程序 5.31 四位 16 进制数的数码管动态显示电路。

```
module scan_1ed_hex_disp
(
    input clk, reset,
    input [3:0] hex3, hex2, hexl, hex0,
    input [3:0] dp_in,
    output reg [3:0] an,
    output reg[7:0] sseg
);
    //对输入 100 MHz 时钟进行分频
    localparam N = 19;
    reg[N - 1:0] regN;
    reg[3:0] hex_in;
    always @ (posedge clk, posedge reset)
        if (reset)
            regN <= 0;
        else
          regN <= regN + 1;
        always @ *
        case (regN[N - 1:N - 2])
            2'b00:
            begin
                an = 4'b1110;
                hex_in = hex0;
                dp = dp_in[0];
            end
            2'b01:
```

```
        begin
            an = 4'b1101;
            hex_ in = hexl;
            dp = dp_in[1];
        end
        2'b10:
        begin
            an = 4'b1011;
            hex_in = hex2;
            dp = dp_ in[2];
        end
        default:
        begin
            an= 4'b0111;
            hex_in = hex3;
            dp = dp_in[3];
        end
    endcase
always @ *
begin
    case (hex_in)
        4'h0: sseg[6:0] = 7'b0000001;
        4'h1: sseg[6:0] = 7'b1001111;
        4'h2: sseg[6:0] = 7'b0010010;
        4'h3: sseg[6:0] = 7'b0000110;
        4'h4: sseg[6:0] = 7'b1001100;
        4'h5: sseg[6:0] = 7'b0100100;
        4'h6: sseg[6:0] = 7'b0100000;
        4'h7: sseg[6:0] = 7'b0001111;
        4'h8: sseg[6:0] = 7'b0000000;
        4'h9: sseg(6:0] = 7'b0000100;
        4'ha: sseg[6:0] = 7'b0001000;
        4'hb: sseg[6:0] = 7'bl100000;
        4'hc: sseg[6:0] = 7'b0110001;
        4'hd: sseg[6:0] = 7'b1000010;
        4'he: sseg[6:0] = 7'b0110000;
        default: sseg[6:0] = 7'b0111000; //4'hf
    endcase
    sseg[7] = dp;
```

```
    end
endmodule
```

我们可以在实际的 FPGA 电路中验证该设计，把 8 位开关数据作为两个 4 位无符号数据的输入，并使两个数据相加，将其结果显示在四位七段式数码管上。实现代码见程序 5.32。

程序 5.32 四位十六进制数的数码管动态显示测试。

```
module scan led_hex_disp_test
(
    input clk,
    input [7:0] sw,
    output [3:0] an,
    output [7:0] sseg
);
    wire[3:0] a, b;
    wire[7:0] sum;
    assign a = sw[3:0];
    assign b = sw[7:4];
    assign sum = {4'b0, a} + {4'b0, b};
    //实例化四位十六进制数动态显示模块
    scan_led_hex_disp scan_led_disp_unit
    (.clk(clk), .reset(1'b0),
    .hex3(sum[7:4]), .hex2(sum[3:0]), .hex1(b),. hex0(a),
    .dp_in(4'b1011), .an(an), .sseg(segg));
endmodule
```

许多时序逻辑电路一般工作在相对较低的频率，就像分时复用数码管电路中的使能脉冲一样。这可以通过使用计数器来产生只有一个时钟周期的使能信号。在这个电路中使用的是 19 位计数器：

```
localparam N = 19;
reg[N - 1:0] regN;
```

考虑到计数器的位数，仿真这种电路需要消耗大量计算时间（2^{19} 个时钟周期为一个周期）。因为我们的主要工作在于分时复用那段代码，大部分模拟时间被浪费了。更高效的方法是使用一个较小的计数器进行仿真，可以通过修改常量声明来实现：

```
localparam N = 4;
```

这样就只需要 2^4 个时钟周期为一个仿真周期，节约了大量时间，并且可以更好地观察关键操作。

最好定义参数 N，而不是将其设置为一个常量，在仿真与综合时可以方便修改代码。同时在实例化过程中，也可以对于仿真和综合设置不同的值。

5.6.3 秒表

在本节中，我们将讨论秒表的设计。秒表显示的时间分为 3 个十进制数字，从 00.0 到

99.9 秒循环计数。它包含一个同步清零信号 clr，使秒表返回 00.0，还包含一个启动信号 go，开始或者暂停计数。本设计是一个 BCD（二-十进制代码）编码的计数器。在这种格式中，一个十进制数由 4 位 BCD 数字表示。例如 139 表示为“0001 0011 1001”和下一个数字 140 表示为“0001 0100 0000”。

计数脉冲从 100 MHz 时钟源产生，首先需要一个最大值为 100 000 000－1 的计数器，每 0.1 秒生成一个时钟周期的脉冲，用于三位 BCD 计数器的计数时钟。本设计中，BCD 计数器采用同步设计方法进行设计。秒表的 Verilog HDL 描述见程序 5.33。

程序 5.33　秒表电路。

```
module stop_watch
(
    input clk,
    input go, clr,
    output[3:0] d2, d1, d0
);
    localparam COUNT_VALUE = 100000000 - 1;
    reg[23:0] ms_reg;
    reg[3:0] d2_reg, d1_reg, d0_reg;
    reg dp;
    wire ms_tick;
    reg[3:0] d2_next, d1_next, d0_next;
    always @ (posedge clk)
    begin
        if (clr == 0)
        begin
            ms_reg <= 24'b0;
            d2_reg <= 4'b0;
            d1_reg <= 4'b0;
            d0_reg <= 4'b0;
        end
        else if (go == 1)
        begin
            d2_reg <= d2_next;
            d1_reg <= d1_next;
            d0_reg <= d0_next;
            if (ms_reg < COUNT_VALUE)
                ms_reg<= ms_reg + 1;
            else
                ms_reg<= 24'b0;
        end
```

```
    end
    assign ms_tick = (ms_reg = = COUNT_VALUE)? 1'b1:1'b0;
    always @ *
    begin
        if (ms_tick)
        if (d0_reg ! = 9)
            d0_next = d0_reg + 1;
        else
        begin
            d0_next = 4b0;
            if (d1_reg ! = 9)
                d1_next = d1_reg + 1;
            else
            begin
                d1_next = 4'b0;
                if (d2_reg ! = 9)
                    d2_next = d2_reg + 1;
                else
                    d2_next = 4'b0;
            end
        end
    end
    assign d2 = d2_reg;
    assign d1 = d1_reg;
    assign d0 = d0_reg;
endmodule
```

为了验证程序 5.33 的秒表电路，可以把它与前面的十六进制分时复用数码管电路结合，显示出秒表的输出。实现代码见程序 5.34。注意，数码管的第一位显示 0，信号 go 和 clr 分别对应两个标号为 btn 的 I/O 口。

程序 5.34 秒表电路的测试例程。

```
module stop_watch_test
(
    input clk,
    input [1:0] btn,
    output [3:0] an,
    output [7:0] sseg
);
    wire[3:0] d2, d1, d0;
    //实例化 4 位 16 进制数动态显示模块
```

```
        scan_led_hex_disp scan_led_disp_unit(.clk(clk), .reset(1'b0),
        .hex3(4'b0), .hex2(d2), .hex1(d1), .hex0(d0), .dp_in(4'b1101), .an(an), .sseg(sseg));
        //实例化秒表
        stop_watch counter_unit
        (.clk(clk), .go(btn[1]), .clr(btn[0]), .d2(d2), .d1(d1), .d0(d0));
    endmodule
```

本章习题

1. 可编程的方波信号发生器设计。

一个可编程的方波发生器是可以产生用变量(逻辑 1 和逻辑 0)表示的方波。时间间隔由两个 4 位的无符号整数控制信号 m 和 n 指定。高电平持续时间和低电平持续时间分别是 m×100 ns 和 n×100 ns。

(1) 编写程序并且进行仿真验证。

(2) 下载到 FPGA 板上,利用按键输入 m 和 n,并且在示波器或逻辑分析仪上显示波形。

2. 4 位分辨率 PWM 电路设计。

一个 4 位分辨率 PWM 中,4 位控制信号 w 指定占空比。w 信号是一个无符号整数和占空比为 w/16,输入的占空比可以在数码管上进行显示。

(1) 设计一个 4 位分辨率的 PWM 电路,写出程序并且进行仿真验证。

(2) 将程序下载到 FPGA 板上,用示波器或逻辑分析仪进行验证。

3. LED 流水灯设计。

利用开发板上的 8 个 LED,实现流水灯。

(1) 时间间隔为 200 ms,电路的输入信号 en 进行启用或暂停流水,输入信号 dir 指定方向(向左或向右)。设计程序并且下载到 FPGA 板上进行验证。

(2) 用按键控制流水,按一下按键 LED 左移或右移一位,输入信号 dir 指定方向。设计程序并且下载到 FPGA 板上进行验证。

4. 增强秒表。

在 5.6.3 节描述的秒表设计基础上进行扩展:

(1) 添加一个额外的信号 up,来控制计数的方向。当 up 有效时,秒表进行正方向计时,否则进行倒计时。设计程序并且下载到 FPGA 开发板上验证。

(2) 添加分钟数字显示。数码管显示格式为 M. SS. D,D 代表 0.1 秒,它的范围是 0 到 9 之间;SS 表示秒,其范围是 00 和 59 之间;M 代表分钟,它的范围是 0 到 9 之间。设计程序并且下载到 FPGA 开发板上验证。

第 6 章

计数器架构

本章学习导言

计数器设计是 FPGA 的核心,计数器架构设计是最常用的架构之一。几乎所有的设计都要使用计数器,如统计接收了多少数据、发送了多少数据、判断脉冲宽度等计数。在 FPGA 设计中所有有关时间的内容都要通过计数器来实现,计时的本质是对时钟周期的计数,即以时钟周期为基准时间,通过计数多少个时钟周期来确定时间。计数器也经常用于状态指示,在 FPGA 设计中常用的标志(flag),如 led_flag 信号,led_flag 为 0 时 led 熄灭,led_flag 为 1 时将 led 点亮,led_flag 其实也是一种计数器,其值只有两个,即 0 和 1。

6.1 计数器架构八步法

本节主要介绍计数器架构八步法。在使用八步法前,先介绍一套严谨的计数器规则。

6.1.1 计数器规则

计数器规则 1:计数器逐一考虑三要素:初值、加 1 条件和结束值。

任何计数器都有三个要素:初值、加 1 条件和结束值。

初值:计数器的默认值或者开始计数的值。

加 1 条件:计数器执行加 1 的条件。

结束值:计数器计数周期的最后一个值。

设计计数器要逐一考虑这三个要素,一般是先考虑初值,再考虑加 1 条件,最后再考虑结束值。

计数器规则 2:计数初值必须为 0。

计数器的默认值和开始值一定要为 0。我们知道一般编程语言计数都是从 0 开始的,0 表示第 1 个,1 表示第 2 个。本书也参考这种做法,计数器都从 0 开始计数。所有计数器都统一从 0 开始计数,有助于我们阅读理解、方便使用,从而不用从头看具体代码,就能清楚这个数值的含义。

计数器规则 3:使用某一计数值,必须同时满足加 1 条件。

计数器从 0 开始计数,计数器的默认值,也就是复位值也是 0。当计数器值为 0 时,如何判断这是计数的第 1 个值,还是没开始计数的默认值呢?可以通过加 1 条件来判断。当加 1 条件无效时,计数器值为 0 表示未开始计数的默认值;当加 1 条件有效时,计数器值为 0

表示计数的第 1 个值。同样的道理，当 cnt == x－1 时，不表示数到 x，只有当 cnt == x － 1，并且加 1 条件有效时，才表示数到 x。

例如，当加 1 条件为 add_cnt，且 add_cnt && cnt == 4 时，表示计数到 5 个；而当 add_cnt == 0 && cnt == 4 时，不表示计数到 5 个。

计数器规则 4：结束条件必须同时满足加 1 条件，且结束值必须是 x － 1 的形式。

计数器的结束条件必须同时满足加 1 条件。例如假设要计数 5 个，那么结束值是 4，但是结束条件不是 cnt = 4，而是 add_cnt && cnt == 4。因为 cnt == 4 不表示计数到 5 个，只有 add_cnt && cnt == 4 时，才表示计数到 5 个。

为了更好地阅读代码，本书规定结束值必须是 x － 1 的形式，即 add_cnt && cnt == 4 要写成 add_cnt && cnt == 5 － 1。这里的"5"表示希望计算的个数，"－1"则是固定格式。有了这个约定后，计数的边界就很明确了。

计数器规则 5：当取某个数时，assign 形式必须为：(加 1 条件) && (cnt == 计数值 － 1)。

当要从计数器取某个数时，例如要取计数器的第 5 个点，就很容易写成 cnt == 5－1，这是不正确的。正确的写法是：(加 1 条件) && (cnt == 计数值－1)，如 add_cnt && cnt == 5 － 1。原因可以参考计数器规则 3 的说明。

计数器规则 6：结束后必须回到 0。

每轮计数周期结束后，计数器变回 0。这是为了使计数器能够循环重复计数。

计数器规则 7：若需要限定范围，则推荐使用">="和"<"两种符号。

设计时，考虑边界值通常要花费一些心思，而且容易出错。为此，本书规则约定：若需要限定范围，则推荐使用">="和"<"两种符号。例如要取前 8 个数，那么就取 cnt >= 0 && cnt < 8。

该规则参考编程里的 for 循环语句。假如要循环 8 次，for 循环的条件通常会写成"i = 0; i < 8; i++"，前面的 0 表示开始值，后面的 8 表示循环次数。

计数器规则 8：设计步骤是，先写计数器的 always 段，条件用名字代替；然后用 assign 写出加 1 条件；最后用 assign 写出结束条件。

计数器代码包括三段。第一段，写出计数器的 always 段，模板如下：

```
always @ (posedge clk or negedge rst_n)
begin
    if (rst_n = = 1'b0)
    begin
        cnt <= 0;
    end
    else if (加 1 条件)
    begin
        if (结束条件)
            cnt = = 0;
        else
            cnt <= cnt + 1;
```

```
        end
    end
```

大家有没有发现上述模板的特点？这个模板只需要填两项内容：加 1 条件和结束条件。如果为加 1 条件和结束条件定义一个信号名，例如 add_cnt 和 end_cnt，则代码变成：

```
    always @ (posedge clk or negedge rst_n)
    begin
        if (rst_n = = 1'b0)
        begin
            cnt <= 0;
        end
        else if (add_cnt)
        begin
            if (end_cnt)
                cnt = = 0;
            else
                cnt <=cnt + 1;
        end
    end
```

至此，就完成了 always 段的设计，是不是很简单？只要想好命名，就完成了这段设计代码。

第二段，用 assign 写出加 1 条件。

在此阶段，只需要想好一个点，就是计数器的加 1 条件。假设计数器的加 1 条件为 a == 2，则代码如下：

```
    assign add_cnt = a = = 2;
```

第三段，用 assign 写出结束条件。

在此阶段，只需要想好一个点，就是计数器的结束值。参考计数器规则 5 的要求，结束条件的形式一定是：(加 1 条件) && (cnt == 计数值－1)。假设计数器要计数 10 个，则代码如下：

```
    assign end_cnt = add_cnt && cnt = = 10 - 1;
```

至此，就完成了计数器代码的设计。总结一下这段代码特点：每次只考虑一件事，按这要求去做，就非常容易完成代码设计。

计数器规则 9：加 1 条件必须与计数器严格对齐，其他信号一律向计数器对齐。我们设计出计数器，但一般计数器不是最终的目的，最终的目的是输出各种信号。设计计数器是为方便产生这些输出信号（包括中间信号），并能从计数器获取变化条件。例如信号 dout 在计数到 6 时拉高。则其变 1 的条件是：add_cnt && cnt == 6 － 1。

假设有两个信号：dout0 在计数到 6 时拉高；dout1 在计数到 7 时拉高。一种做法是 dout0 变 1 的条件是 add_cnt && cnt == 6 － 1，dout1 变 1 的条件是 dout0 == 1。这个 doutl 就是间接与计数器对齐。这是非常不好的方法。建议一律向计数器对齐，dout1 变 1 的条件应该为 add_cnt && cnt == 7 － 1。

计数器规则 10：命名必须符合规范，比如：add_cnt 表示加 1 条件；end_cnt 表示结束条件。

如无特别说明，计数器的命名都要符合规范，加 1 条件的前缀为“add_”，结束条件的前缀为“end_”。

以上就是计数器规则。计数看似简单，但要用好却并非易事。要真正掌握计数器的使用，需多实践，通过项目来掌握计数器的设计。

下面通过一个例子，来介绍计数器架构八步法。

当收到 en=1 时，执行以下操作：

① 间隔 1 个时钟周期后，dout 产生宽度为 1 的高电平脉冲；

② 间隔 1 个时钟周期后，dout 产生宽度为 2 的高电平脉冲；

③ 间隔 1 个时钟周期后，dout 产生宽度为 3 的高电平脉冲；

④ 间隔 1 个时钟周期后，dout 产生宽度为 4 的高电平脉冲。

6.1.2　第一步：明确功能

明确功能是将要实现的功能，用具体、清晰和无疑义的话描述出来，要重点描述每个信号的变化情况。要明确的功能包括：模块的信号列表（见表 6－1）；每个信号具体的变化情况。

表 6－1　信号列表

信号名	I/O	位宽	说明
clk	I	1	模块工作时钟
en	I	1	使能信号
dout	O	1	模块输出信号

6.1.3　第二步：功能波形

功能波形是将第一步描述的功能，用波形表示出来，见图 6－1。波形的每个变化点都要清晰和精确，要具体到有多少个时钟。不能有模糊情况，如果这一步模糊了，那么后面无论如何也设计不出来。

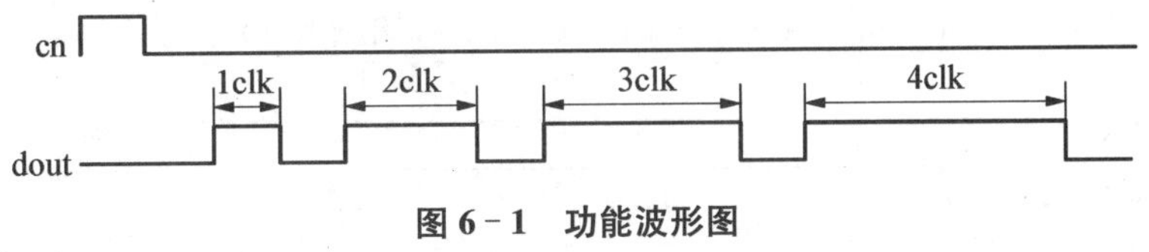

图 6－1　功能波形图

6.1.4　第三步：计数结构

计数结构是通过一个或多个计数器，搭建成整个设计的框架，从而作为其他信号的对齐条件。计数器设计优秀的标准是：用计数器能指示任何一个时钟；能方便地被其他信号归纳使用。

计数结构一般有两种：一种计数结构如图 6－2 所示，其从 0 一直计数到 13；另一种计数结构如图 6－3 所示，这里包括两个计数器，即一个计数器 cnt 用于计时 dout 在每个阶段的低电平和高电平时钟周期，另一个计数器（cnt_c）用于计时并判断当收到 en ＝ 1 后 dout 是在 A、B、C、D 的哪个阶段。后一种计数结构的设计方法称为计数器框架法。推荐使用图 6－3 所示的计数结构。

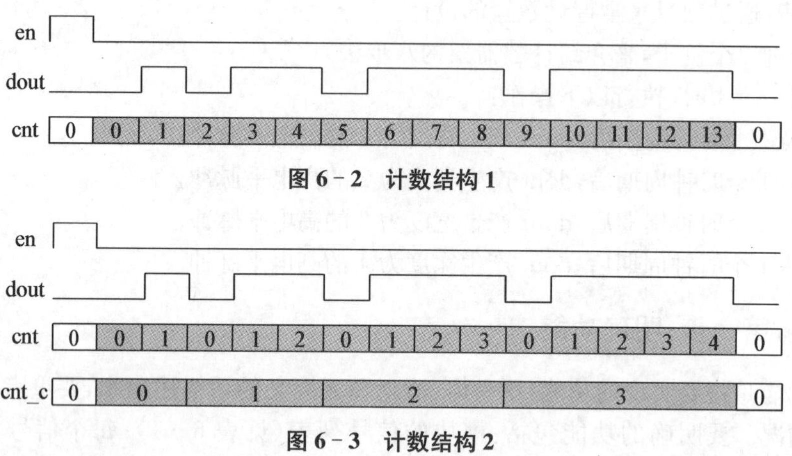

图 6－2　计数结构 1

图 6－3　计数结构 2

6.1.5　第四步：加 1 和结束条件

加 1 和结束条件是考虑计数器的加 1 条件和结束条件，如果条件不足时，则要添加信号来指示。

（1）逐个计数器考虑其加 1 条件和结束条件；

（2）加 1 条件和结束条件必须精确到某时钟上升沿；

（3）条件必须用信号表示，而不是文字。

所谓计数器加 1 条件就是在满足计数条件的情况下计数器值加 1，一般其值每过一个时钟周期加 1，而有些计数器则可能会经过好几个时钟周期甚至更多。结束值则是满足加 1 条件下，计数的最后一个值。

1. cnt

如图 6－3 所示，cnt 的加 1 条件是图中的灰色区域，但没有任何信号可以区分出来。因此，增加一个指示信号 flag，即当 flag ＝ 1 时，cnt 加 1，如图 6－4 所示。

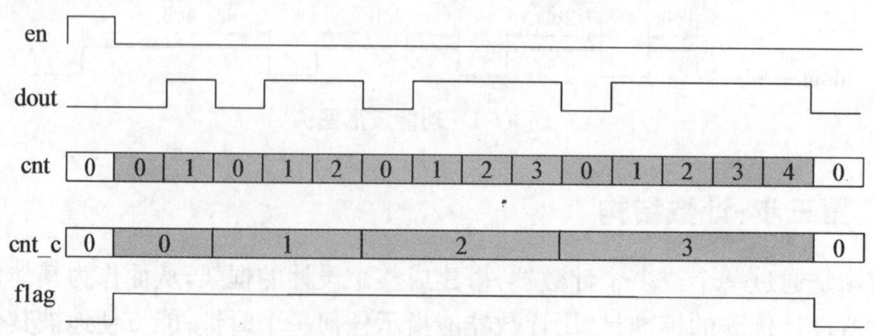

图 6－4　加 1 条件图

cnt 的结束值有四种情况：1、2、3、4。如图 6－5 所示，在 A 阶段计数到 1，在 B 阶段计数到 2，在 C 阶段计数到 3，在 D 阶段计数到 4。因为 cnt 的结束值在 A、B、C、D 各阶段不同，并且低电平和高电平持续的周期也不同，但它们的波形相似，所以引进两个变量 x 和 y，用 x 表示在 a、b、c、d 各阶段 dout 的低电平持续的时钟周期，y 表示高电平持续的时钟周期，用 x ＋ y － 1 表示 cnt 的结束值，则 cnt 的结束条件为计数至 cnt ＝＝ x ＋ y － 1。

这种用统计变量作为指示变化点的方法，称为计数器变量法。综上所述，cnt 的加 1 条件是 flag ＝＝ 1；结束条件是 cnt ＝＝ x ＋ y － 1。

2. cnt_c

cnt_c 是在 cnt 计数结束时加 1。当收到 en 后，dout 有四个不同的输出阶段，故 cnt_c 的结束条件是 cnt_c ＝ 4－1。

综上所述 cnt_c 的加 1 条件是 cnt ＝＝ x ＋ y － 1，结束条件是 cnt_c ＝ 4－1。见图 6－5 结束条件图。

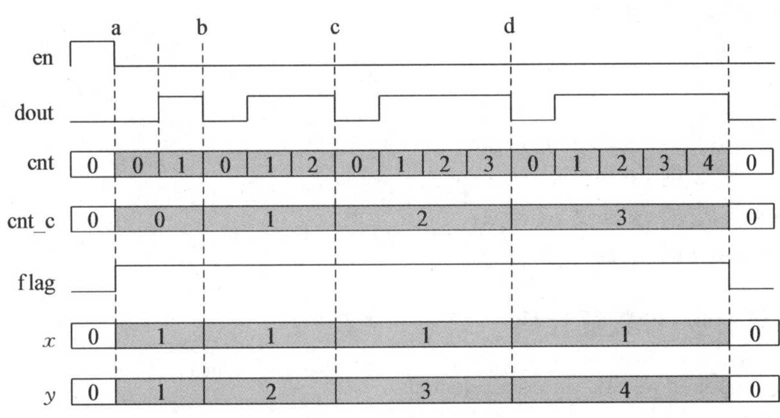

图 6－5　结束条件图

6.1.6　第五步：定义特殊点

定义特殊点是将要用到的特殊时刻点，如计数器结束点/触发点/开始点/中点等。根据需要挑选出来，并用信号来表示。图 6－5 中的 a、b、c、d 同时也是几个特殊点。

a：整个功能的开始点 en。

b：cnt 的结束条件 cnt ＝＝ x ＋ y － 1，定为 end_cnt。

c：cnt_c 的结束条件 cnt_c ＝＝ 4 － 1，定为 end_cnt_c。

d：dout 变高的条件 cnt ＝＝ x － 1，定为 dout_l2h。

6.1.7　第六步：完整性检查

完整性检查是保证每个信号，包括计数器/添加的信号/输出信号的变化都已经清晰明确，变化条件必须用信号表示出来。当所有信号的变化条件都明确时，表示所有代码都可以写出来。

1. cnt

cnt 的初值：0；

cnt 的加 1 条件：flag == 1；
cnt 的结束值：计数至 cnt == x + y - 1。
2. cnt_c
cnt_c 的初值：0；
cnt_c 的加 1 条件：end_cnt；
cnt_c 的结束值：cnt_c == 4 - 1。
3. dout
dout 由 0 变 1：dout_l2h；
dout 由 1 变 0：end_cnt；
其他情况保持不变。
4. flag
flag 由 0 变 1：en == 1；
flag 由 1 变 0：end_cnt_c；
其他情况不变。
5. x,y
当 cnt_c == 0 时，x = 1，y = 1；
当 cnt_c == 1 时，x = 1，y = 2；
当 cnt_c == 2 时，x = 1，y = 3；
当 cnt_c == 3 时，x = 1，y = 4。

6.1.8 第七步：计数器代码

```
always @ (posedge clk or negedge rst_n)
begin
    if (rst_n = = 1'b0)
    begin
      cnt <= 0;
    end
    else if (add cnt)
    begin
        if (end_cnt)
            cnt <= 0;
        else
            cnt <= cnt + 1;
        end
end
assign add_cnt = flag = = 1'b1;
assign end_cnt = add_cnt && cnt = = x + y - 1;
always @ (posedge clk or negedge rst_n)
begin
```

```
    if (rst_n == 1'b0)
    begin
        cnt_c <= 0;
    end
    else if (add_cnt_c)
    begin
        if (end_cnt_c)
            cnt_c <= 0;
        else
            cnt_c <= cnt_c + 1;
    end
end
assign add_cnt_c = end_cnt;
assign end_cnt_c = add_cnt_c && cnt_c == 4 - 1;
```

assign 的形式，用一个信号表示满足此条件的时刻，如果后续用到这个条件，则均用该信号表示。这种信号复用的方法称为计数器提取法。

6.1.9　第八步：功能代码

功能代码是按照完整性检查，写出计数器之外的代码。代码的仿真波形见图 6－6。

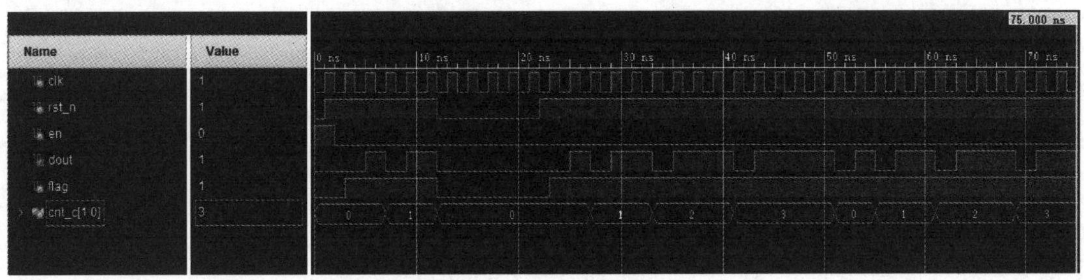

图 6－6　仿真波形图

```
//按照第六步第 3 点，写出 dout 代码
always @ (posedge clk or negedge rst_n)
begin
    if (rst_n == 1'b0)
        dout <= 0;
    else if (dout_l2h)
        dout <= 1;
    else if (end_cnt)
        dout <= 0;
end
assign dout_l2h = add_cnt && cnt == x - 1;
```

```
//按照第六步第 4 点,写出 flag 代码
always @ ( posedge clk or negedge rst_n)
begin
    if (rst_n = = 1'b0)
        flag <= 0;
    else if (! en)
        flag <= 1;
    else if (end_cnt_c)
        flag <= 0;
end
//按照第六步第 5 点,写出 x,y 代码
always @ ( * )
begin
    if (cnt_c = = 0)
    begin
        x = 1;
        y = 1;
    end
    else if (cnt_c = = 1)
    begin
        x = 1;
        y = 2;
    end
    else if (cnt_c = = 2)
    begin
        x = 1;
        y = 3;
    end
    else if (cnt_c = = 3)
    begin
        x = 1;
        y = 4;
    end
    else
    begin
        x = 0;
        y = 0;
    end
end
```

本节介绍了计数器架构设计八步法，在设计过程中用到了计数器框架法、计数器变量法、计数器提取法。本节内容看似简单，但要真正用好计数器却并非易事，请大家务必重视。如下节的项目实践，掌握计数器的设计，就能设计出PWM、数字钟等常用的应用。

6.2　计数器项目实践

6.2.1　PWM流水灯项目

PWM的原理见5.6节，本节利用PWM原理实现8个LED不同亮度显示。Basys 3 FPGA开发板共有16个LED灯，我们使用了其中的8个。产生8个引脚的PWM图，如图6-7所示。每个引脚对应的占空比分别为80%、70%、60%、50%、40%、30%、20%和10%。系统工作时钟为100 MHz。

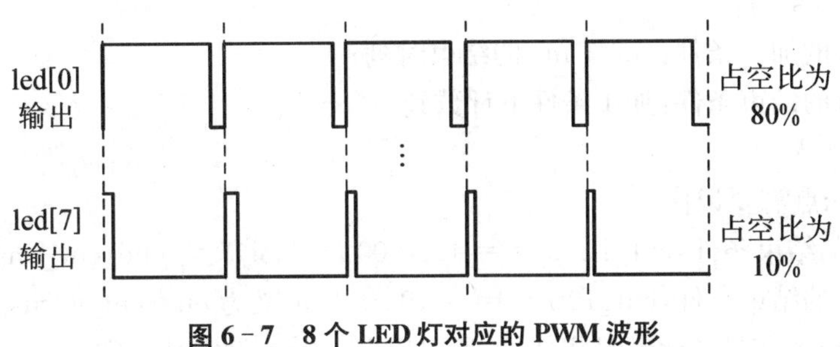

图6-7　8个LED灯对应的PWM波形

FPGA通过8个引脚分别控制8个LED灯，引脚值为1，对应的LED灯亮；引脚值为0，对应的LED灯灭(高亮低灭)。如果引脚不停地变化，则LED灯会闪烁；如果这种高低变化非常快，由于人的视觉暂留现象，LED就会出现不同的亮度。基于这个原则，也可以通过产生PWM波形，来控制LED灯的亮度。

1. 明确功能

确定模块信号列表，如表6-2所列。

表6-2　LED信号列表

信号名	I/O	位宽	说明
clk	I	1	系统工作时钟100 MHz
rst_n	I	1	系统复位信号，低电平有效
led	O	8	LED输出信号

产生8个脉冲，每个脉冲周期为10 ms对应的占空比分别为80%、70%、60%、50%、40%、30%、20%和10%。

2. 功能波形

LED所有信号的变化都是相似的，这里以led[0]为例，见图6-7。

3. 结构

因为每个脉冲的高低电平持续时间都是以1 ms为单位的，所以引入两个计数器，计数器 cnt_1 ms 计数 1 ms，计数器 cnt_10 ms 计数每个脉冲高低电平分别持续的时间。具体计数情况如图 6－8 所示。

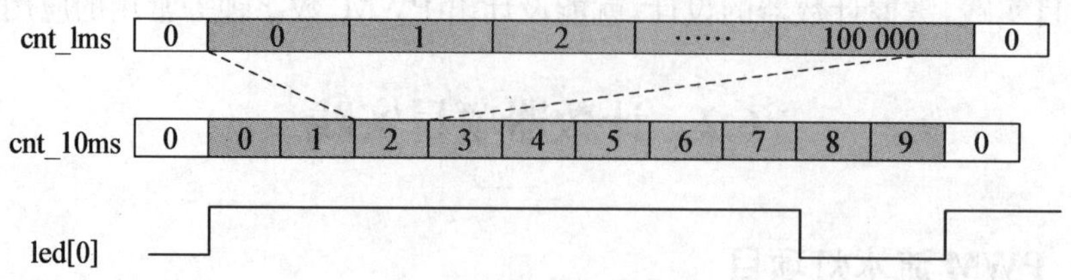

图 6－8　LED 计数结构图

4. 加 1 和结束条件

cnt_1 ms 的加 1 条件：计数器一直在计数，即 assign add_cnt_1 ms = 1；

cnt_1 ms 的结束条件：加 1 条件下计数到 100 000 － 1；

add_cnt_1 ms=1；

cnt_10 ms 的加 1 条件：cnt_1 ms 的结束时刻；

cnt_10 ms 的结束条件：加 1 条件下计数到 10 － 1。

5. 定义特殊点

有几个特殊点需要记住。

cnt_1 ms 的结束条件：cnt_1 ms == 100 000 － 1，定义为 end_cnt_lms。

cnt_10 ms 的结束条件：cnt_10 ms == 10 － 1，定义为 end_cnt_l0 ms。

LED 所有位的信号变化都是相似的，所以以 led[0]为例定义特殊点。

led[0]变高的条件：cnt_10 ms == 10 － 1，定为 led_on。

led[0]变低的条件：cnt_10 ms == 8 － 1，定为 led0_off。

6. 完整性检查

(1) 计数器 cnt_1 ms

cnt_1 ms 的初值：0；

cnt_lms 的加 1 条件：assign add_cnt_1 ms = 1；

cnt_1 ms 的结束条件：assign end_cnt_1 ms = add_cnt_1 ms && cnt_1 ms == 100 000 －1。

(2) 计数器 cnt_10 ms

cnt_10 ms 初值：0；

cnt_10 ms 的加 1 条件：assign add_cnt_10 ms = end_cnt_1 ms；

cnt_10 ms 的结束条件：assign end_cnt_10 ms = add_cnt_10 ms && cnt_10 ms == 10 － 1；

(3) led[0]

led[0]由 0 变 1：led_on；

led[0]由 1 变 0：led0_off。

(4) led[1]

led[1]由 0 变 l：led_on；

led[1]由 1 变 0：led1_off。

(5) led[2]

led[2]由 0 变 1:led_on;

led[2]由 1 变 0:led2_off。

(6) led[3]

led[3]由 0 变 1:led_on;

led[3]由 1 变 0:led3_off。

(7) led[4]

led[4]由 0 变 1:led_on;

led[4]由 1 变 0:led4_off。

(8) led[5]

led[5]由 0 变 1:led_on;

led[5]由 1 变 0:led5_off。

(9) led[6]

led[6]由 0 变 1:led6_off;

led[6]由 1 变 0:led_on。

(10) led[7]

led[7]由 0 变 1:led_on;

led[7]由 1 变 0:led7_off。

7. 计数器代码

```
parameter  TIME_1MS = 100 000;
always @ (posedge clk or negedge rst_n)
begin
    if (rst_n = = 1'b0)
        cnt_1 ms <= 0;
    else if (add_cnt_1 ms)
    begin
        if (end_cnt_1 ms)
            cnt_1 ms <= 0;
        else
            cnt_1 ms <= cnt_1 ms + 1;
    end
end
assign add_cnt_1 ms = 1'b1;
assign end_cnt_1 ms = add_cnt_1 ms && cnt_1 ms = = TIME_1MS - 1;

always @ (posedge clk or negedge rst_n)
begin
    if (rst_n = = 1'b0)
        cnt_10 ms <= 0;
```

```
    else if (add_cnt_10 ms)
    begin
        if(end_cnt_10 ms)
            cnt_10 ms <= 0;
        else
            cnt_10 ms < cnt_10 ms + 1;
    end
end
assign add_cnt_10 ms = end_cnt_1 ms;
assign end_cnt_10 ms = add_cnt_10 ms && cnt_10 ms = 10 - 1;
```

8. 完整代码

```
//按照第六步的第 3 点,写出 led[0]的代码
always @ (posedge clk or negedge rst_n)
begin
    if (rst_n = = 1'b0)
        led[0] <= 0;
    else if (led_on)
        led[0] <= 1;
    else if (1ed0_off)
        led[0] <= 0;
end
assign led0_off = add_cnt_l0 ms && cnt_10 ms = = 8 - 1;
assign led_on = add_cnt_10 ms && cnt_10 ms = = 10 - 1;
//按照第六步的第 4 点,写出 led[1]的代码
always @ (posedge clk or negedge rst_n)
begin
    if (rst_n = = 1'b0)
        led[1] <= 0;
    else if (led_on)
        led[1] <= 1;
    else if (1ed1_off)
        led[1] <= 0;
end
assign led1_off = add_cnt_l0 ms && cnt_10 ms = = 7 - 1;
//按照第六步的第 5 点,写出 led[2]的代码
always @ (posedge clk or negedge rst_n)
begin
    if (rst_n = = 1'b0)
        led[2] <= 0;
```

```
    else if (led_on)
        led[2] <= 1;
    else if (led2_off)
        led[2] <= 0;
end
assign led2_off = add_cnt_10 ms && cnt_10 ms == 6 - 1;
//按照第六步的第 6 点,写出 led[3]的代码
always @ (posedge clk or negedge rst_n)
begin
    if (rst_n == 1'b0)
        led[3] <= 0;
    else if (led_on)
        led[3] <= 1;
    else if (led3_off)
        led[3] <= 0;
end
assign led3_off = add_cnt_10 ms && cnt_10 ms == 5 - 1;
//按照第六步的第 7 点,写出 led[4]的代码
always @ (posedge clk or negedge rst_n)
begin
    if (rst_n== 1'b0)
        led[4] <= 0;
    else if (led_on)
        led[4] <= 1;
    else if (led4_off)
        led[4] <= 0;
end
assign led4_off = add_cnt_10 ms && cnt_10 ms == 4 - 1;
//按照第六步的第 8 点,写出 led[5]的代码
always @ (posedge clk or negedge rst_n)
begin
    if (rst_n== 1'b0)
        led[5] <= 0;
    else if (led_on)
        led[5] <= 1;
    else if (led6_off)
        led[5] <= 0;
end
assign led5_off = add_cnt_10 ms && cnt_10 ms == 3 - 1;
```

```
//按照第六步的第 9 点,写出 led[6]的代码
always @ (posedge clk or negedge rst_n)
begin
    if (rst_n = = 1'b0)
        led[6] <= 0;
    else if (led_on)
        led[6] <= 1;
    else if (1ed6_off)
        led[6] <= 0;
end
assign led6_off = add_cnt_10 ms && cnt_10 ms = = 2 - 1;
//按照第六步的第 10 点,写出 led[7]的代码
always @ (posedge clk or negedge rst_n)
begin
    if (rst_n = = 1'b0)
        led[7] <= 0;
    else if (led_on)
        led[7] <= 1;
    else if (1ed7_off)
        led[7] <= 0;
end
assign led7_off = add_cnt_10 ms && cnt_10 ms = = 1 - 1;
```

9. 仿真波形

项目的仿真波形如图 6-9 所示。

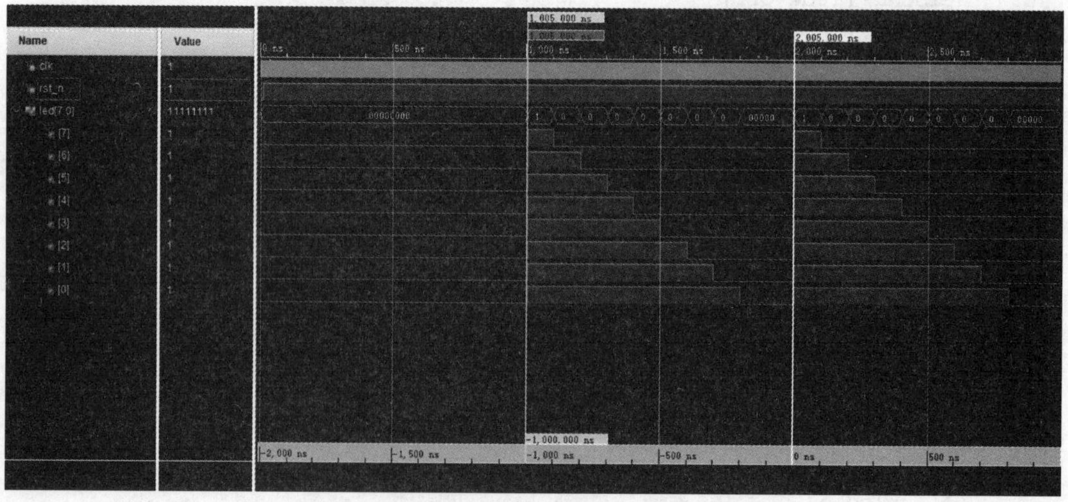

图 6-9　PWM 流水灯项目仿真波形图

6.2.2 数字钟设计项目

数字钟是一个将“时”“分”和“秒”显示于人的视觉器官的计时装置。它的计时周期为24小时，显示满刻度为23时59分59秒，另外应有校时功能和报时功能。因此，一个基本的数字钟电路主要由秒信号发生器、“时”“分”“秒”计数器、译码器、显示器、校时电路、整点报时电路组成。秒信号发生器是整个系统的时基信号，它直接决定计时系统的精度，一般用石英晶体振荡器加分频器来实现。将标准秒信号送入“秒”计数器，“秒”计数器采用60进制计数器，每累计60秒发出一个分脉冲信号，该信号作为“分”计数器的时钟脉冲。“分”计数器也采用60进制计数器，每累计60分钟，发出一个时脉冲信号，该信号被送到“时”计数器。“时”计数器采用24进制计数器，可实现对一天24小时的累计。译码显示电路将“时”“分”“秒”计数器的输出状态经七段显示译码器译码，通过六位LED七段显示器显示出来。

由于FPGA实验板上数码管位数的限制，本项目仅设计了“分”“秒”计数器。

整个设计框架为：由分频电路产生1 s时钟脉冲，经过秒钟电路(模60计数器)，将秒钟的复位信号输出给分钟电路(模60计数器)，再经过七段数码管显示电路显示时间。数字钟结构如图6-10所示。

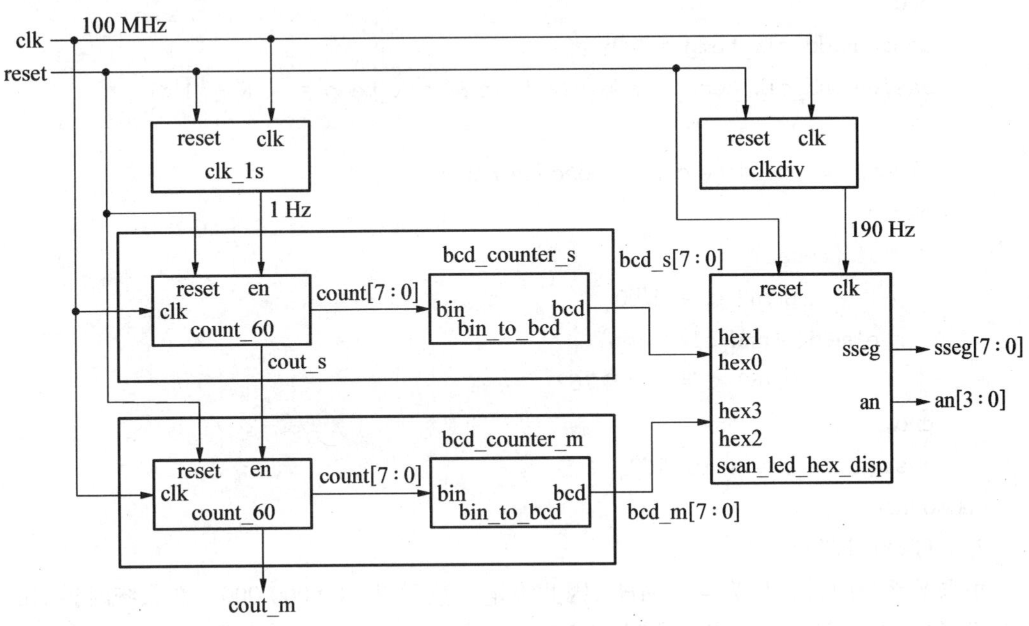

图6-10 数字钟结构图

1. 分频模块

程序6.1 762.94Hz分频模块。

```
module clkdiv #(parameter N = 16'h8000)
(
    input clk,
    input reset,
    output clk_div
```

```
);
    reg [18:0] clk_tmp;
    reg clk762;
    wire add_clk_temp;
    wire end_clk_temp;
    always @(posedge clk or posedge reset)
    begin
      if (reset == 1)
          clk_tmp <= 0;
      else if (add_clk_temp) begin
          if (end_clk_temp)
              clk_temp <= 0;
          else
              clk_tmp <= clk_tmp + 1;
      end
    end
    assign add_clk_temp = 1'b1;
    assign end_clk_temp = add_clk_temp && clk_temp == N - 1'd1;

    always @(posedege clk or posedge reset)
    begin
      if (reset)
          clk762 <= 1'b0;
      else if (end_clk_temp)
          clk762 <= ~clk762;
    end
    assign clk_div = clk762;
endmodule
```

2. 1 Hz 时钟模块

板卡的系统时钟信号为 100 MHz，因此设定常数 N 为 100 000 000。在系统时钟 clk 的上升沿时，count 开始计数，当计数到 99 999 999 次时，clk_1s 为 1，然后 count 清零，下一个系统时钟后，clk_1s 也清零。其代码见程序 6.2。

程序 6.2 1 Hz 时钟模块。

```
module clk_1s #(parameter SECOND_CNT = 32'd100000000)
(
    input wire clk,
    input wire reset,
    input sys_en,
    output clk_1s
```

```
);
    reg [31:0] sec_cnt;
    reg clk_reg;
    wire add_sec_cnt, end_sec_cnt;
    always @ (posedge clk or posedge reset)
    begin
        if (reset = = 1)
            sec_cnt <= 32'd0;
        else if (add_sec_cnt)
            sec_cnt <= 32'd0;
        else
            sec_cnt <= sec_cnt + 1'b1;
    end
    assign add_sec_cnt = sys_en = = 1'b1;
    assign end_sec_cnt = add_sec_cnt && sec_cnt = = SECOND_CNT - 1'd1;
    //产生 1 个系统时钟周期(10ns)的脉冲
    always @(posedge clk or posedge reset)
    begin
        if (reset =  =1)
            clk_reg <= 1'b0;
        else if (end_sec_cnt)
            clk_reg <= 1'b1;
        else
            clk_reg <= 1'b0;
    end
    assign clk_1s = clk_reg;
endmodule
```

3. 60 进制计数器模块

分与秒计数器模块均为 60 进制的计数器，因此设定常数 N1 为 60。当使能信号 en=1 时，在时钟 clk 的上升沿时，count 开始计数，当计数到 59 次时，cout 为 1，然后 count 清零，下一个系统时钟后，cout 也清零。其代码见程序 6.3。

程序 6.3　60 进制计数器模块。

```
module counter_60 #(parameter N1 = 60)
(
    input clk, reset,
    input cnt_60_en,                    //使能信号
    output [7:0] count,
    output cout
);
```

```
    reg [7:0] count_reg;
    reg cout_reg;
    wire add_cnt, end_cnt;
    always @ (posedge clk or posedge reset)
    begin
        if (reset = = 1)
            count_reg <= 8'd0;
        else if (add_cnt)
            if (end_cnt)
                count_reg <= 8'd0;
            else
                count_reg <= count_reg + 1'b1;
    end
    assign add_cnt = cnt_60_en;
    assign end_cnt = add_cnt && count_reg = N1 - 1'b1;
    assign count = count_reg;
    //产生 1 个系统时钟周期(10ns)的脉冲
    always @ (posedge clk or posedge reset)
    begin
        if (reset)
            cout_reg<= 1'b0;
        else if (end_cnt)
            cout_reg <= 1'b1;
        else
            cout_reg <= 1'b0;
    end
    assign cout = cout_reg;
endmodule
```

4. bin_to_bcd 模块

程序 6.4 bcd_to_bcd 模块。

```
module bin_to_bcd
(
    input clk,
    input reset,
    input bin2bcd_en,
    output [9:0] bcd,
    output [7:0] cout
);
    wire [7:0] count;
```

```
    counter_60 #(.N1(60)) CNT_S
    (.clk(clk), .reset(reset), .CNT_60_en(bin2bcd_en), .count(count), .cout
(cout));
    bin_to_bcd BCD_BIT8(.bin(count), .bcd(bcd));
endmodule
```

5. 数字钟顶层模块设计

8 位二进制转 BCD 码转换器 bin_to_bcd 参考程序 4.24，7 段数码管显示模块 scan_led_hex_disp 参考程序 5.29。

```
module clock_MS_top #(parameter NUM0 = 100_000_000, NUM1 = 16'h8000)
(
    input clk,
    input [1:0] sw,
    output [3:0] an,
    output [6:0] a_to_g,
    output dp
);
    wire clk_1s, clk762;
    wire cout_s, cout_m;
    wire [9:0] bcd_s, bcd_m;
    clk_1s #(.SECOND_CNT(NUM0))
        CLK_BASE (.clk(clk),.sys_en(sw[1]),.reset(sw[0]),.clk_1s(clk_1s));
    clkdiv #(.N(NUM1))
        CLK_SEG(.clk(clk),.reset(sw[0]),.clk_div(clk762));
bin_to_bcd BCD_S(.clk(clk),.reset(sw[0]),.bin2bcd_en(clk_1s),.bcd(bcd_s), .
cout(cout_s));
bin_to_bcd CD_M(.clk(clk),.reset(sw[0]),.bin2bcd_en(cout_s),.bcd(bcd_m), .
cout(cout_m));
scan_led_hex_disp DISP(.clk(clk762), .reset(sw[0]),.hex3(bcd_m[7:4]),
.hex2(bcd_m[3:0]),.hex1(bcd_s[7:4]),.hex0(bcd_s[3:0]),.sseg({dp,a_to_g}), .an(an));
endmodule
```

本章习题

1. 数字钟设计。

把 6.2.2 节中的数字钟用 6.1 节中计数器架构法重新设计。

(1) 设计电路并编写代码；

(2) 综合电路，编程 FPGA 并验证。

2. 交通灯设计。

用计数器架构法设计交通灯控制器，交通灯信号状态表见表 6-3。

表 6-3 信号灯状态表

南北方向信号灯	东西方向信号灯	延迟/s
绿	红	5
黄	红	1
红	红	1
红	绿	5
红	黄	1
红	红	1

(1) 设计电路并编写代码；
(2) 仿真验证代码的正确性；
(3) 设计测试电路并编写代码，在开发板上用 LED 模拟交通信号；
(4) 综合电路，编程 FPGA 并验证。

第7章

状态机架构

本章学习导言

在数字电路设计中，状态机是一个非常重要的组成部分，也是贯穿于整个设计的基本的设计思想和设计方法。在现代数字系统设计中，状态机的设计对系统的高速性、高可靠性、高稳定性都具有决定性的作用。熟练掌握状态机的设计，在数字电路的设计中必能达到事半功倍的效果。

在前一章中介绍了计数器。其实，计数器本质上也可以认为是一个状态机，只不过它是用数字来区分不同状态而已。

那么什么时候会用计数器，什么时候会用状态机呢？

如果是顺序处理或者是简单的流程控制，例如其步骤是 0→1→2→3→0，则用计数器实现是最方便的。但是在复杂的流程控制场合，其跳转顺序是乱序时，例如其步骤是 0→1→5→2→4，就应该利用状态机来设计。规范的状态机代码，可以极大地提高设计效率，减少状态出错的可能，缩短调试时间，同时也能设计出稳健的系统。

7.1 有限状态机

有限状态机(FSM)简称状态机，是用来表示系统中的有限个状态及这些状态之间的转移和动作的模型。这些转移和动作依赖于当前的状态和外部的输入，和普通的时序电路不同，有限状态机的状态转换不会表现出简单、重复的模式。它下一步的状态逻辑通常是重新建立的，有时候我们称它为随机逻辑。这一点和通常意义上的时序电路不同，常规的时序电路的下一个状态都是由一些结构化组件构成的，例如计数器、移位寄存器等。

本章对有限状态机的基本特征做一个较为全面的概述，同时也对相应的 Verilog HDL 代码实现进行讨论。在实际运用中有限状态机的主要用途是作为大型数字系统的控制器，这些控制器通过检查在当前的状态和外部输入的命令来激活相应的控制信号，以此来达到数据通道的控制操作，而数据通道通常是由常规时序组件构成。

7.1.1 Moore 状态机和 Mealy 状态机

有限状态机的基本框图和常规时序电路一样，如图 7-1 所示是一个经典状态机的示意图，它由状态寄存器和组合逻辑单元组成。其中，$x(t)$为当前输入；$z(t)$为当前输出；状态寄存器的输出 $s(t)$为现态；组合逻辑电路输出 $s(t+1)$则为次态。

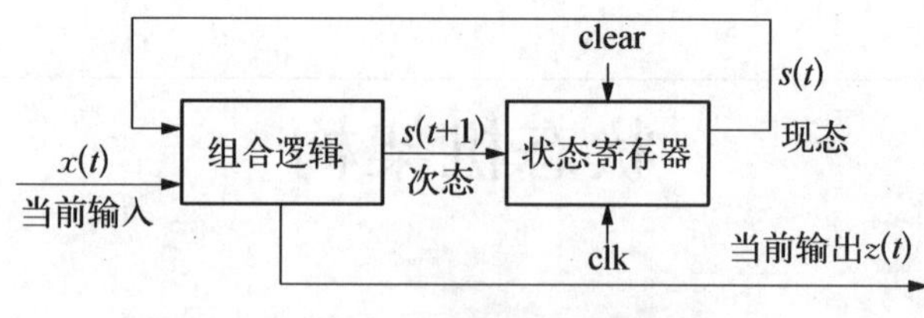

图 7-1 经典状态机框图

通常可以把图 7-1 中的组合逻辑电路模块分为两个部分。组合逻辑模块 C1 有两个输入端，分别为当前输入 $x(t)$和现态输入 $s(t)$，其输出为次态 $s(t+1)$；组合逻辑模块 C2 的输入是现态输入 $s(t)$（即 Moore 状态机），或者是 $s(t)$和当前输入 $x(t)$（即 Mealy 状态机），输出为当前输出 $z(t)$。

1. Moore 状态机

Moore 状态机的输出只和当前状态有关而与输入无关，其示意图如图 7-2 所示。

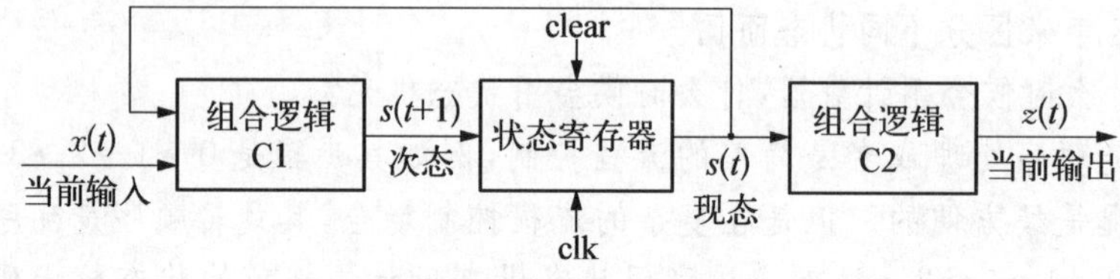

图 7-2 Moore 状态机

2. Mealy 状态机

Mealy 状态机的输出不仅和当前状态有关，而且和输入也有关，其示意图如图 7-3 所示。

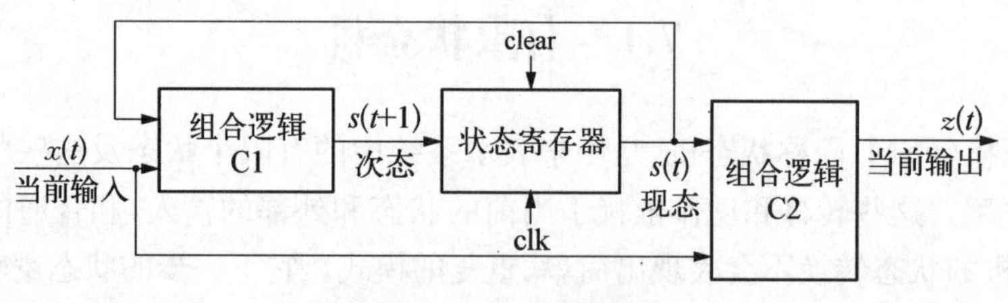

图 7-3 Mealy 状态机

7.1.2 有限状态机的表示方法

状态机通常用简要的状态转移图或算法状态机（ASM）图来描述，它们的图解表示中都包含了状态机的输入输出，状态和转换。虽然这两种描述方法包含了相同的信息，但是状态转移图表示法更为紧凑，更适合描述较为简单的系统。而算法状态机图则更像是流程图，能较好地描述复杂系统中状态的转换和动作，关于算法状态机，详见参考文献 1。状态转移图和 ASM 图可以相互转换。

状态转移图由带有表示状态的节点和带有注释的有向弧线组成，在图 7-4(a)中可以看到一个带有转换弧线的单个节点。逻辑表达式由输入信号决定，我们将它放在每个转移弧线上，表示状态转移的特定条件。当条件表达式不成立时，则不画出相应的转移弧线。

Moore 型输出值放置在节点内，它只由当前状态决定；Mealy 型输出放置在转换弧线上，由当前状态和外部输入决定。为了简化状态图，只在图中列出有效输出值，其他的则认为取默认值。

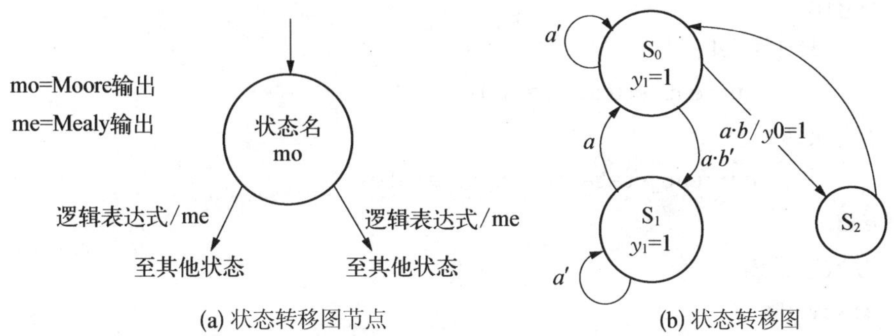

(a) 状态转移图节点　　(b) 状态转移图

图 7－4　有限状态机的状态转移图表示

图 7－4(b)展示了一个典型的状态转移图。这个有限状态机包含三个状态，两个输入信号(a 和b)、一个 Moore 输出($y1$)和一个 Mealy 输出($y0$)。当有限状态机在 S_0或 S_1状态时，$y1$ 输出高电平。当状态机处于 S_0状态且 a、b 均为 1 的时候，$y0$ 为高电平。

7.2　有限状态机代码实现

有限状态机的代码编写和常规的时序电路相似，先将状态寄存器拿出，然后将次态逻辑和输出逻辑结合起来并书写相应的代码。其中次态逻辑的代码较为不同，对于有限状态机，次态逻辑单元的代码要遵循状态转移图或者 ASM 图的逻辑转移流向。

考虑到简便性和灵活性，用一个符号常量来表示有限状态机的状态。例如对于图 7－4(b)的三个状态，定义如下：

```
localparam [1:0] S0 = 2'b00, S1 = 2'b01, S2 = 2'b10;
```

综合的时候，软件会根据有限状态机的结构将符号常量映射为对应的二进制字符(如独热码)，这就是状态分配。

图 7－4 描述的有限状态机实现代码见程序 7.1，这是一个完整的有限状态机的代码，它由状态寄存器次态逻辑单元 Moore 型输出逻辑单元和 Mealy 输出逻辑单元组成。

程序 7.1　FSM 代码示例。

```
module fsm_mult_seg
(
    input clk, reset,
    input a, b,
    output y0, y1
);
    //状态符号声明
    localparam [1:0] S0 = 2'b00 ,S1 = 2'b01, S2 = 2'b10;
    //信号声明
```

```
    reg [1:0] current_state, next_state;
    //状态切换
    always @ (posedge clk, posedge reset)
    begin
        if (reset)
            current_state <= S0;
        else
            current_state <= next_state;
    end
    //次态逻辑
    always @ *
    begin
        case ( current_state )
            S0:
                if(a)
                    if(b)
                        next_state = S2 ;
                    else
                        next_state = S1;
                else
                        next_state = S0;
            S1:
                if (a)
                        next_state = S0;
                else
                        next_state = S1;
            S2: next_state = S0;
            default: next_state = S0;
        endcase
    end
    //Moore型逻辑输出
    assign y1 = (current_state == S0) || (current_state == S1);
    //Mealy型逻辑输出
    assign y0 = (current_state == S0) & (a & b);
endmodule
```

次态逻辑单元是这个例程的关键，例程中使用了一个 case 语句来作为 current_state 信号的选择表达式。从例程中可以看出，次态(next_state)由当前状态和外部输入信号共同决定。每个状态的代码都要遵循图 7-4 的状态转移图来描述。

7.3　设计实例

7.3.1　序列检测器

序列检测器可用于检测一组或多组由二进制码组成的脉冲序列信号，当序列检测器连续收到一组串行二进制码后，如果这组码与检测器中预先设置的码相同，则输出 1，否则输出 0。由于这种检测的关键在于正确码的接收必须是连续的，这就要求检测器必须记住前一次的正确码及正确序列，直到在连续的检测中所收到的每一位码都与预置数的对应码相同。在检测过程中，任何一位不相等都将回到初始状态重新开始检测。

用状态机来实现序列检测器是非常合适的，本节分别采用 Moore 状态机和 Mealy 状态机来实现对输入序列数“1101”的检测。

1. Moore 状态机序列检测器

当输入序列数为“1101”，状态机输出为 1。首先画出 Moore 状态机的状态转移图。定义初始状态为 S_0，表示没有检测到 1 输入的状态。如果现态是 S_0，输入为 0，那么下一状态还是停留在 S_0；如果输入 1，则转移到状态 S_1，这表明收到一个“1”。在状态 S_1，如果输入为 0，则回到状态 S_0；如果输入为 1，那么就转移到状态 S_2，这意味着接收到“11”。在 S_2 状态，如果输入为 1，则停留在状态 S_2；如果输入为 0，那么下一状态将转移到 S_3 状态，这意味着已经接收到序列“110”。在 S_3 状态时，如果输入为 1，则转移到状态 S_4，表示已经检测到序列“1101”，因此设定 S_4 状态的输出为 1；如果输入为 0，则返回状态 S_0。在 S_4 状态时，如果输入为 0，回到初始状态 S_0；如果输入为 1，返回状态 S_2。

整个 Moore 状态机序列检测器的状态转移图如图 7 - 5 所示。根据状态转移图，编写其 Verilog HDL 代码见程序 7.2，其仿真结果如图 7 - 6 所示。

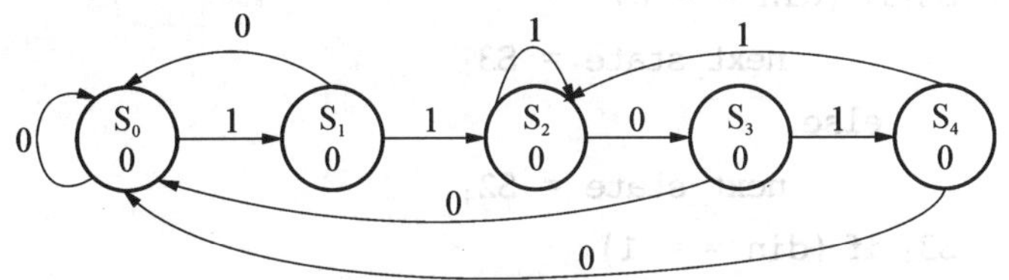

图 7 - 5　Moore 状态机检测 1101 序列状态转换图

程序 7.2　用 Moore 状态机设计 1101 序列检测器的程序。

```
module seqDetMoore
(
    input clk,
    input reset,
    input din,
    output reg dout
);
    reg [2:0] current_state, next_state;
```

```
    //状态符号声明
    localparam [2:0] S0 = 3'b000, S1 = 3'b001, S2 = 3'b010, S3 = 3'b011,
S4 = 3'b100;
    //状态切换
    always @ (posedge clk or posedge reset)
    begin
        if(reset == 1)
            current_state <= S0;
        else
            current_state <= next_state;
    end
    //C1 模块
    always @ ( * )
    begin
        case (current_state)
            S0: if (din == 1)
                    next_state = S1;
                else
                    next_state = S0;
            S1: if (din == 1)
                    next_state = S2;
                else
                    next_state = S0;
            S2: if (din == 0)
                    next_state = S3;
                else
                    next_state = S2;
            S3: if (din == 1)
                    next_state = S4;
                else
                    next_state = S0;
            S4: if (din == 0)
                    next_state = S0;
                else
                    next_state = S2;
            default: next_state = S0;
        endcase
    end
    //C2 模块
```

```
    always @ ( * )
    begin
        if (current_state = = S4)
            dout = 1;
        else
            dout = 0;
    end
endmodule
```

在程序 7.2 中，首先用 localparam 语句定义了 5 个状态，S0(000)、S1(001)、S2(010)、S3(011)、S4(100)，这 5 个状态将作为状态寄存器的输出。C1 模块中的 always 块使用 case 语句实现如图 7－5 所示的状态转换功能，C2 模块中的 always 块则根据当前状态判断输出结果。其仿真结果如图 7－6 所示。

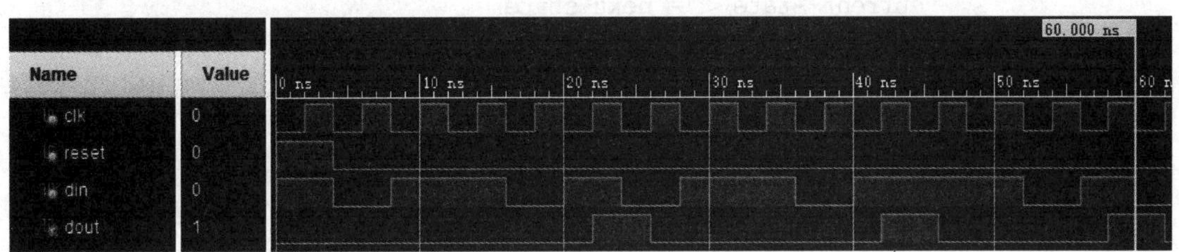

图 7－6　Moore 状态机检测 1101 序列的仿真波形图

2. Mealy 状态机设计方法

用 Mealy 状态机设计 1101 序列检测器的状态转换图如图 7－7 所示。与如图 7－5 所示的 Moore 状态机不同，采用 Mealy 状态机设计 1101 序列只有 4 个状态，所以只需要用 2 位二进制数对状态进行编码即可。注意：当状态为 S_3(检测到序列 110)且输入为 1 时，在下一个时钟上升沿，状态将变为 S_1，输出变为 0。也就是说，输出不会一直被锁存为 1。如果我们希望在状态变为 S_1时，输出值被锁存，则可以为输出添加一个触发器。这样，当状态为 S_3且输入变为 1 时，状态机输出将为 1；在下一个时钟上升沿到来时，状态变为 S_1，输出值 1 保持不变。程序 7.3a 的仿真结果如图 7－8 所示。

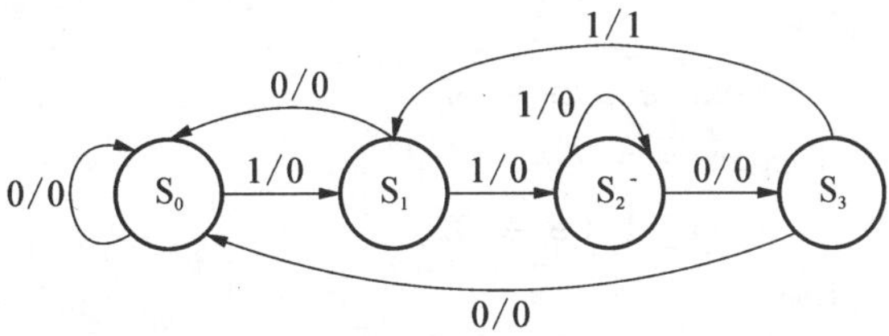

图 7－7　Mealy 状态机检测 1101 序列状态转换图

程序 7.3a　用 Mealy 状态机设计 1101 序列检测器的程序。

```
module seqDetMealy
(
    input clk,
```

```
    input reset,
    input din,
    output reg dout
);
    reg [1:0] current_state, next_state;
    localparam [1:0] S0 = 2'b00, S1 = 2'b01, S2 = 2'b10, S3 = 2'b11;
    //状态切换
    always @ (posedge clk or posedge reset)
    begin
        if (reset = = 1)
            current_state <= S0;
        else
            current_state <= next_state;
        end
    //C1 模块
    always @ ( * )
    begin
        case (current_state)
            S0: if (din = = 1)
                    next_state = S1;
                else
                    next_state = S0;
            S1: if (din = = 1)
                    next_state = S2;
                else
                    next_state = S0;
            S2: if (din = = 0)
                    next_state = S3;
                else
                    next_state = S2;
            S3: if (din = = 1)
                    next_state = S1;
                else
                    next_state = S0;
            default: next_state = S0;
        endcase
    end
    //C2 模块
    always @ ( posedge clk or posedge reset )
```

```
    begin
        if (reset = = 1)
            dout <= 0;
        else
            if (current_state = = S3) & (din = = 1))
                dout <= 1;
            else
                dout <= 0;
    end
endmodule
```

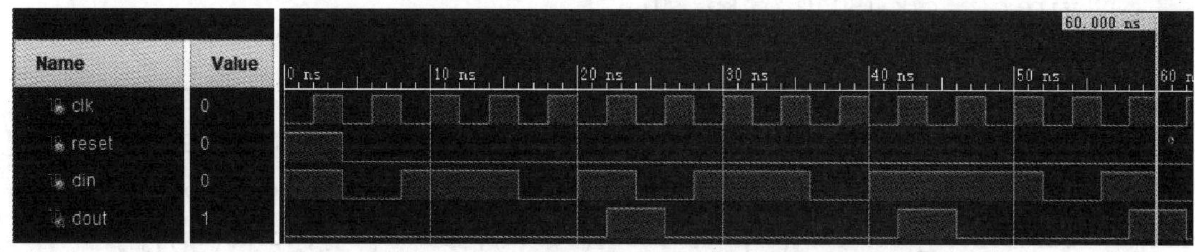

图 7－8　Mealy 状态机检测 1101 序列的仿真波形图

Mealy 状态机检测 1101 序列顶层模块使用 FPGA 实验板卡验证程序 7.3a，其顶层模块框图如图 7－9 所示，程序 7.3c 实现了顶层模块。其中，模块 clkdiv 和 clock_pulse 分别见程序 7.3b 和程序 5.18，s[1]和 s[0]用于输入 1 和 0。

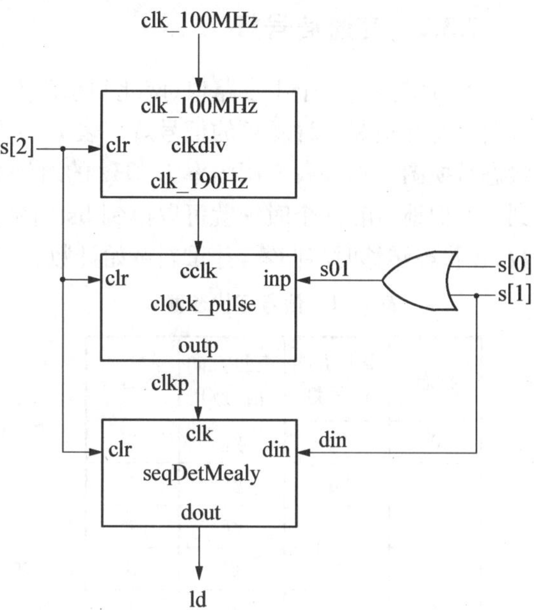

图 7－9　Mealy 状态机检测 1101 序列顶层模块

程序 7.3b　190 Hz 时钟分频程序。

```
module clkdiv
(
    input clk_100 MHz,
    input clr,
    output clk_190 Hz
);
    reg [24:0] q;                 //25 位计数器
    always @ (posedge clk_ 100 MHz or posedge clr)
    begin
        if (clr = = 1)
            q<= 0;
        else
            q <=q + 1;
```

```
    end
    assign clk_190 Hz = q[18]; //190 Hz,参考表 5-8
endmodule
```

程序 7.3c Mealy 状态机检测 1101 序列顶层模块程序。

```
module seqDetaMealyTop
(
    input clk_100 MHz,
    input [2:0] s,
    output ld
);
    wire clr, clk_190 Hz, clkp, s01;
    assign clr = s[2];
    assign s01 = s[0] | s[1];
    clkdiv U1 (.clk(clk_100 MHz), .reset(reset), .clk_190 Hz(clk_190 Hz));
    clock_pulse U2 (.inp(s01), .cclk(clk_190 Hz), .reset(reset), .outp(clkp));
    seqDetMealy U3 (.clk(clkp), .reset(reset), .din(s[1]), .dout(ld));
endmodule
```

7.3.2 交通信号灯

本节实例为一个十字路口(南北和东西方向)交通信号灯的程序设计,其中南北和东西方向都有红黄绿三种颜色的信号灯。表 7-1 给出了信号灯的状态表,图 7-10 为信号灯的状态转换图。如果我们用频率为 3Hz 的时钟来驱动电路,那么延迟 1s 可以用 3 个时钟得到。类似地,用 15 个时钟就可以得到 5s 的延迟。图 7-10 中的计数器 count 用于延迟计数,在状态转移时将归零,并重新开始计数。

表 7-1 信号灯状态表

状态	南北方向信号灯	东西方向信号灯	延迟/s
0	绿	红	5
1	黄	红	1
2	红	红	1
3	红	绿	5
4	红	黄	1
5	红	红	1

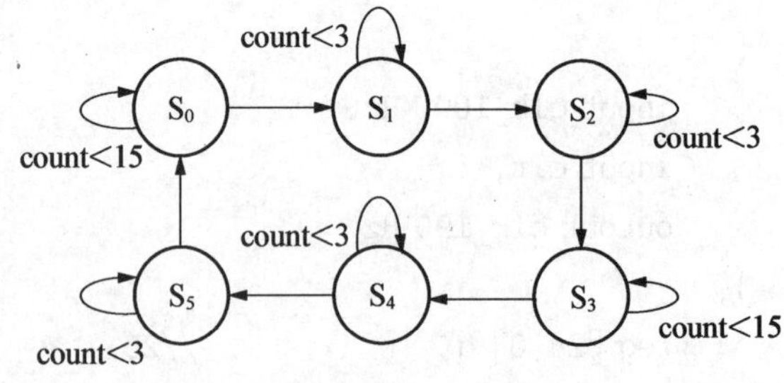

图 7-10 信号灯的状态转换图

程序 7.4a 信号灯程序。

```
module traffic
(
    input clk_3Hz,
    input reset,
```

```
    output reg [5:0] lights
);
    reg [2:0] state;
    reg [3:0] count;
    parameter     S0 = 3'b000, S1 = 3'b001, S2 = 3'b010,
                  S3 = 3'b011, S4 = 3'b100, S5 = 3'b101;
    parameter SEC5 = 4'd14, SEC1 = 4'd2;
    always @ (posedge clk_3Hz or posedge reset)
    begin
        if(reset = = 1)
        begin
            state <= S0;
            count <= 0;
        end
        else
          case (state)
              S0: if (count < SEC5)
                  begin
                      state <= S0;
                      count <= count + 1;
                  end
                  else
                  begin
                      state <= S1;
                      count <= 0;
                  end
              S1: if (coun t< SEC1)
                  begin
                      state <= S1;
                      count <= count + 1;
                  end
                  else
                  begin
                      state <= S2;
                      count <= 0;
                  end
              S2: if (count < SEC1)
                  begin
                      state <= S2;
```

```
            count <= count + 1;
        end
        else
        begin
            state <= S3;
            count <= 0;
        end
    S3: if (count < SEC5)
        begin
            state <= S3;
            count <= count + 1;
        end
        else
        begin
            state <= S4;
            count <= 0;
        end
    S4: if (count < SEC1)
        begin
            state <= S4;
            count <= count + 1;
        end
        else
        begin
            state<= S5;
            count <= 0;
        end
    S5: if (count < SEC1)
        begin
            state <= S5;
            count <= count + 1;
        end
        else
        begin
            state <= S0;
            count <= 0;
        end
    default:state <= S0;
endcase
```

```
    end
    always @ ( * )
    begin
        case (state)
            S0: lights = 6'b100001;//6'h21
            S1: lights = 6'b100010;//6'h22
            S2: lights = 6'b100100;//6'h24
            S3: lights = 6'b001100;//6'h0c
            S4: lights = 6'b010100;//6'h14
            S5: lights = 6'b100100;//6'h24
            default lights = 6'b100001;//6'h21
        endcase
    end
endmodule
```

在程序 7.4a 中第二个 always 块使用 case 语句实现了不同状态下对东西和南北方向红、黄、绿信号灯的控制。程序 7.4a 的仿结果如图 7－11 所示。

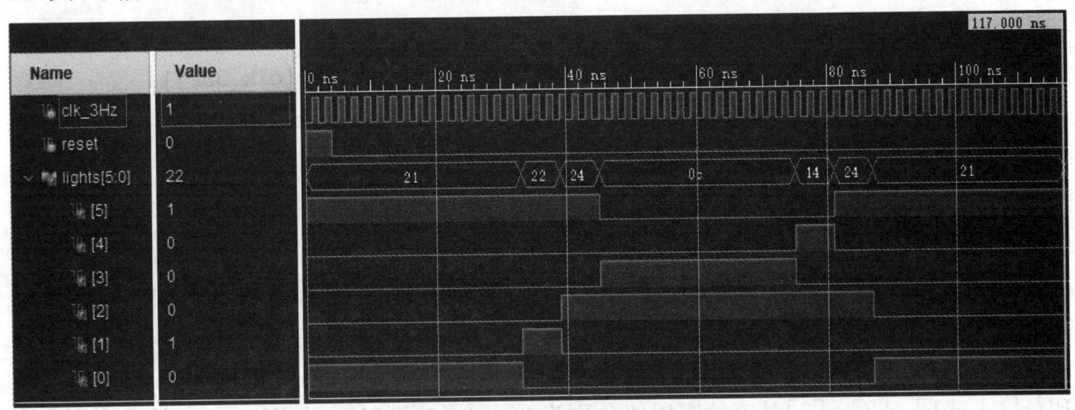

图 7－11　信号灯仿真波形图

程序 7.4b 中的 clkdiv 模块能产生频率为 3 Hz 的时钟，程序 7.4c 给出了整个设计的顶层模块程序。

程序 7.4b　3 Hz 时钟分频器程序。

```
module clkdiv
(
    input clk_100 MHz,
    input reset,
    output clk_3Hz
);
    reg [24:0] q;
    //25-bit counter
    always @ (posedge clk_100 MHz, posedge reset)
```

```
    begin
        if (reset = = 1)
            q <= 0;
        else
            q <= q + 1;
    end
    assign clk_3Hz = q[24];
endmodule
```

程序 7.4c 信号灯顶层模块程序。

```
module tafficLightsTop
(
    input clk_100 MHz
    input s,
    output [5:0] ld
);
    wire reset, clk_3Hz;
    assign reset = s;
    clkdiv U1(.clk(clk_100 MHz), .reset(reset), .clk_3Hz(cIk_3Hz));
    traffic U2(.clk_3Hz(clk_3Hz), .reset(reset), .lights(ld));
endmodule
```

7.3.3 密码锁设计

在本节例程中，将把序列检测器扩展为一个密码锁电路。利用拨码开关 sw[7:0]来设置初始密码(密码设定为 4 个 2 位的二进制密码，sw[7:6]、sw[5:4]、sw[3:2]和 sw[1:0]分别对应密码的第 1、2、3、4 位，密码只能设定为 00、01、10 和 11)，通过按键 s[3:0]来输入密码(s[0]、s[1]、s[2]、s[3]对应的密码值分别为 00、01、10 和 11)。如图 7 - 12 所示的状态转换图用于比较输入密码与拨码开关设置的密码是否一致。如果密码是正确的，则 pass 为 1，fail 为 0；如果密码错误，则 pass 为 0，fail 为 1。注意：即使密码输入错误，也必须完成完整的 4 位密码输入，才能进入 fail (E4)状态。

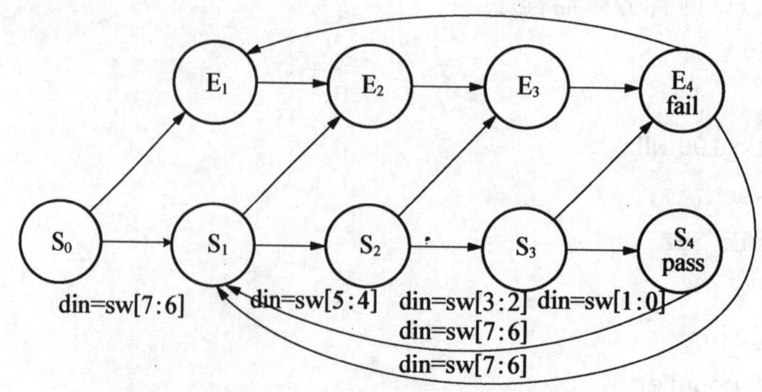

图 7 - 12 密码锁的状态转换图

程序 7.5a　密码锁程序。

```
module doorLock
(
    input clk,
    input reset,
    input [7:0] sw,
    input [1:0] din,
    output reg pass,
    output reg fail
);
    reg [3:0] current_state, next_state;
    parameter S0 = 4'b0000, S1 = 4'b0001, S2 = 4'b0010, S3 = 4'b0011,
              S4 = 4'b0100, E1 = 4'b0101, E2 = 4'b0110, E3 = 4'b0111,
E4 = 4'b1000;
    //状态切换
    always @ (posedge clk, posedge reset)
    begin
        if(reset = = 1)
            current_state <= S0;
        else
            current_state <= next_state;
    end
    //C1 模块
    always @ ( * )
    begin
        case (current_state)
            S0: if (din = = sw[7:6])
                    next_state = S1;
                else
                    next_state = E1;
            S1: if (din = = sw[5:4])
                    next_state = S2;
                else
                    next_state = E2;
            S2: if (din = = sw[3:2])
                    next_state = S3;
                else
                    next_state = E3;
            S3: if(din = = sw[1:0])
                    next_state = S4;
```

```
                else
                    next_state = E4;
            S4: if (din = = sw[7:6])
                    next_state = S1;
                else
                    next_state = E1;
            E1: next_state = E2;
            E2: next_state = E3;
            E3: next_state = E4;
            E4: if (din = = sw[7:6])
                    next_state = S1;
                else
                    next_state = E1;
            default: next_state = S0;
        endcase
    end
    //C2 模块
    always @ ( * )
    begin
        if (current_state = = S4)
            pass = 1;
        else
            pass = 0;
        if (current_state = = E4)
            fail = 1;
        else
            fail = 0;
    end
endmodule
```

程序 7.5a 的仿真波形图如图 7 - 13 所示。在仿真测试时，假设密码为可以看到，当密码正确时，pass 为 1，不正确时为 0，符合密码锁设计要求。

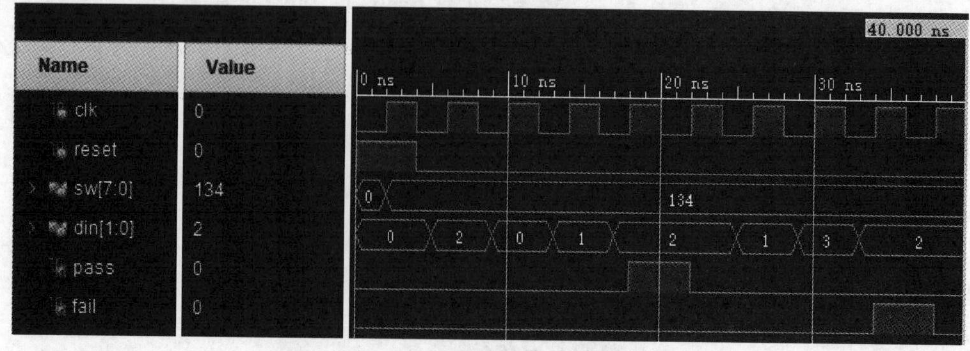

图 7 - 13　密码锁仿真波形图

使用 FPGA 实验板卡验证程序 7.5a。其顶层模块框图如图 7－14 所示。其中，模块 clkdiv 和 clock_pulse 分别见程序 7.3b 和程序 5.18。

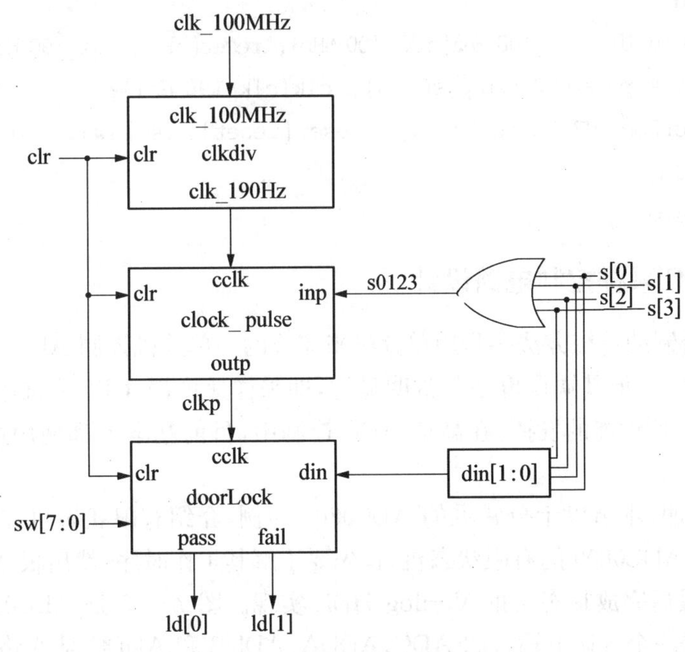

图 7－14　密码锁顶层模块框图

程序 7.5b　密码锁顶层模块程序。

```
module doorLockTop
(
    input clk_100 MHz
    input [7:0] sw,
    input [4:0] s,
    ouput [1:0] 1d
);
    wire cl, clr, clk_190 Hz, clkp, s0123;
    reg [1:0] din;
    assign clr = s[4];
    assign s0123 = s[0] | s[1] | s[2] | s[3];
    always @ ( * )
    begin
        case (s)
            8:din = 2b11;
            4:din = 2'b10;
            2:din = 2'b01;
            0:din = 2'b00;
```

```
                default:din = 2'b00;
                endcase
            end
            clkdiv U1 (.clk_100 MHz(clk_ 100 MHz), .reset(clr), .clk_190 Hz(clk_190 Hz)):
            clock_pulse U2 (.inp(s0123), .clk(clk_190 Hz));
            doorLock U3 (.cclk(clkp), .reset(reset), .sw(sw), .din(din), pass(ld
[0]), .fail(ld[1]);
        endmodule
```

7.3.4 ADC 采样控制电路设计

ADC 采样控制的传统方法多是用单片机来完成的。单片机控制 ADC 采样具有编程简单、控制灵活的优点,但其缺点也是非常明显的,即采样速度慢,CPU 控制的低速极大地限制了 ADC 器件高速性能的发挥,在高速 ADC 控制中,目前基本上都使用可编程逻辑器件来进行。

为了便于说明,本节以十分常见的 ADC0809 为例,介绍有限状态机控制 ADC 的设计方法。设计控制 ADC0809 的有限状态机,首先要了解其工作时序,然后根据工作时序,绘制出状态转移图,最后完成状态机的 Verilog HDL 实现。图 7-15 是 ADC0809 的转换时序图。ADC0809 是一个 8 通道输入的 ADC,ADDA、ADDB 和 ADDC 是八路输入 IN0～IN7 的选择信号。端口 ALE 为模拟信号输入选通端口地址锁存信号,上升沿有效。START 为转换启动信号,高电平有效。当 START 有效后,转换状态信号 EOC 立即变为低电平,表示正在进行 AD 转换,转换时间为 100 μs。转换结束 ALE 后,EOC 变为高电平,控制器可以根据此信号了解转换状态。此后控制器可以通过控制输出使能端 OE,通过 8 位并行数据总线 D[7:0]来读取转换结果。

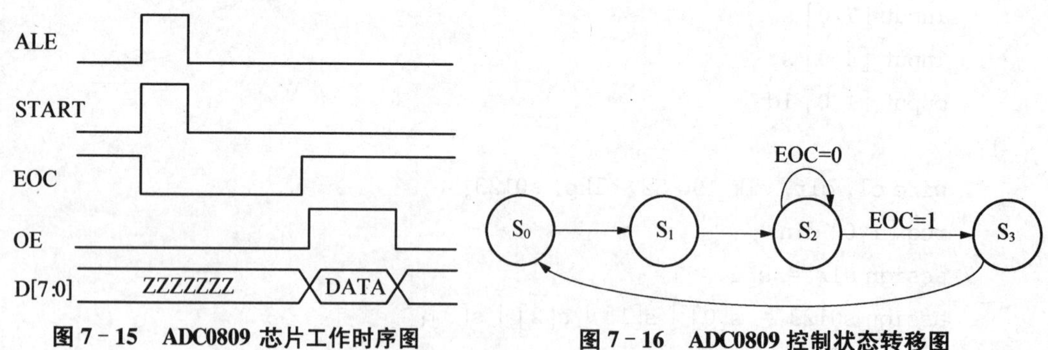

图 7-15 ADC0809 芯片工作时序图　　图 7-16 ADC0809 控制状态转移图

图 7-16 是根据 ADC0809 工作时序绘制的状态转移图,ADC 转换控制状态机共有 4 个状态,分别是初始化状态 S_0、启动 ADC 状态 S_1、等待 ADC 转换结束状态 S_2 和转换数据读取状态 S_3。ADC0809 控制的状态从 S_0 到 S_1、S_1 到 S_2、S_3 到 S_0 的状态转换都是在时钟上升沿直接变化,只有在 S_2 状态时,根据输入信号 EOC 来判断状态转移的下一状态。由于状态机的输出状态较多,在图 7-15 中没有列出相应的输出,详细的输出信号信息可以查看程序 7.6a 的代码。ADC 在状态机控制下,依次在这 4 个状态切换,完成 AD 转换功能,有了状

态转移图后，就可以对状态机进行 Verilog HDL 代码实现，其代码见程序 7.6a，其仿真波形图见图 7－17。

程序 7.6a　ADC0809 控制状态机的 Verilog HDL 代码实现。

```
module adc0809
(
    input clk, reset,              //状态机工作时钟和系统复位控制
    input eoc,                     //ADC 转换结束标志信号
    input [7:0] data,              //来自 ADC 的数据总线
    output [2:0] addr,             //ADC 输入通道选择地址
    output reg start,              //ADC 转换启动信号
    output reg ale,                //模拟通道地址输入锁存信号
    output reg oe                  //ADC 数据输出使能
)
    localparam[1:0]
    S0 = 2'b00, S1  = 2'b01, S2  = 2'b10,S3  = 2'b11;//定义各状态
    reg [1:0] current_state, next_state;     //状态声明
    //状态转移
    always @ (posedge clk, posedge reset)
    begin
        if ( reset )
            current_state <= S0 ;
        else
            current_state <= next_state;
    end
    assign addr  =  3'b001;                   //输入通道设定为通道 1
    //次态逻辑和输出逻辑
    always @ *
    begin
        case (current_state)
            S0:
                begin
                    ale  =  0;
                    start  =  0;
                    oe  =  0;
                    next_state  =  S1;
                end
            S1:
                begin
                    ale  =  1;
```

```
                start = 1;
                oe = 0;
                next_state = S2;
            end
        S2:
            begin
                ale = 0;
                start = 0;
                oe = 0;
                if (eoc = = 1'b1) next_state = S3;  //转换结束
                else next_state = S2;               //转换未结束,继续等待
            end
        S3
            begin
                ale= 0;
                start = 0;
                oe = 1;//使能转换数据输出
                next_state = S0;
            end
        endcase
    end
endmodule
```

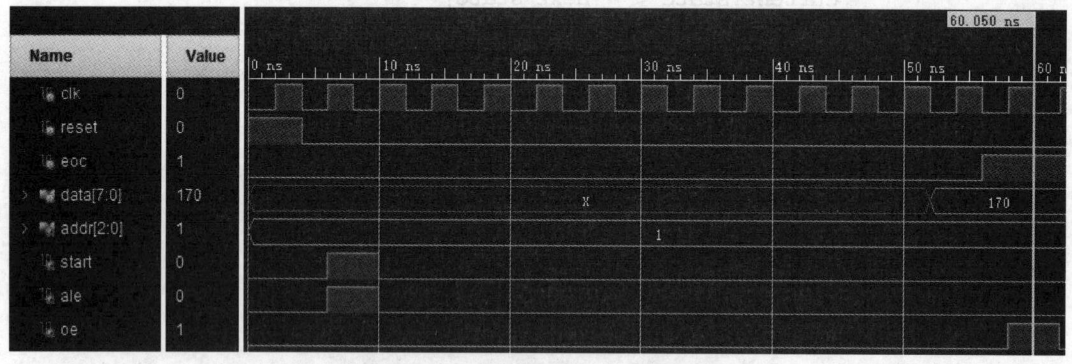

图 7-17　ADC0809 控制状态转移图

实际上也可以把程序 7.6a 中的次态逻辑和输出逻辑组合逻辑过程分为两个组合过程：一个负责状态译码和状态转换；另外一个负责对外控制信号。其组合代码见程序 7.6b，其功能和程序 7.6a 完全一样，但程序结构更清晰，功能分工更加明确。

程序 7.6b　ADC0809 控制状态机的 VerilogHDL 代码另一种实现。

```
always @ *
begin
```

```
    case (current_state)
        S0: next state = S1;
        S1 :next state = s2;
        S2 :
            if (eoc = = 1'bl) next_state = S3;  //转换结束
            else next_state = S2;               //转换未结束,继续等待
        S3: next_state = S0;
    endcase
end
always @ *
begin
    case (current_state)
        S0:
            begin ale = 0; start = 0;oe = 0; end
        S1:
            begin ale = 1; start = 1;oe = 0; end
        S2:
            begin ale = 0; start = 0; oe= 0; end
        S3:
            begin ale = 0; start = 0; oe = 1; end
    endcase
end
```

本章习题

1. 序列检测器设计。

设计一个序列检测器,当输入为"11001"时,状态机输出为 1。

(1) 设计一个基于 Moore 型的电路,并画出状态转移图;

(2) 依据状态转移图编写 Verilog HDL 代码,并对代码进行仿真;

(3) 设计测试电路并编写代码,参考 7.3.1 节,在开发板上用按键和 LED 模拟输入和输出;

(4) 综合电路,编程 FPGA 并验证。

(5) 设计一个基于 Moore 型的电路,重复 1～4 步。

2. 多输入信号检测器设计。

一个具有 2 个输入(A、B),一个输出(Y)的时钟同步状态机,Y 为 1 的条件是:① 在前两个时钟触发沿上,A 的值相同;② 从上一次第一个条件为真起,B 的值一直为 1。

(1) 画出状态转移图;

(2) 依据状态转移图编写 Verilog HDL 代码,并对代码进行仿真;

(3) 设计测试电路并编写代码,参考 7.3.1 节,在开发板上用按键和 LED 模拟输入和输出;

(4) 综合电路,编程 FPGA 并验证。

3. 流水灯设计。

利用状态机实现 4 位 LED 的流水灯，输入信号 dir 表示方向，1 为右移，0 为左移，流水时间间隔为 1 秒。

(1) 画出状态转移图；

(2) 依据状态转移图编写 Verilog HDL 代码，并对代码进行仿真；

(3) 设计测试电路并编写代码，在开发板上用拨码开关和 LED 模拟输入和输出；

(4) 综合电路，编程 FPGA 并验证。

4. 停车场计数器。

假设停车场只有一个入口和一个出口，利用两对光电传感器检测车辆的进出情况，如图 7-18 所示。当有车辆处在接收器与发射器中间时，红外光线被遮挡，相应的输出置为有效电平(即置 1)。通过检查光电传感器可以确定是否有车辆进出或者只是行人穿过。例如，车辆进入会发生如下事件：

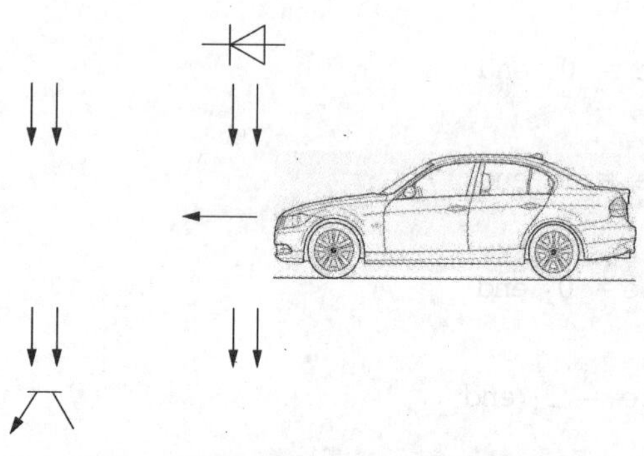

图 7-18　光电传感器检测车辆进出示意图

(1) 最开始两个传感器都未被遮挡(ab 值为“00”)；

(2) 传感器 a 被遮挡(ab 值为“10”)；

(3) 两个传感器都被遮挡(ab 值为“11”)；

(4) 传感器 a 未被遮挡(ab 值为“01”)；

(5) 两个传感器都未被遮挡(ab 值为“00”)。

因此，可以按以下步骤设计一个停车场计数器：

(1) 设计一个带有两个输入(a 和 b)、两个输出(enter、exit)的有限状态机。当车辆进入停车场和开出停车场时，分别将 enter、exit 置为一个周期的有效电平；

(2) 根据有限状态机编写 Verilog HDL 代码；

(3) 设计一个带有两个控制信号(inc、dec)的计数器，当车辆进出时加 1 或减 1，编写 Verilog HDL 代码；

(4) 结合计数器、有限状态机和数码管分时复用显示电路，用两个带去抖电路的按键代替光电传感器的输入，验证停车场计数器的功能。

第 8 章

数字积木设计模式

本章学习导言

Xilinx 已经推出了 16nm UltraScale+ FPGAs，可以预见，未来的 FPGA 片内资源将会继续增大，并变得更加复杂，而市场机制下的设计周期却在逐渐缩短。在这种趋势下，可重用设计、使用第三方 IP 将会变得必不可少。Xilinx 已经意识到了设计者所面临的挑战。在 Vivado 设计套件中开发了一个强大的新功能来帮助解决这一问题，这就是本章将要为大家介绍的 IP Integrator。从本章开始，我们将学习一些典型的接口开发并将之封装成 IP，使用 IP 搭建数字积木，方便快捷地完成工程。

8.1　IP 基础

在集成电路的可重用设计方法学中，IP 核，就是知识产权核（intellectual property core），是指某一方提供的、形式为逻辑单元的可重用模块。IP 核通常已经通过了设计验证，设计人员以 IP 核为基础进行设计，可以缩短设计所需的周期。

IP 核可以通过协议由一方提供给另一方，或由一方独自占有。IP 核的概念源于产品设计的专利证书和源代码的版权等。设计人员能够以 IP 核为基础进行 FPGA 的逻辑设计，可减少设计周期。这就如同在 C 语言中使用 printf 函数实现打印输出，但是在 Vivado 下设计和使用 IP 核必须遵循 Vivado 的步骤。

Vivado 提倡的积木式设计，正是与 IP 核紧密相关，用户可以将功能性设计做成一个一个 IP 核，然后“组装”起来成为产品。Vivado 本身提供了很多 IP 核可供用户使用，例如数学运算（乘法器、除法器、浮点运算器等）、信号处理（FFT、DFT、DDS 等）。另外用户也可以使用第三方的 IP 核来加快设计，例如，使用第三方提供的神经网络处理 IP 核。当然，开发者也可以开发自己的 IP 核，自己在各个工程中调用或提供给第三方使用。

Vivado IP Integrator 可以在一个设计画布中通过实例化和互联 IP 核来创建一个复杂的系统设计，这些 IP 核在 Vivado IP Catalog 中统一管理，可以通过 Add IP 工具将其添加到 IP Integrator 的画布界面中。下面对这一强大的工具进行简单的介绍。

创建 IP Integrator 设计：可以在 Flow Navigator 中展开 IP Integrator，然后单击 Create Block Design 来创建一个新的 Block Design，如图 8-1 所示。

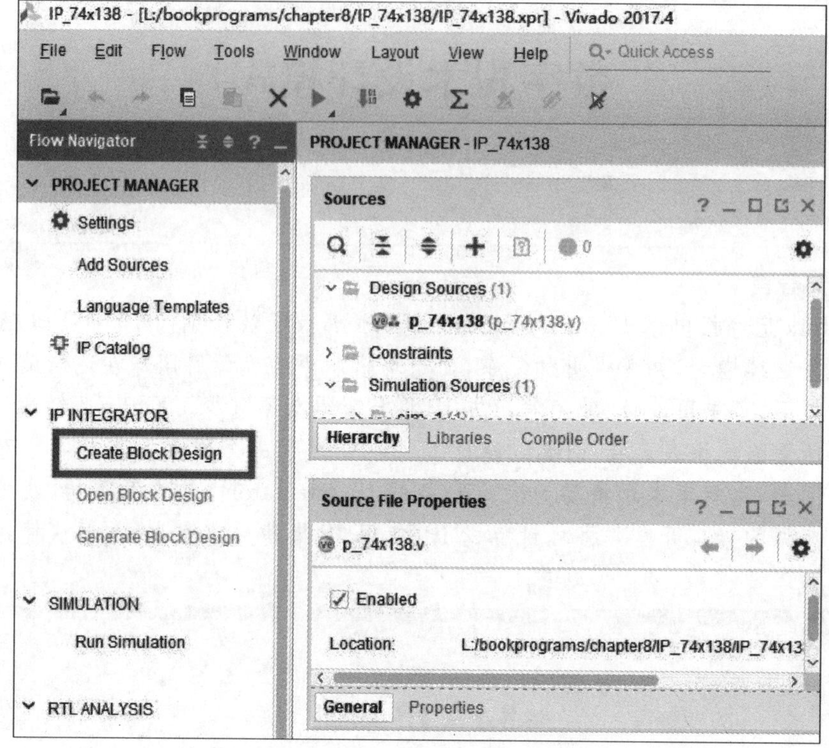

图 8-1 Create Block Design

(1) 当 Block Design 创建完成，一个空白画布将在 Workspace 中被打开，然后就可以在这个空白画布中构建自己的系统。首先来熟悉一下这个界面，可以通过单击 Diagram 窗口右上角的 Float 按钮将 Diagram 窗口从 Vivado IDE 中分离出来，再次单击这个图标还原默认布局。

(2) 单击 Diagram 窗口右上角的图标进入布局管理，如图 8-2 所示。这里可以通过勾选或者取消勾选来显示或者隐藏相应的 Attributes、Nets 以及 Interface Connections。

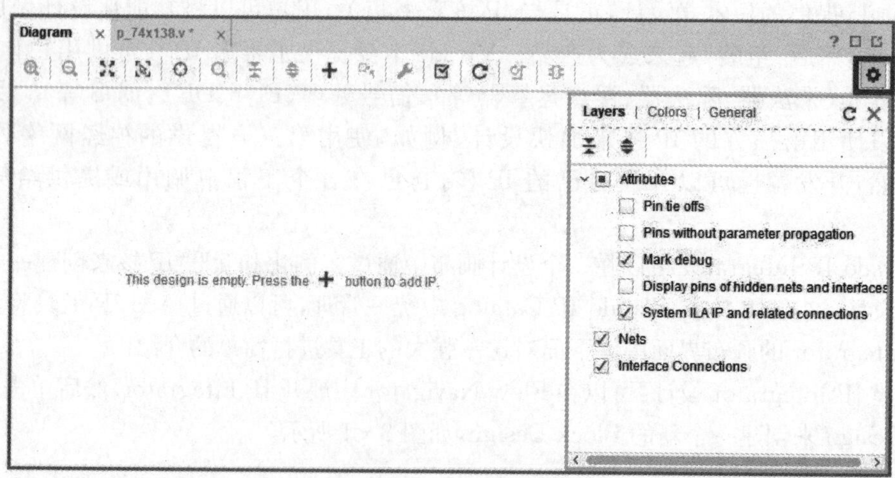

图 8-2 布局管理

(3) 选择 Colors 选项来设置背景颜色和一些其他的颜色。如图 8-3 所示。

Diagram × p_74x138.v* ×

This design is empty. Press the + button to add IP.

Layers | Colors | General

Item	Color
Background	255, 255, 255
Selection	253, 134, 43
Cell Text	0, 0, 0
Cell Border	65, 97, 159
Cell Fill	237, 246, 254
Hierarchy Fill	170, 196, 247
Expanded Fill	250, 253, 254
Pin text	0, 0, 0
Port Text	0, 0, 0
Clock net	16, 34, 53
Reset net	16, 34, 53
Interrupt net	16, 34, 53
Clock Enable net	16, 34, 53
Data net	16, 34, 53
Other nets	16, 34, 53
AXI4-Memory Map Connection	65, 97, 159

图 8-3　颜色设置

(4) 下面来了解一下 Diagram 窗口上边的工具栏，这些工具提供了常用操作的快速访问，如图 8-3 所示。鼠标放在工具栏图标附近，就会出现该图标的功能提示。

(5) 添加 IP。可以通过工具栏的 Add IP 按钮或者右击画布的空白区域并在弹出的快捷菜单中选择 Add IP。如果是添加系统的第一个 IP 核，还可以通过单击 Diagram 窗口画布中央的提示信息的"+"链接添加 IP。3 种添加 IP 的方式如图 8-4 所示。

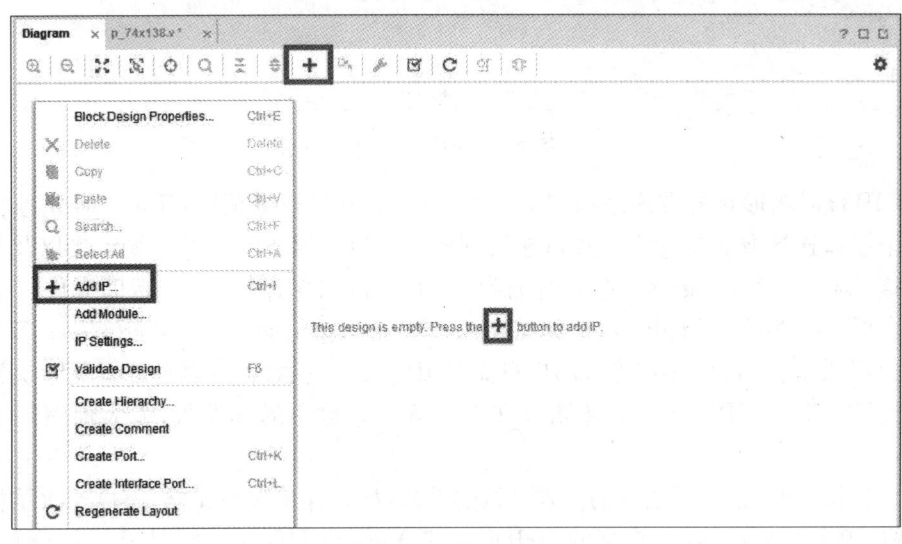

图 8-4　添加 IP

(6) 当用上述 3 种方法中的一种添加 IP 时，都会打开一个 IP Catalog 搜索框，输入想

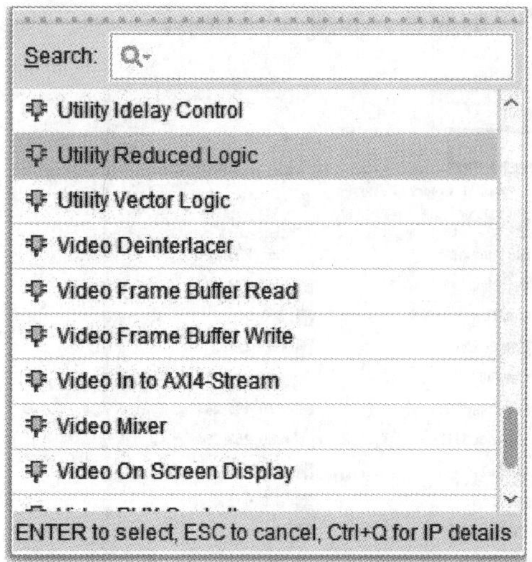

图 8－5　在 IP Catalog 中添加 IP

添加的 IP 核的名字，双击或者按下“Enter”键完成添加，如图 8－5 所示。

(7) Vivado 使用 IP Catalog 管理 IP 核。单击 Project Manager 下的 IP Catalog，打开 IP 管理器，如图 8－6 所示，可以看到 Vivado 已经集成了很多的 IP 核，从简单的数字电路到复杂的数字信号处理、网络应用、嵌入式应用、标准接口等。只需要使用 IP Integrator 的添加 IP 功能，就能将这些 IP 添加到自己的系统中使用，当然前提是要有相应 IP 核的使用权限，Xilinx 官方开放了很多的 IP 核 license，完全可以满足一般用户的需求。

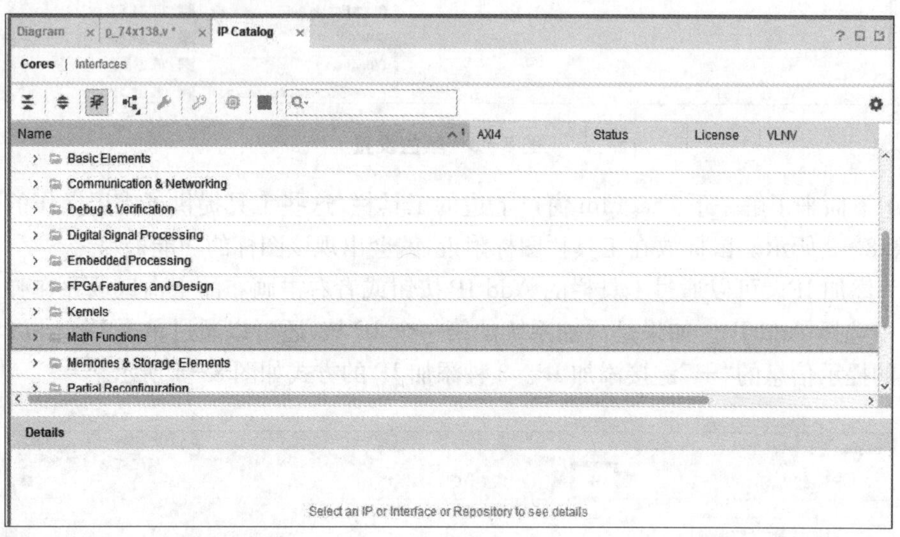

图 8－6　IP Catalog

(8) IP 核以图形化的方式添加到画布中，可以对其进行重配置，还可以轻松地使用鼠标将两个接口连接或者将特定的接口连接到外部端口。对于复杂的总线连接以及常用的接口连接，Vivado IP Integrator 将会检测到，并提供自动化连接工具，帮助完成复杂接口的连接。对于一些特定的 IP 核，比如 ZYNQ7 Procesing System IP、Microblazes 等 IP 核，Vivado 也提供了自动化连接工具，用户只需对 IP 核相应参数进行合理配置就能快速地完成系统设计，Vivado IP Integrtor 还能很好地支持一些常用的开发板，大大地缩短了设计时间。

(9) IP Integrator 以模块化的方式来构建系统，接口连接一目了然，整体层次结构清晰易懂，并且很大程度上屏蔽了底层的 VHDL 或者 Verilog HDL 设计，对于一个不懂 FPGA 人来说也能使用第三方 IP 核很快地构建出自己的复杂系统。

8.2　打包属于自己的 IP

1. 创建工程

参考 IP 设计流程示例，创建名为 74LS138 的新工程：

(1) 如图 8－7 所示，打开 Vivado 设计开发软件，选择“Create New Project”。

图 8－7　Vivado 欢迎界面

(2) 在弹出的创建新工程的界面中，单击“Next”，开始创建新工程，如图 8－8 所示。

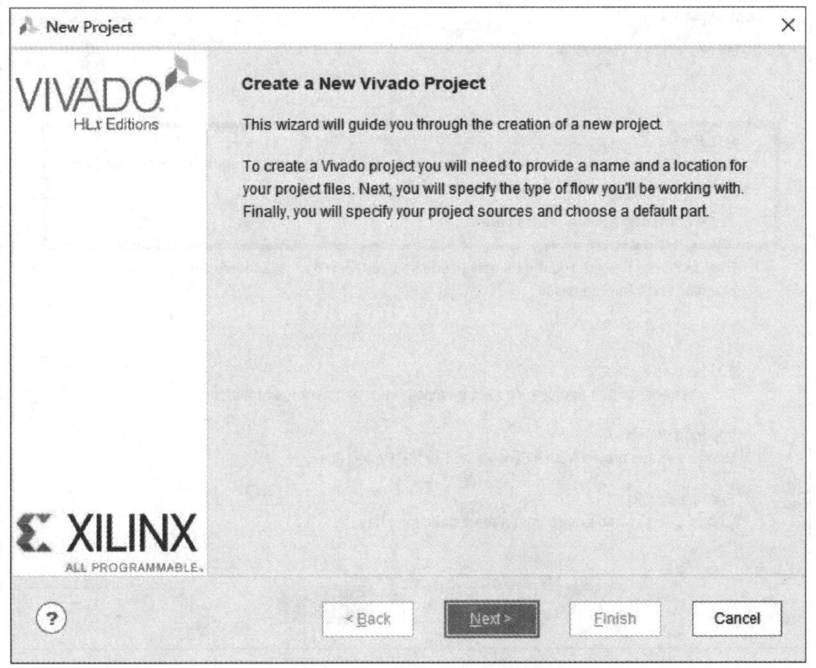

图 8－8　创建工程界面

(3) 在 Project Name 界面中，将工程名称修改为 74LS138 并设置好工程存放路径。同时勾选创建工程子目录的选项。这样，整个工程文件都将存放在创建的 74LS138 子目录中，单击“Next”，如图 8 - 9 所示。

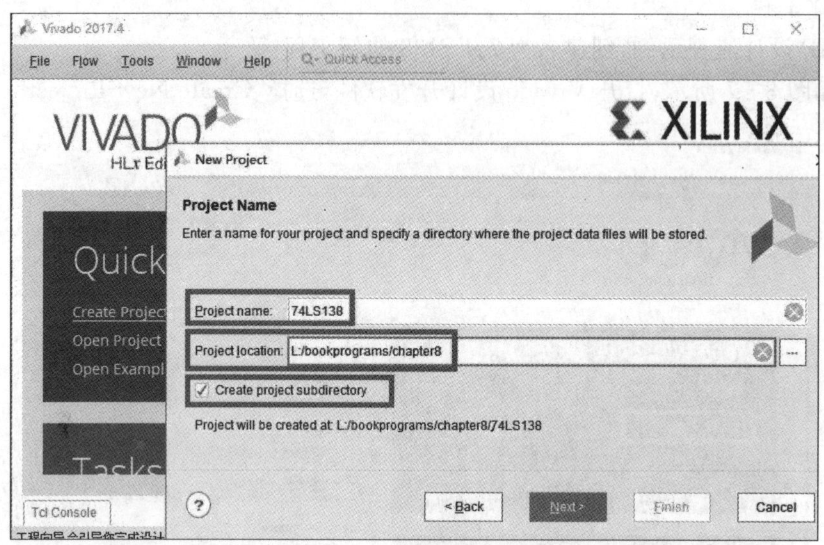

图 8 - 9　工程名称和路径设置

(4) 在选择工程类型的界面中，选择 RTL 工程。由于本工程无须创建源文件，故将“Do not specify sources at this time”(不指定添加源文件)勾选上，如图 8 - 10 所示。单击“Next”。

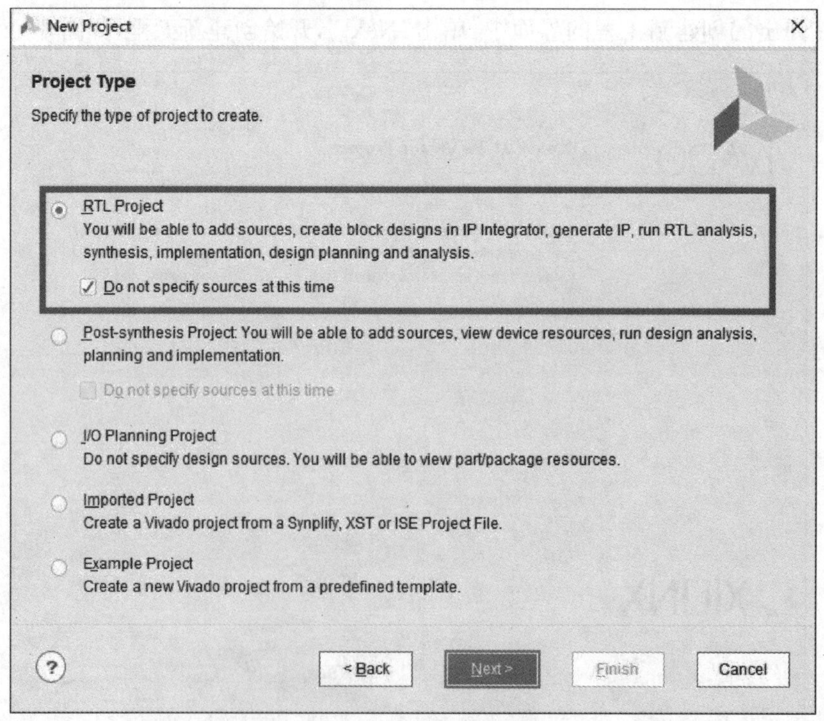

图 8 - 10　RTL 工程选项

(5) 在新工程总结中,检查工程创建是否有误,若没有问题,则单击“Finish”,完成新工程的创建,如图 8-11 所示。

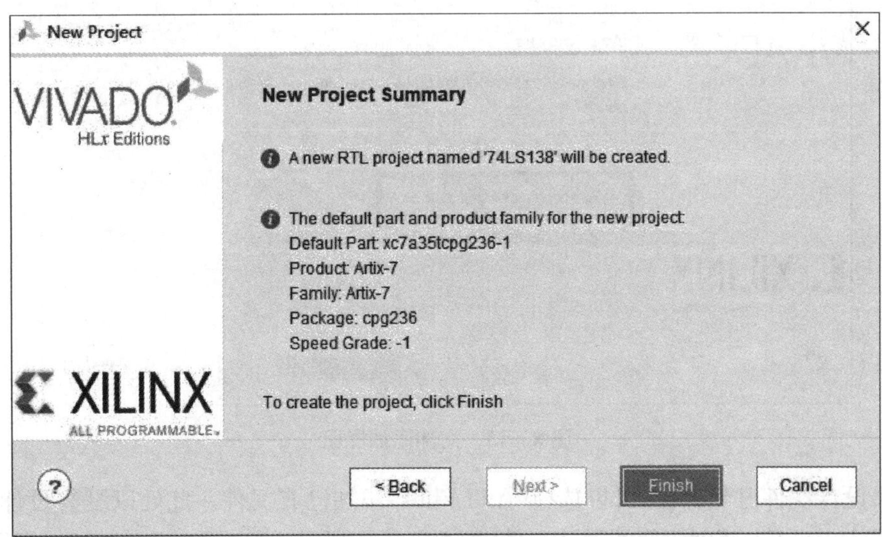

图 8-11　创建工程完成

2. 添加设计文件

(1) 在辅助设计向导 Flow Navigator 中单击“PROJECT MANAGER”下的“Add Sources”,如图 8-12 所示。

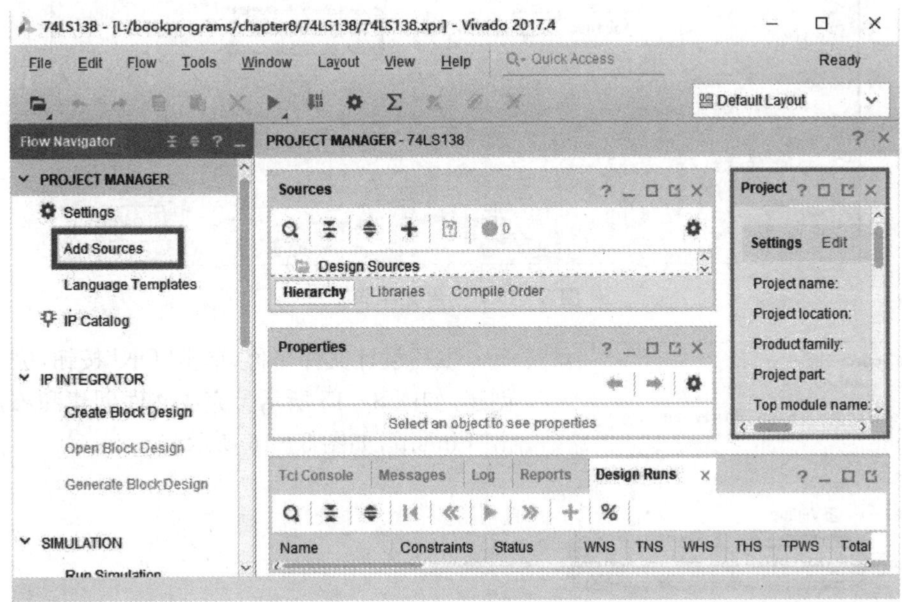

图 8-12　“Add Sources”选项

(2) 在弹出的添加文件界面中选择添加设计文件单击“Next”,如图 8－13 所示。

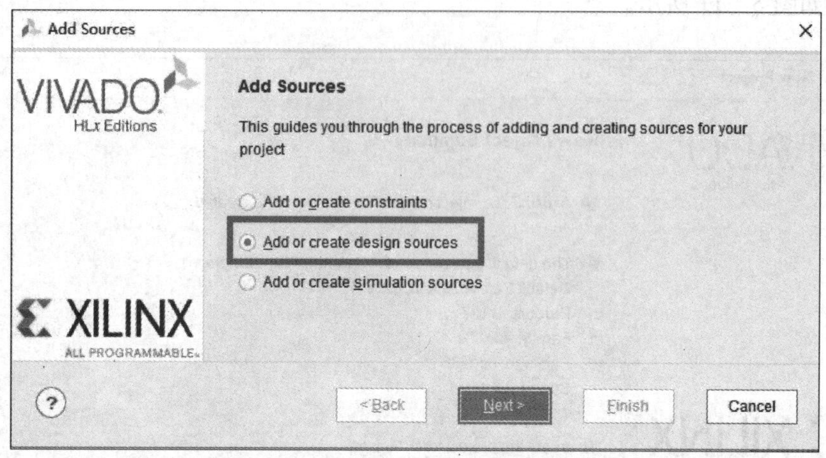

图 8－13　文件添加界面

如果设计文件已经存在,可以选择“Add Files”添加已有文件。此处以没有设计文件为例,单击“Create Files”创建新的设计文件,如图 8－14 所示。

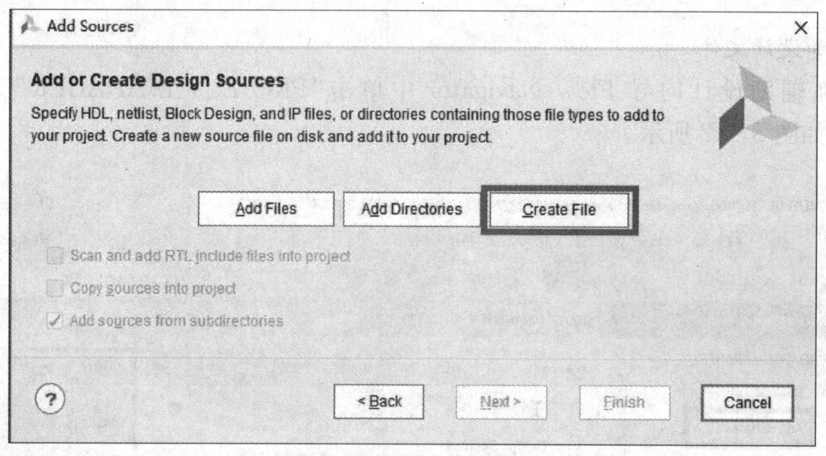

图 8－14　创建文件选项

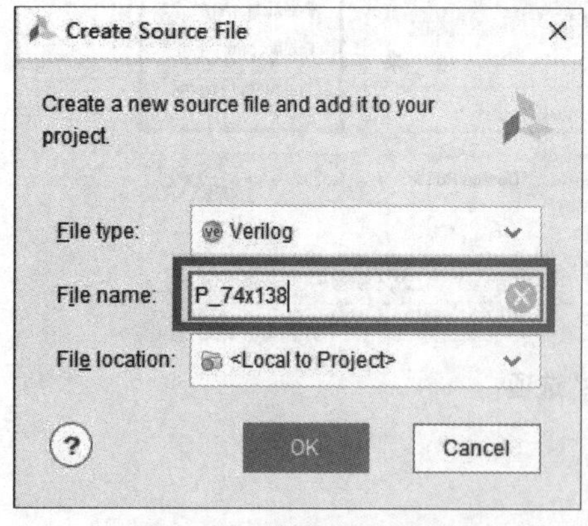

图 8－15　创建设计源文件

填写设计文件名称,单击“OK”按钮,完成文件创建,如图 8－15 所示。完成文件创建和添加后单击“Finish”,如图 8－16 所示。

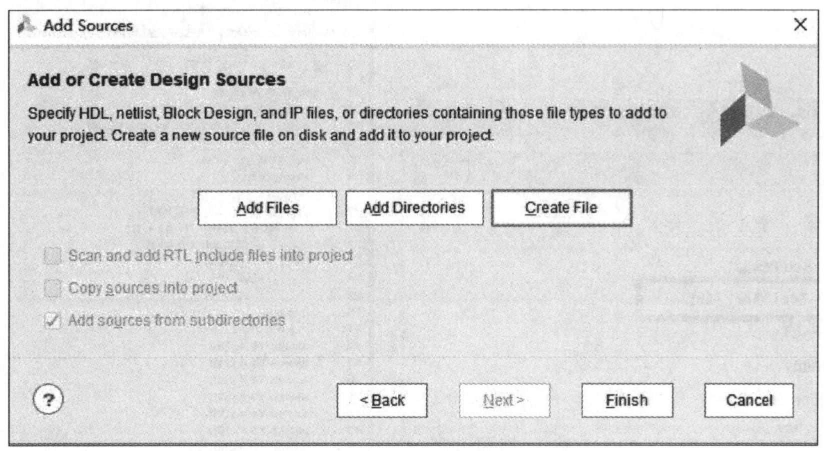

图 8－16　创建文件添加完成

在弹出的定义模块的界面中，直接单击“OK”按钮，如图 8－17 所示。

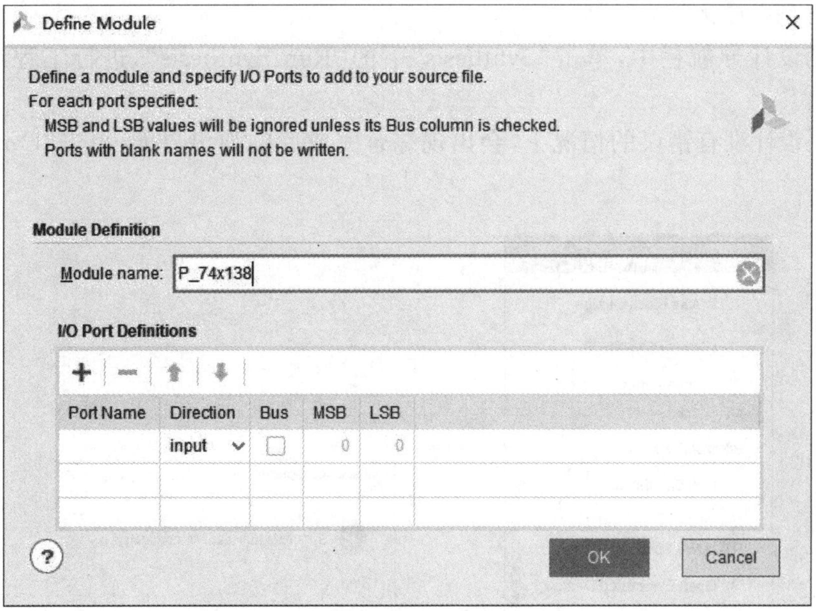

图 8－17　模块定义界面

完成文件创建后进行代码编写。双击文件名，打开设计文件，如图 8－18 所示。设计代码，输入图 8－19 所示代码，并保存。

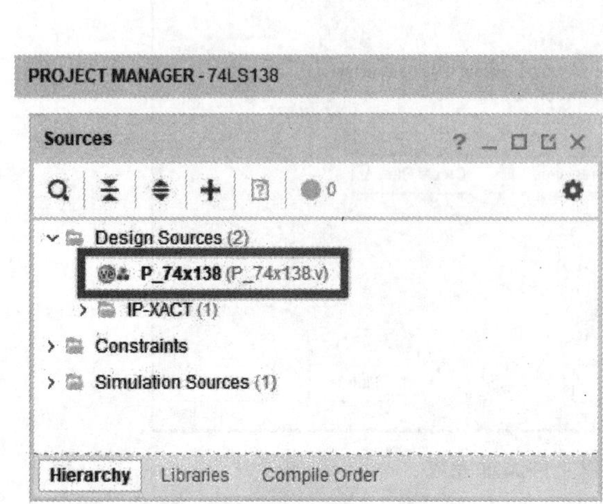

图 8-18　工程"Sources"窗口

P_74x138.v *

L:/bookprograms/chapter8/74LS138/74LS138.srcs/sources_1/new/P_74x138.v

```
module P_74x138(
    input A0, A1, A2, G1, G2, G3,
    output Y0, Y1, Y2, Y3, Y4, Y5, Y6, Y7
    );
    reg [7:0] y;
    integer i;
    always @ (*)
      if ({G1, G2, G3} == 3'b100)
        for (i = 0; i <= 7; i = i + 1)
          if ({A2, A1, A0} == i)
            y[i] = 0;
          else
            y[i] = 1;
      else
        y = 8'hff;
    assign Y0 = y[0];
    assign Y1 = y[1];
    assign Y2 = y[2];
    assign Y3 = y[3];
    assign Y4 = y[4];
    assign Y5 = y[5];
    assign Y6 = y[6];
    assign Y7 = y[7];
endmodule
```

图 8-19　设计代码并输入

3. 设计综合验证

在辅助设计导航栏中，单击"Synthesis"下的"Run Synthesis"，进行工程综合，如图 8-20 所示。

在代码设计没有错误的情况下，会出现综合完成后的弹出界面，单击"Cancel"，如图 8-21 所示。

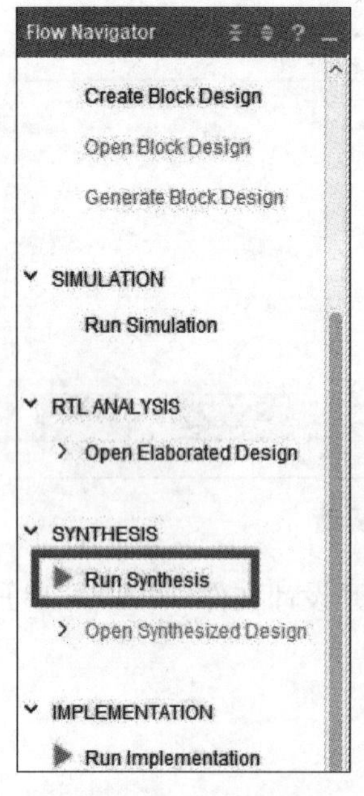

图 8-20　综合选项

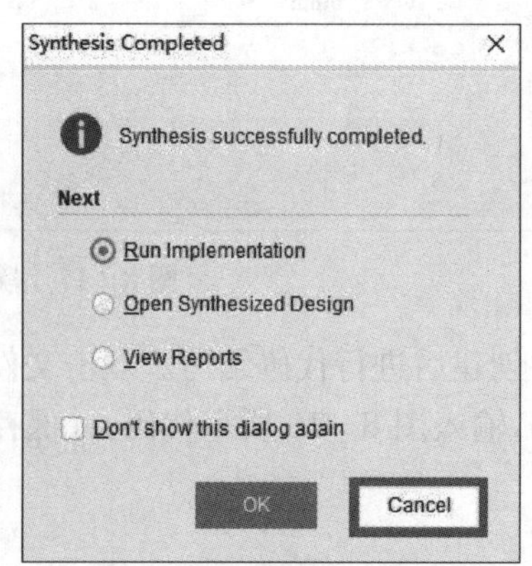

图 8-21　综合验证成功

4. 创建和封装 IP

(1) 在当前工程环境下，单击菜单栏的"Tools"按钮，在弹出的子菜单上找到并单击"Create

and Package IP"项,在弹出的窗口上直接单击"Next"按钮。现在弹出窗口如图 8 - 22 所示。

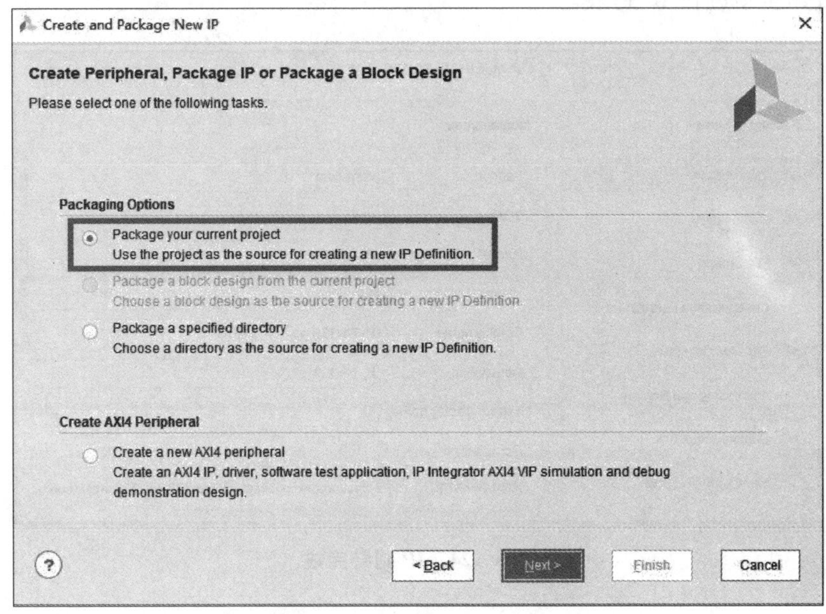

图 8 - 22　创建和封装新的 IP

因为从本工程创建,所以保持选项不动,单击"Next"按钮,之后弹出如图 8 - 23 所示的窗口。

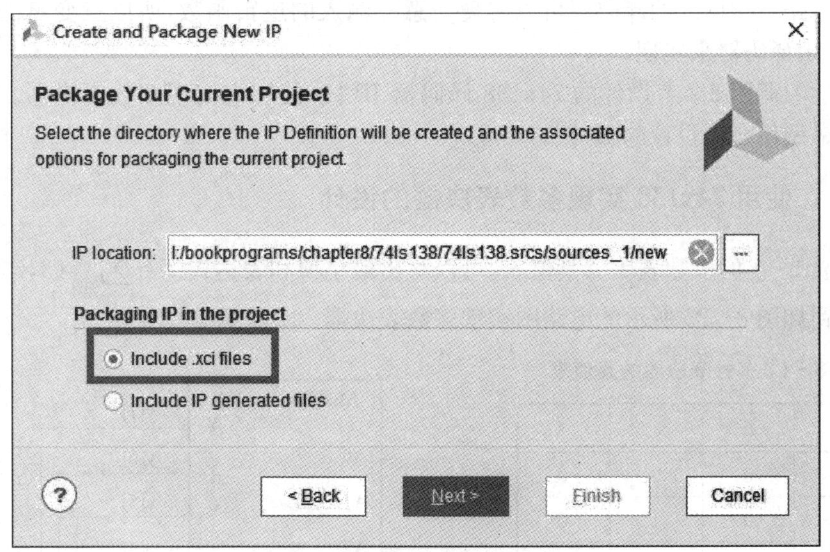

图 8 - 23　将本工程封装成 IP

在图 8 - 23 中,选择"Include .xci files"选项,则包含以 xci(IP 核文件后缀)为后缀的文件,如果选择"Include IP generated files"选项,则包含生成 IP 的文件。这里不改变默认设置,按"Next"按钮。之后弹出提示 IP 核将创建的窗口,继续按"Finish"按钮,完成创建和 IP 封装。然后弹出带滚动条的窗口表示 IP 正在创建。之后窗口如图 8 - 24 所示。在图 8 - 24 中,可以进一步完成 IP 的信息,其中 Name 为 IP 的名称;Display name 为 IP 在 Block

Design 中显示的下标名称。然后单击页框“Review and Package”项后有封装 IP 的按钮，可以单击该按钮重新进行 IP 封装。

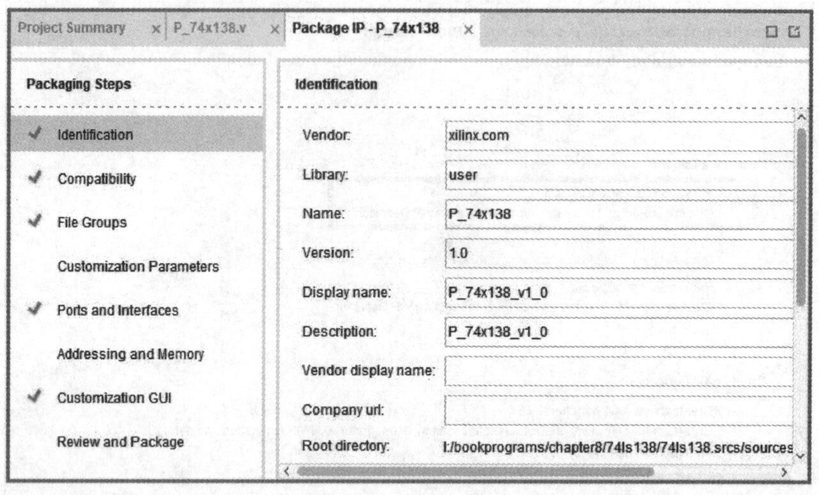

图 8-24 IP 封装完成

8.3 源代码法调用 IP 核设计实例——多数表决器

数字电路中三输入的译码器可以实现任意三输入的逻辑函数，所以三变量的多数表决器，也可以用译码器来实现。

本节学习调用 8.2 节设计的 74x138 译码器 IP 核，使用它实现多数表决器。本节最重要的内容是调用自己设计的 IP 核。

8.3.1 使用 74x138 实现多数表决器的设计

根据表 8-1 的多数表决器真值表，可以写出最小项和表达式 $f=\sum_{cba}(3,5,6,7)$。因此可以得到如图 8-25 所示的电路图实现多数表决器。

表 8-1 多数表决器的真值表

a	b	c	f
0	0	0	0
0	0	1	0
0	1	0	0
0	1	1	1
1	0	0	0
1	0	1	1
1	1	0	1
1	1	1	1

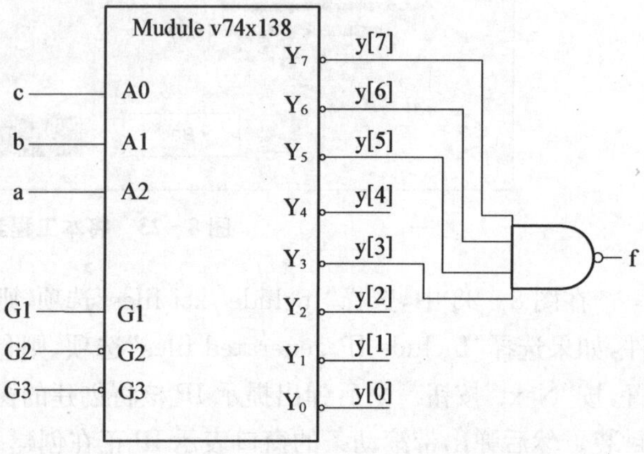

图 8-25 使用 74x138 和与非门实现多数表决器

8.3.2　构建新工程并调用 IP 核

新建一个工程，dsbjq_useIP 建立工程的步骤和 8.2 节步骤一样。在新建了工程后，单击流程导航下工程项下的“IP 目录(IP Catalog)”，在右边的窗口中增加了 IP Catalog 页框，以树状结构显示当前能够使用的所有 IP 核(见 8.2 节的图 8－6)。这些 IP 核是 Vivado 自带的，但是并不包含 8.2 节设计好的“v74x138”IP 核。

单击流程导航下工程项下的“工程设置(Project Settings)”项，在弹出的窗口(见图 8－26)中选择单击左侧的 IP 图标，然后单击“库管理(Repository)”页框。在“库管理”页框中单击“＋”图标增加 IP 目录，在弹出的资源管理窗口中选择 p_74x138 工程目录即可。之后会得到图 8－27 的结果，该目录被加入。然后按“OK”按钮。

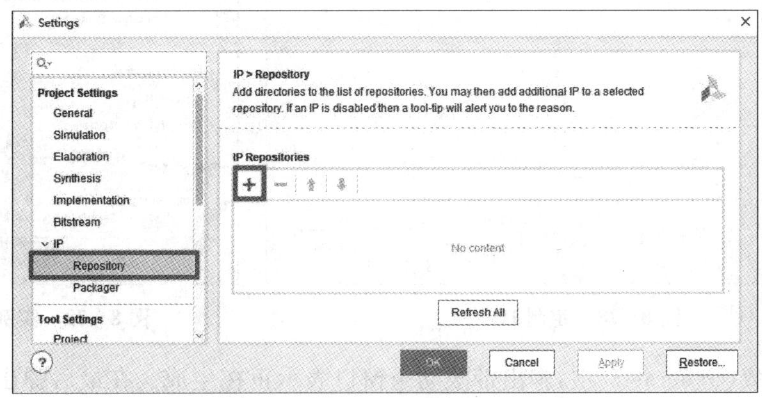

图 8－26　添加 74x138 的 IP 目录

回到主界面，发现 8.2 节创建的 IP 已经可以找到，如图 8－27 所示。

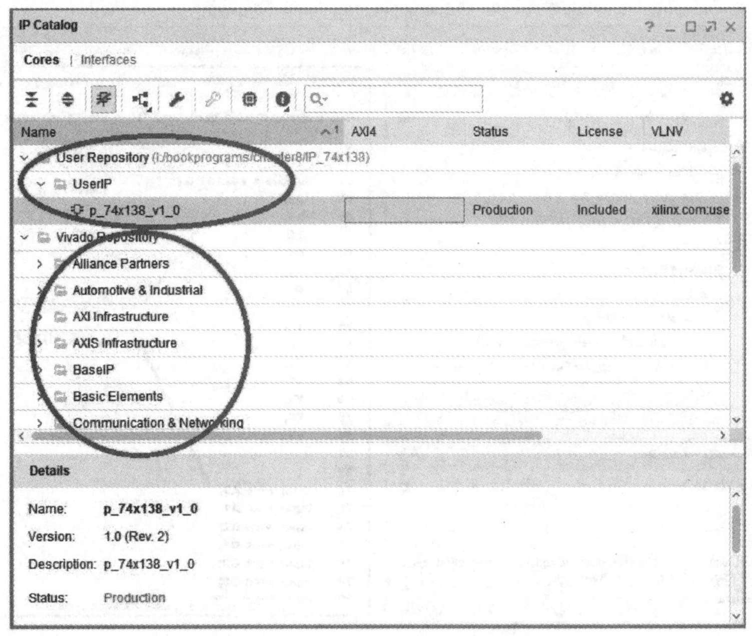

图 8－27　用户 IP 库和 Vivado IP 库

当前的 IP 目录被分为两个部分，即用户 IP 库和 Vivado IP 库。接下来我们使用 74x138IP 核。双击 v74x138_v1_0，可以看到 IP 核的逻辑符号如图 8－28 所示。这个窗口可以用来编辑元件的名称，查看 IP 核的位置，直观地查看 IP 核的接口信息。

在图 8－28 窗口单击“OK”按钮，弹出如图 8－29 所示窗口以实例化 IP。

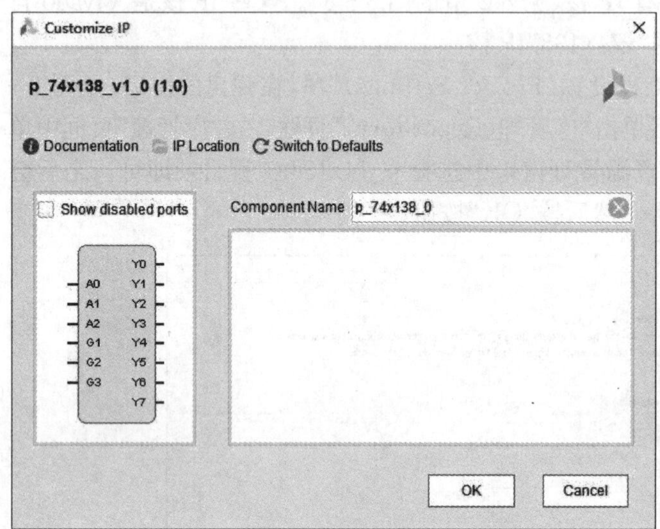

图 8－28 定制 IP

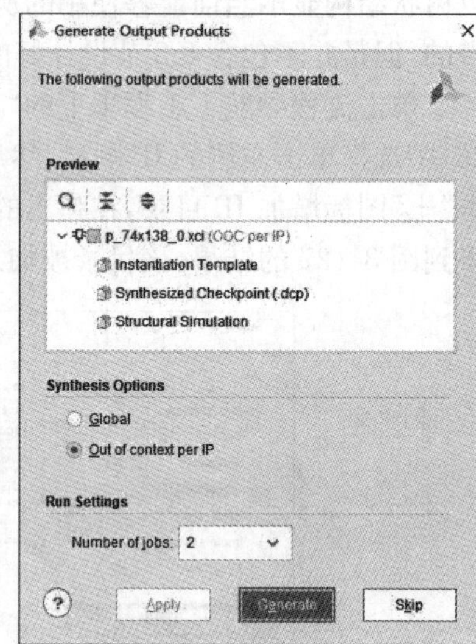

图 8－29 实例化 IP

单击“生成(Generate)”项，弹出带滚动条窗口表示正在生成。在最后弹出的窗口单击“OK”按钮完成生成步骤。p_74x138_0.sci 及 p_74x138_0.v 被添加到工程中，如图 8－30 所示。p_74x138_0.v 文件是自动生成的并被加入工程中，图 8－30 中可以看到该文件的代码。在工程中通过调用模块 p_74x138_0 即可使用 8.2 节设计好的译码器。

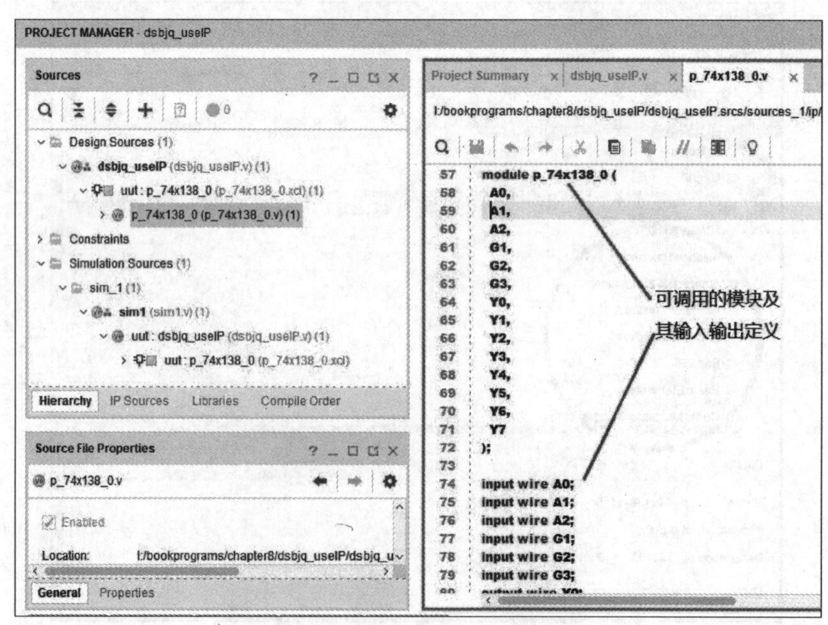

图 8－30 实例化 IP 后的工程窗口

新建一个 Verilog HDL 语言源文件 dsbjq_useip.v 代码如程序 8.1 所示。

程序 8.1　调用 IP 核的源文件 dsbjq_useip.v。

```
module dsbjq_useIP(
    input a,
    input b,
    input c,
    output f
    );
    wire [7:0] y;
    assign f = ~(y[7] & y[6] & y[5] & y[3]);
    p_74x138_0 uut
    (
        .A0(a),
        .A1(b),
        .A2(c),
        .G1(1),
        .G2(0),
        .G3(0),
        .Y0(y[0]),
        .Y1(y[1]),
        .Y2(y[2]),
        .Y3(y[3]),
        .Y4(y[4]),
        .Y5(y[5]),
        .Y6(y[6]),
        .Y7(y[7])
    );
endmodule
```

程序 8.1，采用直接模块调用的方式调用 IP，其实就是调用 p_74x138_0 模块。p_74x138_0 模块的实例是 uut，将高电平 1 送到 G1，0 送至 G2 和 G3，使能有效。然后将 c、b、a 组合为三位的输入送给 A2、A1 和 A0。定义 8 位的 wire 型变量 y，将模块实例 uut 输出送给 y[7：0]后。用 assign 语句将 y[7]、y[6]、y[5]、y[3]连接到 4 输入与非门的四个输入，将与非门的输出连接到 f，至此完成了如图 8 - 25 的电路设计。

之后编写仿真文件，仿真文件代码如程序 8.2 所示。

程序 8.2　多数表决器仿真文件。

```
'timescale 1 ns/1 ps
module sim1;
    reg a, b, c;
    wire f;
```

```
    dsbjq_useIP uut( .a(a), .b(b), .c(c), .f(f) );
    initial
    begin
        a = 0; b = 0; c = 0;
    end
    always #10 {a, b, c} = {a, b, c} + 1;
endmodule
```

仿真文件和程序 8.1 只有调用的模块名不同。接下来进行综合,可以综合成功。

综合成功后设置仿真,仿真文件应为 siml.v。执行行为仿真,结果如图 8-31 所示。

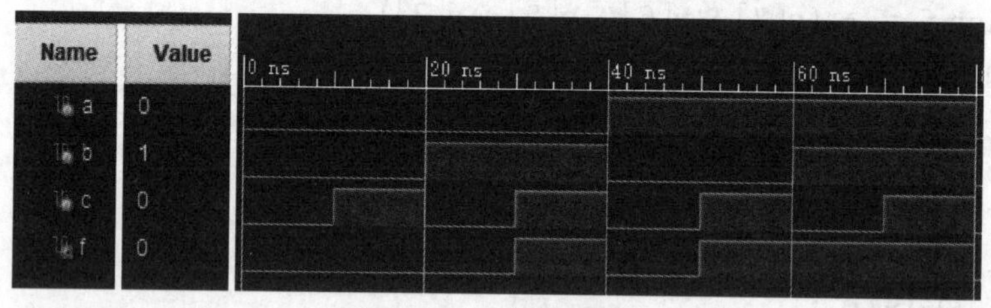

图 8-31 仿真结果

图 8-31 中 f 与 a、b、c 的关系与真值表描述一致,证明采用 IP 调用实现了同样的结果。下一步在约束文件无须修改的情况下,执行实现和比特流文件生成,下载到电路板,完成整个过程。

8.4 原理图法调用 IP 核设计实例——二进制转格雷码

第 4 章的 4.7.5 节已经介绍了代码法实现二进制转格雷码的相互转换,本节介绍 IP 核设计法。

1. *编码原理*

二进制码转格雷码(编码)的原理为从对应的 n 位二进制码字中直接得到 n 位格雷码码字,步骤如下:

(1) 对 n 位二进制的码字从右到左,以 0 到 $n-1$ 编号;

(2) 如果二进制码字的第 i 位和 $i+1$ 位相同,则对应的格雷码的第 i 位为 0,否则为 1(当 $i+1=n$ 时,二进制码字的第 n 位被认为是 0,即第 $n-1$ 位不变)。

公式表示为:

$$G_i = B_i \oplus B_{i+1} \quad (n-1 \geqslant i \geqslant 0) \qquad (8-1)$$

其中,G 为格雷码;B 为二进制码。

2. *实验步骤*

创建名为 GrayCode_converter 的新工程。创建原理图,添加 IP,进行原理图设计。

(1) 在 Flow Navigator 下的 IP Integrator 目录下,单击 Create Block Design,创建原理图,如图 8-32 所示。

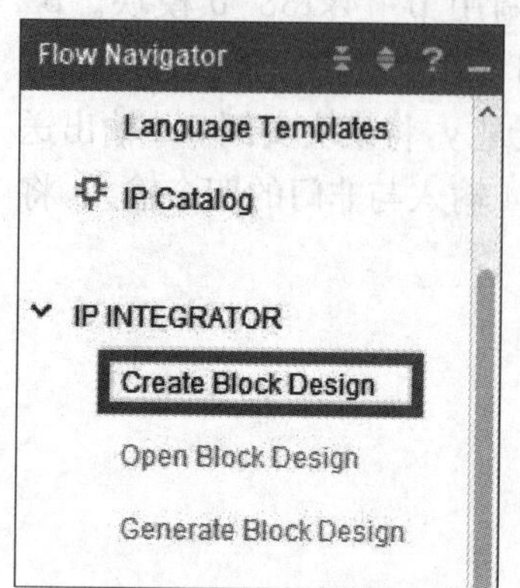

图 8-32 创建原理图

(2) 在弹出的创建原理图界面中，将设计命名为 bin2gray，单击“OK”完成创建，如图 8－33 所示。

(3) 添加 74 系列库，单击菜单中的“PROJECT MANAGER”下的“Project Settings”，找到 IP，选择“Add Repository”添加 74 系列的 IP 库（出版社网站下载），如图 8－34 所示。

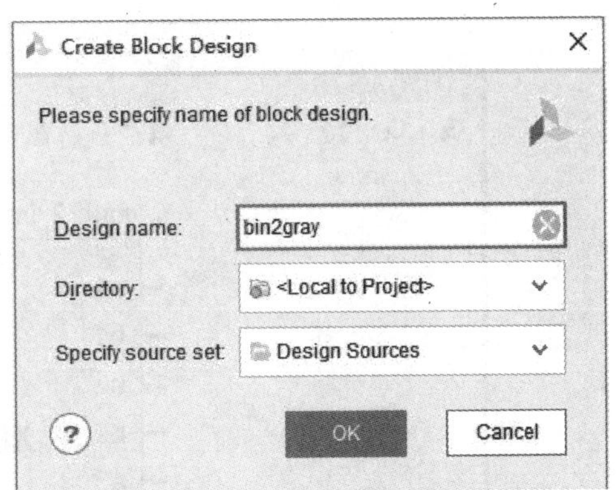

图 8－33　原理图名称设置

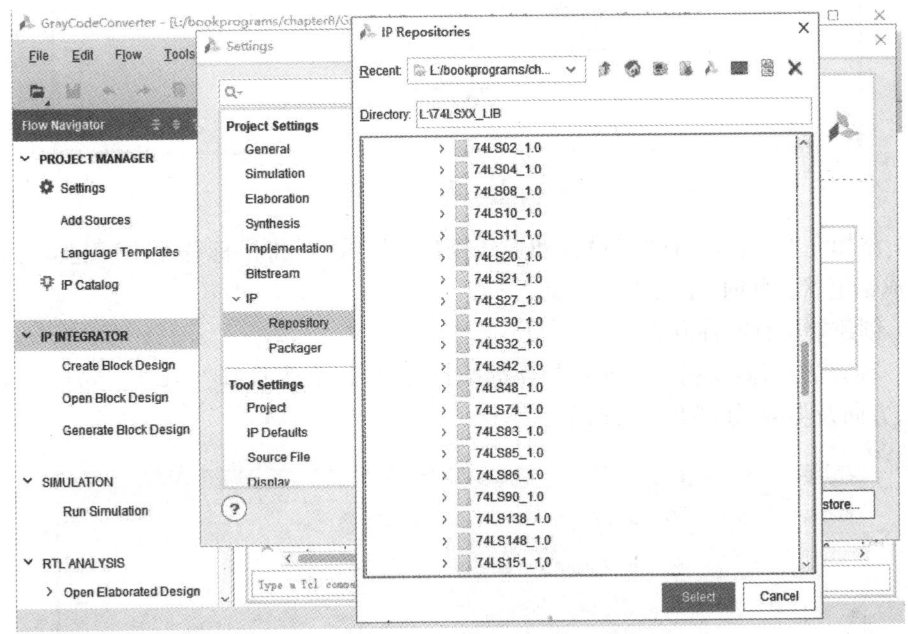

图 8－34　添加 IP 目录

(4) 在原理图设计界面中，添加 IP 的方式有 3 种，见本章 8.1 节中图 8－4。①在设计刚开始时原理图界面的中间有相关提示，可以单击“Add IP”，进行添加 IP；②在原理图设计界面的上方工具栏有相应快捷键；③在原理图界面中，右击快捷菜单中选择“Add IP”。

(5) 在 IP 选择框中，输入 74LS86 搜索本实验所需要的 IP，如图 8－35 所示。

(6) 按“Enter”键，或者双击该 IP，可以完成添加，如图 8－36 所示。

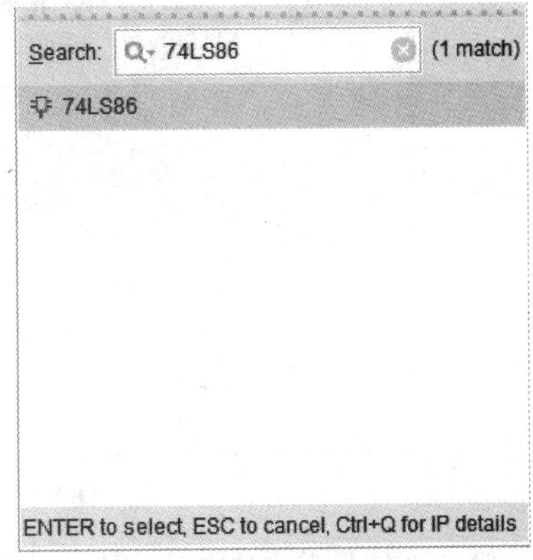

图 8－35　查找相关 IP

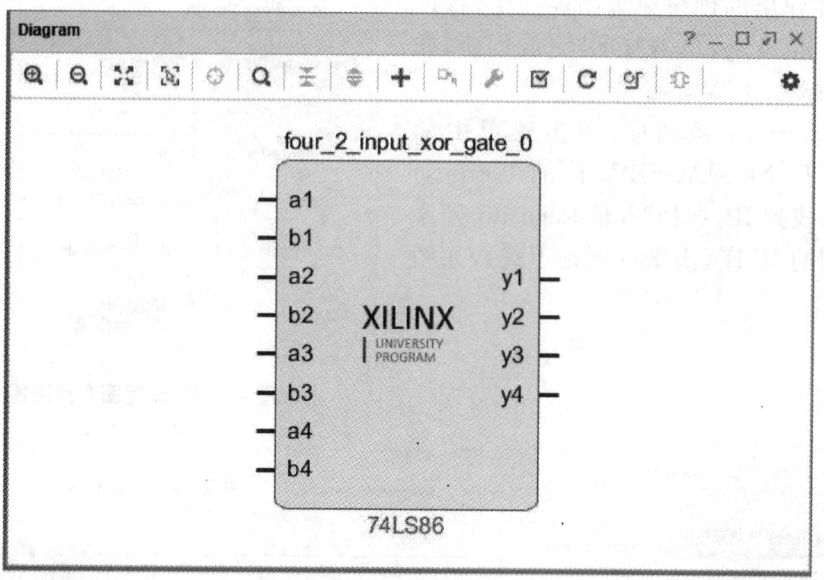

图 8-36　IP 添加完成

(7) 添加完 IP 后，进行端口设置和连线操作。连线时，将鼠标移至 IP 引脚附近，鼠标图案变成铅笔状。此时，单击进行拖曳。

(8) 创建端口有两种方式。

第一种方法：当需要创建与外界相连的端口时，可以右击选择“Create Port...”，设置端口名称、方向及类型，如图 8-37 所示。

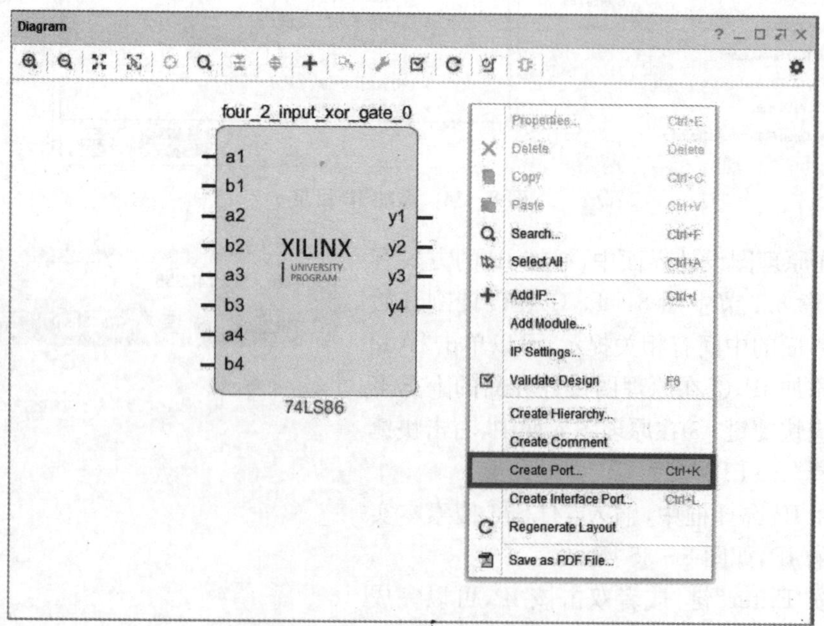

图 8-37　创建端口方式一

第二种方法：单击选中 IP 的某一引脚，右击选择“Make External”，可以自动创建与引脚同名、同方向的端口，如图 8－38 所示。

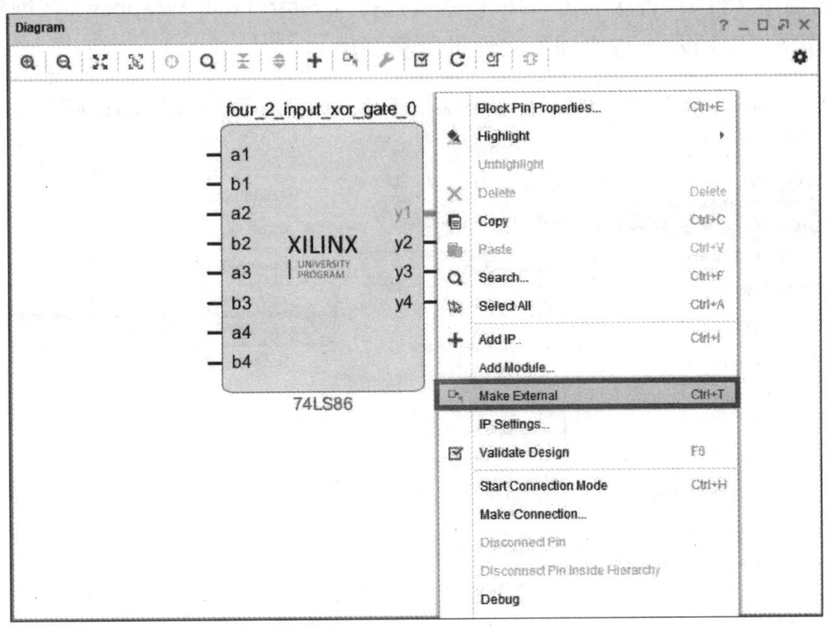

图 8－38　创建端口方式二

（9）根据二进制到格雷码的转换规则设计，最终原理图设计如图 8－39 所示。

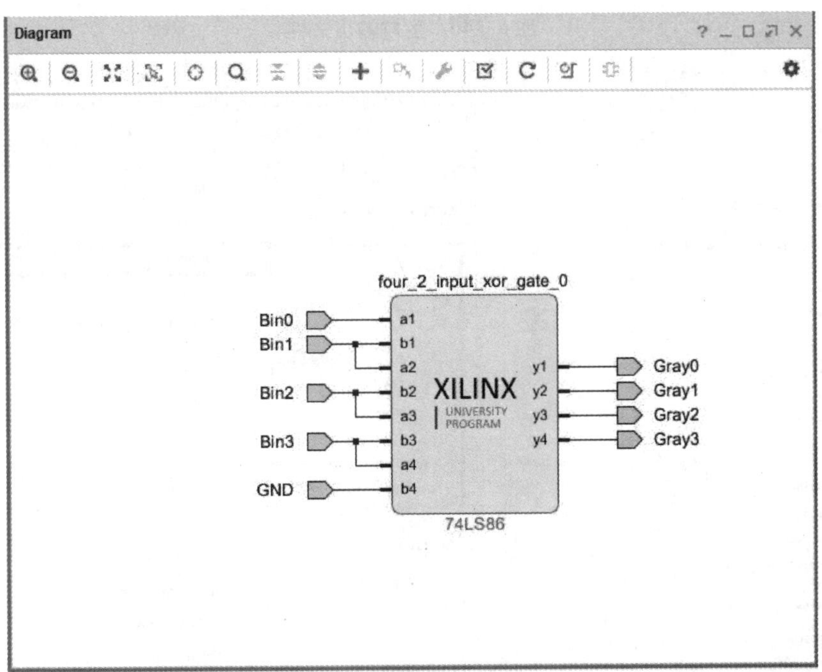

图 8－39　二进制转格雷码原理图

（10）完成原理图设计后，生成顶层文件。

在“Sources”界面中右击“bin2gray”，选择“Generate Output Producs...”，如图 8－40 所

示。在生成输出文件的界面中单击“Generate”，如图 8－41 所示。

生成完输出文件后，再次右击“bin2gray”，选择“Create HDL wrapper...”，创建 HDL 代码文件，如图 8－42 所示。对原理图文件进行实例化。

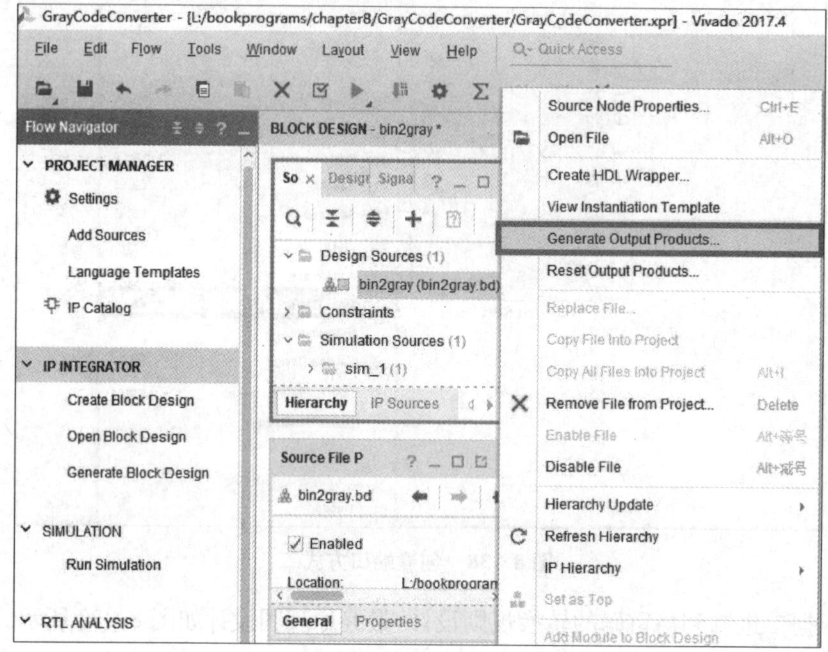

图 8－40　生成输出文件

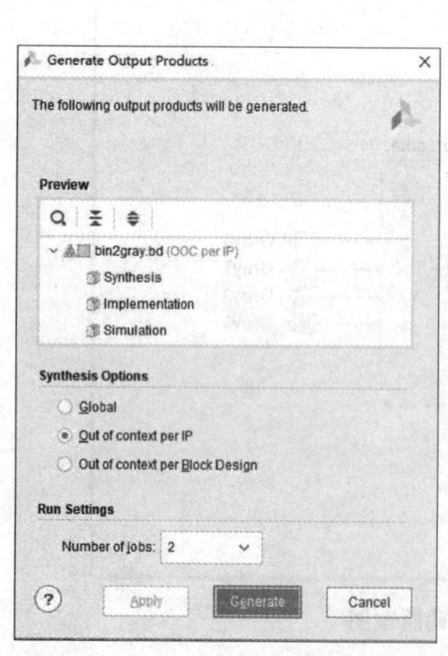

图 8－41　Generate Output Products

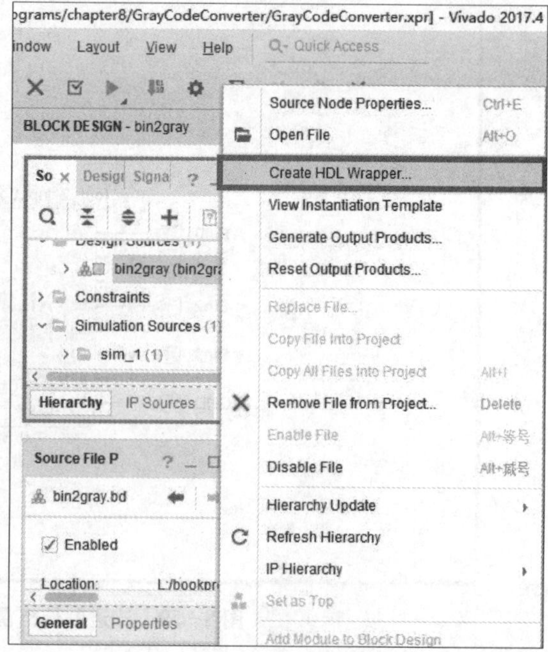

图 8－42　生成顶层文件

在创建 HDL 文件的界面中，保持默认选项，单击“OK”按钮，完成 HDL 文件的创建，如图 8－43 所示。

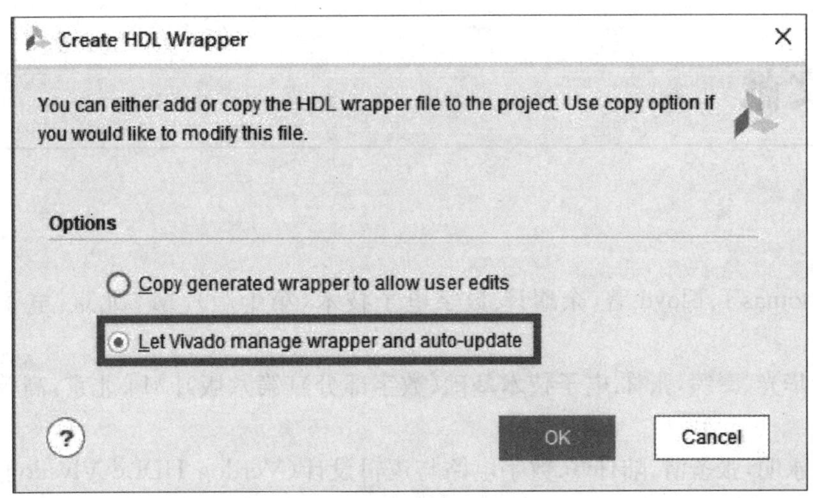

图 8－43　创建顶层文件弹出框

(11) 至此，原理图设计已经完成。

之后的工程综合、实现和生成编译文件与第 2 章 2.4 节方法相同。

本章习题

1. 格雷码-二进制码转换器。

利用 IP 核设计法，完成格雷码-二进制码转换器设计。

(1) 设计 74LS86 电路，并打包成自己的 IP，命名为 myIP74LS86；

(2) 利用原理图法调用 IP 设计格雷码-二进制码转换器电路；

(3) 仿真验证代码的正确性；

(4) 在开发板上用拨码开关和 LED 表示输入和输出，综合电路，编程 FPGA 并验证；

(5) 利用源代码法调用 IP 设计格雷码-二进制码转换器电路，重复 3 和 4 步。

2. 数字钟。

利用 IP 核设计法，完成第 6 章图 6－9 所示的数字钟设计。

(1) 将涉及的模块打包成 IP 核；

(2) 利用原理图法调用 IP 完成图 6－9 的设计；

(3) 综合电路，编程 FPGA 并验证。

参考文献

[1] Thomas L.Floyd 著，余璆译.数字电子技术(第十版)[M].北京：电子工业出版社，2014.

[2] 康华光，秦臻，张林.电子技术基础(数字部分)(第六版)[M].北京：高等教育出版社，2014.

[3] 汤永明，张圣清，陆佳华.数字电路与逻辑设计(Verilog HDL&Vivado 版)[M].北京：清华大学出版社，2017.

[4] 卢有亮.Xilinx FPGA 原理与实践——基于 Vivado 和 Verilog HDL[M].北京：机械工业出版社，2018.

[5] 廉玉欣，侯博雅.Vivado 入门与 FPGA 设计实例[M].北京：电子工业出版社，2018.

[6] 何宾.EDA 原理及 Verilog HDL 实现[M].北京：清华大学出版社，2016.